JN001161

スタンフォード 物理学再入門

特殊相対性理論・古典場の理論

Special Relativity and Classical Field Theory
The Theoretical Minimum

レオナルド・サスキンド アート・フリードマン 著 森弘之 訳
Leonard Susskind Art Friedman Hiroyuki Mori

日経BP社

私の父であり、英雄であり、勇気ある人
ベンジャミン・サスキンドに捧ぐ
―レオナルド・サスキンド

妻のマギーと、彼女の両親の
デビッド・スローンとバーバラ・スローンに捧ぐ
―アート・フリードマン

SPECIAL RELATIVITY AND CLASSICAL FIELD THEORY
by Leonard Susskind and Art Friedman

この本はスタンフォード物理学再入門シリーズの三冊目に当たります。一冊目は、古典力学を扱ったスタンフォード物理学再入門「力学」でした。力学はあらゆる物理学教育の中核となるものです。本書ではこの一冊目を「第一巻」と呼んで、ところどころで参照します。二冊目(第二巻)は、量子力学そしてその古典力学との関係性に関する内容です。今回の三冊目の本では、特殊相対性理論と古典場の理論を扱います。

本書のシリーズは、レオナルド・サスキンドがスタンフォード大学からオンラインで提供する動画と並行して出版されています(動画リストは*www.theoreticalminimum.com*を参照)。ただし書籍版は、動画と同じテーマを扱っているものの、よりくわしい解説を含み、動画では取り上げていないトピックスも扱っています。

はじめに

本書は、私が行っているインターネット講座「物理学再入門(原題名：*The Theoretical Minimum*)」に沿って書かれたシリーズ本の1冊である。共著者のアート・フリードマンは、この講座の学生であった。アートは今回の科目を学んだ実績があり、初学者にとってわかりづらい箇所を見つけることが得意だ。このことは本書にとってプラスとなっている。本書を書き上げる過程において、我々はこの題材を大いに楽しみ、いくらかのユーモア精神をもってその楽しさを伝えるように努めた。わかりづらいユーモアだった場合には、無視していただきたい。

本シリーズの最初の２冊は、古典力学と量子力学の基礎を説明している。ただしこの２冊では、光を取り上げていない。光は相対論的現象だからである。すなわち光は、特殊相対性理論とかかわりのある現象なのだ。この特殊相対性理論と古典場の理論こそが、本書の目標である。古典場の理論とは、特殊相対性理論の文脈で捉えた電磁気学(波、荷電粒子の力など)である。まずは特殊相対性理論から話をはじめよう。

レオナルド・サスキンド

私の両親は移民の子であり、バイリンガルである。両親は私たち子どもにイディッシュ語の単語やフレーズを教えることもあったが、私たちに内緒にしたいことを話すときにイディッシュ語を使えるよう、すべて教えることはなかった。両親が秘密の会話を交わすとき、大きな笑いが響き渡ることが多かった。

イディッシュ語は表現力の豊かな言語である。文学にも日常会話にも現実的なユーモアにも適した言葉なのだ。残念ながら私の理解は限られていた。イディッシュ語で書かれた文学を原語で読みたかったし、せめてジョークだけでも理解したかった。
数理物理学についても、私たちの多くは同じような感情を持っている。偉大な発想や大きな問題を理解し、好奇心を煽りたい。そこに隠された「詩」を読み取り、書き留め、何らかの形で参加したいのだ。私たちに欠けているのは「秘密の」言葉である。本シリーズの目標は、皆さんに物理学の言葉を教え、その言葉のネイティブスピーカーたちが持つ偉大なる考え方を一部でもお伝えすることにある。
本シリーズを読めば20世紀物理学のかなりの部分がわかるだろう。本書を読めば、アインシュタインの初期の研究の多くを理解できるようになる。最低でも「ジョークを理解できる」ようになり、その背景にあるまじめな話も把握できるだろう。まずは私たちのジョークをご覧いただこう。不満な内容のものもあるとは思うが。

著者らを支えてくれた人全員に感謝を申し上げたい。「あなたがたがいなければ成し遂げられなかった」というのは陳腐な表現かもしれないが、実際にそうなのだ。
ブロックマンとベーシックブックスの出版関係の人たちと作業を進めるのは、いつも楽しかったし、学ぶことが多かった。ジョン・ブロックマン、マックス・ブロックマン、マイケル・ヒーリーは、私たちのアイデアを現実のものにする上で、中心的な役割を果たしてくれた。その後、T・J・ケレハー、ヘレン・バーセレミー、キャリー・ナポリターノ、メリッサ・ヴェロネシが編集と製作の過程で私たちを導いてくれた。彼らは高いスキルと理解力を持っていた。ペンギンブックスのローラ・スティックニーは、英国版の出版をスムーズに調整してくれた。彼女がいなければ実現しなかっただろう。原稿整理編集者のエイミー・J・シュナイダーは、初期の原稿を大幅に改善してくれた。校正を行ったローア・ゲレットとベン・テドフも同様である。
レオナルド・サスキンドの多くの教え子たちも、進んで原稿を読んでくれた。これは簡単な作業ではない。彼らの洞察と提案はかけがえのないものであり、その結果として本書ははるかによい内容になった。ジェレミー・ブランスコム、バイロン・ドム、ジェフ・ジャスティス、クリントン・ルイス、ヨハン・シャムリル・ソーサ、ドーン・マルシア・ウィルソンに心から感謝する。また、第1版への修正に関して、ベイク・ジア、フィリップ・ヴァン・リセベッテン、ジョー・アン・リースらの読者にも感謝したい。

いつものことだが、家族や友人から受けたあたたかい支えがあったからこそ、このプロジェクトを乗り切れた。妻マギーは、2枚のヘルマンの隠れ家のイラストを何時間もかけて繰り返し描き直し、彼女の母親の病気と逝去を抱えながら、期限内に完成させたのだ。

このプロジェクトは、私の人生の2つの情熱を同時に追い求めるというぜいたくを味わわせてくれた。その２つとは、大学院レベルの物理学と、小学4年レベルのユーモアである。この点でレオナルドと私は完璧なチームであり、彼との共同作業は純粋な喜びであった。

アート・フリードマン

目次

序章

親愛なる読者、学生の皆さん、こんにちは。レニーとアートの素晴らしい冒険にようこそ。

前巻では、量子力学のもつれと不確実性の世界をジェットコースターのように駆け巡った勇敢な二人が、そこから立ち直るところをお見せした。二人にとって、常識的で信頼できるトピックス、さらに決定論的で古典的なトピックスであれば、もう怖くない。しかし、このジェットコースターは第三巻でも続いており、その荒々しさは変わらない。収縮する棒、時間の拡張、双子のパラドックス、相対的同時性、フォルクスワーゲン用の車庫に入るか入らないかの長いリムジン。レニーとアートの向こう見ずな冒険はなかなか終わらない。最後には、レニーが偽のモノポールでアートをだますのだ。

少し大げさかもしれないが、相対論的世界は、初心者にとっては、危険なパズルと滑りやすいパラドックスに満ちた、奇妙で不思議な「びっくりハウス」だ。けれども、困難な状況に陥ったときには、我々が手を差し伸べるし、そもそも微積分と線形代数の基本的な知識があれば十分である。

いつものように我々の目標は、物事を完全にまじめに説明することであり、次のステップ（あなたの好みにもよるが、場の量子論か一般相対性理論のいずれかだろう）に進むために必要以上の説明をしないことである。

アートと私が量子力学の第二巻を出版してからしばらく経った。『スタンフォード物理学再入門』では物理学のもっとも重要な理論的原理を凝縮したが、我々のこの努力に対し何千通もの電子メールをいただき、大変うれしく思っている。

第一巻（古典力学）では、ラグランジュ、ハミルトン、ポアソンなどの偉人たちが19世紀に作り上げた古典物理学の大枠を主な内容として取り上げた。この枠組みは、古典力学が量子力学へ発展していく中でも続いており、すべての現代物理学の支えとなっている。

量子力学は、1900年にプランクが古典物理学の限界を発見したところから始まった。そして、プランク、アインシュタイン、ボーア、ド・ブロイ、シュレディンガー、ハイゼンベルグ、ボルンらの考えを1926年にディラックが統合して一貫した数学的理論にまとめるに至ったことで、量子力学は物理学に浸透した。その偉大なる理論統合（ちなみに、ハミルトンとポアソンの古典力学の枠組みがベースになっている）が、『スタンフォード物理学再入門』第二巻の主題であった。

第三巻では、現代の場の理論の起源である19世紀まで歴史をさかのぼる。私は歴史家ではないが、場の概念をファラデーにまでさかのぼるという点では間違っていないはずだ。ファラデーの数学は初歩的なものだったが、彼の視覚化能力は並外れたもので、電磁場、力線、電磁誘導の概念を導き出した。彼は、後にマクスウェルが電磁気学の統一方程式にまとめた内容のほとんどを、直感的な方法で理解していたのである。ただしファラデーには、1つの理解が欠けていた。それは、電場が変化すると電流と同じような効果が得られるという点である。

この変位電流を発見したのはマクスウェルだ。彼はその後1860年代初頭に最初の真の場の理論、すなわち電磁気学と電磁放射の理論を構築することになる。しかし、マクスウェルの理論には、厄介な問題がないわけではなかった。

マクスウェルの理論の問題点は、ガリレオに始まり、ニュートンによって明確に綴られた基本原理と整合していないように見られることであった。すべての運動は相対的である。あらゆる基準座標系（慣性系）の中で、特定の座標系が「静止している」と考えるにふさわしい、などということはない。しかし、この原理は、光が1秒間に$c = 3 \times 10^8$mの速度で動くとする電磁気学とは相容れないものであった。光はどの基準座標系でも同じ速度を持つことができるのはどうしてだろう。光は駅の静止座標系でも、スピードを上げている列車の座標系でも、同じ速度で進むことができるのはどうしてだろう。

マクスウェルらは、この矛盾を知り、もっとも簡単な方法でそれを解決した。ガリレオの相対運動の原理を捨てるという都合のよい方法である。彼らは、世界がエーテルという特殊な物質で満たされていると考えたのだ。普通の物質と同じように、エーテルが動かない静止座標系が存在すると考えたのである。エーテル論者によれば、マクスウェルの方程式が正しいのはその座標系においてだけである。エーテルに対して動いている他の座標系では、マクスウェル方程式は修正されることになる。

しかし1887年にアルバート・マイケルソンとエドワード・モーリーが、エーテル中の地球の運動による光の運動のわずかな変化を測定する有名な実験を行うと、事態は変わった。読者の多くは、何が起こったかを知っているだろう。人々はマイケルソンとモーリーの実験結果を説明しようとした。もっとも単純な考え方はエーテルドラッグと呼ばれるものである。これは、エーテルは地球に引きずられるため、マイケルソン＝モーリーの実験装置はエーテルに対して静止した状態にある、という考え方だ。しかし、どう救済しようとしても、エーテル説は不格好で見苦しい。

アインシュタインは、1895年（16歳）、電気磁気学と運動の相対性の対立について考え始めたとき、マイケルソン＝モーリーの実験を知らなかった、と証言している。しかしアインシュタインは、直感的にこの対立は現実のものではないと感じていた。彼は、相容れないと思われる次の2つの仮定をもとに考えを進めていた。

1. 自然界の法則は、どの基準座標系でも同じである。したがって、都合のよいエーテル座標系は存在し得ない。
2. 光が速度cで移動することは自然界の法則である。

おそらく違和感を覚えたと思うが、この2つの原理を合わせると、光はどの座標系でも同じ速度で進まなければならないことになる。

それから10年近くかかったが、1905年、アインシュタインは、これらの原理を融合させ、「特殊相対性理論」と呼ばれるものを完成させた。興味深いのは、1905年の論文のタイトルに相対性理論という言葉がまったくなく、"On the Electrodynamics of Moving Bodies"（運動する物体の電気力学について）と書かれていたことだ。物理学から、ますます複雑になったエーテルが消え、代わりに空間と時間の新しい理論が生まれたのである。しかし、現在でも教科書にはエーテル理論の名残があり、真空の誘電率をε_0という記号で表し、あたかも真空が物質的な性質を持つかのように書かれていることがある。エーテル理論に由来する慣習や専門用語により、初めてこのテーマに取り組む学生は大きな混乱に陥ることがある。この講義で私がしたことといえば、この混乱を取り除くことであった。

『スタンフォード物理学再入門』の第一巻や第二巻と同様に、今回も次のステップ（好みによるが、量子場の理論か一般相対性理論のどちらか）に進むのに必要な最低限の内容にとどめたつもりである。

皆さんはこんなことを耳にしたことがあるだろう。古典力学は直感的であり、物事は予測可能な方法で動く、ということである。経験豊富な野球選手であれば、飛んできた球を一目見て、その位置と速度から、どこに走ればボールをキャッチできるかがわかる。もちろん、突然の突風に惑わされることもあるだろうが、それはすべての変数を考慮に入れていないからだ。古典力学が直感的である理由は明白で、人間やそれ以前の動物が、生きるために毎日何度も使ってきたものだからである。

第二巻の量子力学の本では、量子力学を学ぶには、物理的な直感を忘れて、まったく別のものに置き換える必要があることをくわしく説明した。新しい数学的抽象概念と、それを物理的世界に結びつける新しい方法を学ばなければならないのである。しかし、特殊相対性理論ではどうだろうか。量子力学が「極小」の世界を探求するのに対して、特殊相対性理論は「超高速」の領域に踏み込む。ただし、ここでよい知らせがある。特殊相対性理論の数学は量子力学ほど抽象的ではなく、その抽象性を物理的世界に結びつけるために脳の手術をする必要がないのだ。特殊相対性理論は我々の直感を拡張するものではあるが、その拡張は量子力学に比べればはるかに穏やかなものである。実際、特殊相対性理論は古典物理学の一分野と見なされている。

特殊相対性理論は、空間、時間、とくに同時性についての概念を見直すことを要求している。物理学者たちは、このような見直しを軽々しく行ったわけではない。あらゆる概念の飛躍と同様に、特殊相対性理論もまた多くの人々から抵抗されたのだ。それを受け入れることに対して足をバタバタさせたり叫び散らしたりする物理学者もいたし、まったく受け入れない人もいた[1]。しかし最終的にほとんどの人が譲歩したのかはなぜなのか。特殊相対性理論が予測することを多くの実験が確認したが、それ以外にも強力な理論的な後ろ盾があった。それは、マクスウェルらが19世紀に完成した古典電磁気理論である。電磁気理論は、「光速は光速だ」と、こっそりと宣言している。すなわち、光はあらゆる(加速のない)慣性系において同じ速さを持つというのだ。この結論は不安をかき立てるが、無視できるものではない。電磁気学は極めて成功した理論であり、無視などできないのだ。本書では、特殊相対性理論の電磁気理論との深い関係を探り、多くのおもしろい予測やパラドクスを紹介する。

1　とくに、アメリカ人として初めてノーベル物理学賞を受賞したアルバート・マイケルソンとその共同研究者エドワード・モーリーがこれに当たる。そんな彼らの精密な測定が、特殊相対性理論の強力な裏付けとなったのである。

Drawing by Margaret Sloan ©Margaret Sloan

第1章
ローレンツ変換

第三巻は、アートとレニーが命からがら走り回る話から始めよう。

アート：「レニー、ありがたいことにヒルベルトの場所から生きて出られたね！　絡み合いがほどけるなんて、無理だと思ってたよ。もっと古典的な場所で遊ぼうよ。」
レニー：「それがいい、アート。不確実性はもうたくさんだ。ヘルマンの隠れ家に行って様子を見てこよう。」
アート：「どこだって？　ヘルマンって誰だい？」
レニー：「ヘルマン・ミンコフスキーかい？　君も絶対彼のことを気に入るよ。ミンコフスキー空間にはブラもケットもないしね。」

レニーとアートはヘルマンの隠れ家にすぐに向かった。そこは動きの速い連中に酒を提供するバーだった。

アート：「ヘルマンは何でこんなへんぴなところに隠れ家を作ったんだろう。そもそも、ここはどこだ。牧草地か？　それとも田んぼか？」
レニー：「我々はそれを「場」と呼んでいるよ。そこでは何でも育つんだ。牛、米、酸っぱいピクルス、何でもだ。ヘルマンは私の昔からの友人で、安い賃料で彼にこの土地を貸しているんだ。」
アート：「君は紳士的な農場主だな！　そんなこと誰も知らなかったと思うよ。ところで、ここにいる人は、なんでこんなに痩せてるんだ。食べ物が悪いのかな。」
レニー：「食べ物はおいしいよ。痩せているのは、すごく高速で運動しているからだ。ヘルマンがジェットパック[1]を無料で貸し出しているんだよ。いそげ！　見てみろ！　アヒル料理だ、アヒル！」

アート：「ガチョウ料理だよ！　１つ食べてみよう！　ぼくら二人とももう少し痩せてもいいんじゃないか。」

1　訳者注：リュックサック型の飛行装置。ジェットの噴射により空を飛ぶ。

特殊相対性理論は、何よりも基準座標系に関する理論である。物理世界について何かを語った場合、その内容は別の基準座標系でも成り立つだろうか。地面に立った人が行った観測の結果は、飛行機に乗っている人にとっても同じように成り立つだろうか。観測者の基準座標系によって変わることのない量や法則はあるだろうか。この種の質問への答えは、やがて明らかになるように、とても興味深く驚くべきものである。事実、その答えによって20世紀初頭の物理学に革命が起きたのだ。

1.1 基準座標系

読者の皆さんは、基準座標系の知識は多少お持ちのはずだ。第一巻の古典力学で基準座標系についてすでにお話ししたからである。たとえばデカルト座標は、ほとんどの人にとってなじみのあるものだろう。デカルト座標系は、x, y, zの空間軸と原点を持っている。デカルト座標とは何かということを具体的に考えるなら、空間が格子状に1メートル定規で埋め尽くされていて、空間上のすべての点が原点から左に何メートル、上に何メートル、前後に何メートルと指定できるようになっていると考えればよい。これが空間の座標系である。座標系を使うと、事象が発生する場所を特定できるのだ。

何かが起こるタイミングを特定するためには、時間軸も必要だ。基準座標系とは、空間と時間の座標系である。これはx軸、y軸、z軸、t軸から構成される。空間の各点に時計があると想像すれば、具体的にイメージしやすいかもしれない。このすべての時計が同期しており、同じ瞬間に$t = 0$を表示し、時計の針はすべて同じ速さで動いていることを確認したと仮定する。このように、基準座標系とは、現実または想像上の格子状に並べた1メートル定規と、各点で同期された時計の集合のことである。

もちろん、空間と時間における点を指定する方法は数多くあり、別の基準座標系を使うことも可能である。原点$x = y = z = t = 0$をほかの場所に移動させ、空間と時間の位置を新しい原点からの相対的なものとして測定することもできる。また、軸の向きを回転させることもできる。最後に、ある特定の座標系に対して相対的に動いている座標系を考える。ここが重要なポイントだが、「あなたの座標系」「私の座標系」という言い方をすることがある。すなわち基準座標系は、座標軸と原点だけでなく、時計や1メートル定規を使って計測を行うことができる「観測者」と関連付けられることがあるのだ。

あなたが教室の最前列中央でじっとしているとしよう。教室には、あなたの座標系に固定された1メートル定規と時計が並べられている。この部屋で起こるすべてのできごとの位置と時間は、あなたの定規と時計によって特定される。私も教室にいるが、じっと立っているのではなく、動きまわっている。私はあなたの前を左右に移動しながら歩いているかもしれないが、そのとき私は自分の時計と1メートル定規の格子を一緒に運んでいる。どの瞬間にも私は自分の空間座標の中心にいて、あなたはあなた自身の空間座標の中心にいる。明らかに、私の座標とあなたの座標は異なっている。あなたはある事象をx, y, z, tで指定するが、私は同じ事象を別の座標で指定する。私が別の座標を使うのは、私があなたの前を歩いているという事実を考慮するためである。とくに、私があなたに対してx軸に沿って動いている場合、我々のx座標は一致しない。たとえば、私はいつも「私の鼻の端は$x = 5$にある」と言う。鼻は私の頭の中心から5インチ前にある。しかし、あなたは私の鼻は$x = 5$にないと言うだろう。私の鼻は動いていて、その位置は時間とともに変化すると言うはずだ。

また、私は$t = 2$で自分の鼻をかくこともあるだろう。ということは、私が鼻をかいたとき、鼻の先にある時計が講義開始の2秒後を示していることになる。ここで、私が鼻をかいた位置にあるあなたの時計も、$t = 2$を示すと考えたくなるかもしれない。しかし、そこが相対論的物理学とニュートン物理学が違うところなのだ。すべての基準座標系のあらゆる時計を同期できるという前提は、直感的には当然と思えるが、アインシュタインが仮定した相対運動や光速の普遍性とは矛盾しているのである。

異なる基準座標系の異なる位置にある時計をどのように、そしてどの程度同期させることができるかについてはいずれくわしく説明するが、今は、ある瞬間にあなたの時計はすべて合わせてあり、私の時計とも合っていると仮定しよう。つまり、ニュートンにしたがって、時間座標はあなたにとっても私にとってもまったく同じであり、我々が相対的な運動をしたからといって、そこから曖昧さが生じることはないととりあえず仮定するのである。

1.2 慣性系

物理法則は、起こる事象にラベルを付けるための座標がなければ、記述することが非常に難しくなる。これまで見てきたように、座標系は数多く存在し、したがって同じ事象の記述の仕方も数多く存在する。ガリレオやニュートン、アインシュタインにとって相対性理論とは、これらの事象を支配する法則がすべての慣性系で同じであることを意味する。慣性系とは、座標系の1つであり、その中において外力が作用していない粒子が一定の速度で直線的に運動している場合を指す。すべての座標系が慣性系でないことは明らかだ。たとえば、あなたの座標系が慣性系だとしよう。その慣性系の中で投げられた粒子をあなたの1メートル定規と時計で測ると、粒子は一定の速度で動いている。一方、私がたまたま通りかかり、行ったり来たりしたとする。私が歩く向きを変えるたびに、その粒子は加速度運動しているように見えるはずだ。しかし、もし私が直線上を一様な運動で歩くとすると、その粒子は私から見ても一定の速度で動いているだろう。つまり一般的に言えることは、2つの座標系があり、どちらも慣性系だとすると、その2つの座標系は直線に沿って一様な相対運動をしているはずだということである。

$F = ma$の物理法則とニュートンの万有引力の法則がどの慣性系でも同じように成り立つことは、ニュートン力学の特徴の1つである。このことを次のように表現してみよう。私が熟練のジャグラーだとする。私は上手にジャグリングする上で、いくつかの規則を学んできた。たとえば、ボールを垂直に投げ上げると、投げ上げた時と同じところにボールは落ちてくる。この規則は、私が電車をプラットフォームで待っているときに学び取ったものだとしよう。

電車がホームに来たので、私は飛び乗り、すぐにジャグリングを始めた。しかし電車が走り始めると、先ほど学んだ規則は成り立たなくなる。ボールは変な運動をするようになり、予想通りの場所に落ちてこない。けれども電車が一定の速度で走るようになると、その規則は再び成り立つようになる。私が動いている慣性系の中にいるとし、さらに周囲を完全に覆われているために外が見えないとしよう。そのとき私は自分が動いていることがわからないはずだ。ジャグリングをしても、いつものジャグリングの規則がちゃんと成り立つことがわかる。私は自分が静止していると思ってしまうだろう。しかしそれは正しくない。正確に表現するならば、「私は慣性系の中にいる」ということになるのだ。

相対性原理は、物理法則はどのような慣性系でも同じであるとするものである。この原理はアインシュタインが発明したものではなく、彼以前から存在しており、通常はガリレオによるものとされている。ニュートンもこの原理を理解していたはずだ。アインシュタインはここにどのような新しい要素を加えたのだろうか。彼が加えたのは１つの物理法則だ。光の速さは光速cのままだという法則である。光の速さは秒速およそ3×10^8メートル、あるいはおよそ186,000マイルであり、または1秒間に正確に1光年進む。しかし単位を１つに決めれば、アインシュタインの新しい物理法則は、光速は誰から見ても同じだということを主張している。物理法則はすべての慣性系で同じであるということと、光は一定の速さで進むということを組み合わせると、すべての慣性系で光は同じ速さで進むという結論になる。これはとても不思議な結論だ。これが理由となって、特殊相対性理論を拒否した物理学者もいたぐらいだ。次節では、アインシュタインの論理をたどり、この新しい法則から何が言えるかを探ろう。

1.2.1 ニュートンの座標系（特殊相対性理論以前の座標系）

ここでは、ニュートンなら基準座標系間の関係をどのように記述し、光の運動についてどのような結論を出すかを説明する。ニュートンの基本的な仮定は、すべての基準座標系に同じ普遍的な時間が存在するというものであった。

まず、yとzの方向を無視し、xの方向だけに注目することにしよう。世界は1次元であり、すべての観測者はx軸方向に自由に移動できるが、他の2方向には動けないと仮定する。図1.1では、慣例にしたがって、x軸を右向き、t軸を上向きに取っている。これらの軸は、あなたの座標系（教室で静止している座標系）の1メートル定規と時計を表している。（ここであなたの座標系を静止座標系と呼び、私の座標系を移動座標系と呼ぶことにする。）あなたの座標系では、光は決まった速度cで動くとする。このような図を時空間の図と呼ぶ。これは、世界地図と考えることができるが、すべての可能な場所とすべての可能な時間を示す地図である。原点から右に向かって光線を出すと、光は次の式で与えられる軌跡を描いて進む。

$$x = ct$$

同様に、左へ進む光線は次のように表される。

$$x = -ct$$

負の速度は、単に左に移動していることを意味する。この後のさまざまな図では、私の座標系が右方向に移動している（速度vが正）ように描く。負の速度で図を描き直すのも練習問題としてよいだろう。

図1.1では、光線は破線で示されている。軸の単位をメートルと秒にすると、光線はほぼ水平に見える。しかしcの具体的な値は、どのような単位を選ぶかによって、まったく違ってくる。そこで、光線の軌跡の傾き

図1.1　ニュートンの座標系

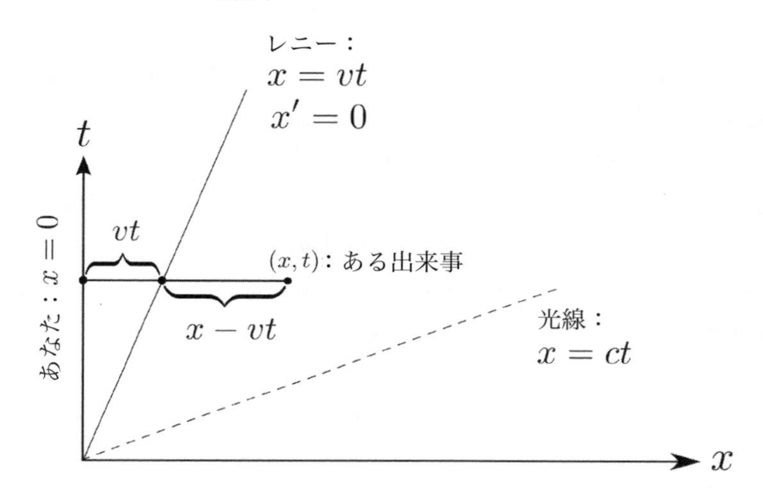

(速さ)が有限であることがより明確にわかるような、別の単位で光速を表すと便利である。

では、あなたの座標系に対してx軸方向に一定の速度vで動いている私の座標系を加えてみよう[2]。この速度は、正の値(この場合、私はあなたの右方向に移動する)、負の値(この場合、私はあなたの左方向に移動する)、またはゼロ(この場合、我々はお互いに静止しており、私の軌跡は図中の垂直線となる)のいずれかを取ることができる。

私の座標をxとtの代わりにx'とt'と呼ぶことにする。私があなたに対して等速で動いているということは、時空間における私の軌跡が直線であることを意味する。私の運動は

$$x = vt$$

または

2　「あなたの座標系における私の軌跡」と表現することもできる。

$$x - vt = 0$$

という式で表される。ここで、vはあなたに対する私の相対速度で、図1.1に示すとおりである。私自身の運動は私の座標系ではどう表現すればよいか。それは簡単で、私はつねに自分の座標系の原点にいる。言い換えれば、$x' = 0$という方程式で私自身を表現することができる。興味深い点は、ある座標系から別の座標系にどのように変換するかということだ。つまり、あなたの座標と私の座標の関係はどうなっているのか、ということである。ニュートンによれば、この関係は次式で与えられる。

$$t' = t \tag{1.1}$$

$$x' = x - vt \tag{1.2}$$

これらの式のうち最初の式は、ニュートンの仮定した時間の普遍性である。すなわち時間はすべての観測者にとって同じである。2番目の式は、私の座標x'が、原点から見て、相対速度に時間をかけた分だけあなたの座標からずれていることを表している。このことから、

$$x - vt = 0$$

および

$$x' = 0$$

という方程式は同じ意味を持っていることがわかる。式(1.1)と式(1.2)は、2つの慣性系の間の座標のニュートン変換を構成している。ある事象がいつどこで起こるかをあなたの座標で知っていれば、それがいつどこで起こるかを私の座標で伝えることができる。この関係を反転させることは

できるだろうか。それは簡単なので、あなたにお任せしよう。結果は次のとおりである。

$$t = t' \tag{1.3}$$

$$x = x' + vt' \tag{1.4}$$

さて、図1.1の光線を見てみよう。仮定によると、あなたの座標系では$x = ct$の経路に沿って光が進む。では、私の座標系での光の動きはどう記述すればよいか。式(1.3)、(1.4)からxとtの値を$x = ct$の式に代入して、

$$x' + vt' = ct'$$

となる。これはさらに次の形に書き換えられる。

$$x' = (c - v)\,t'$$

当然のことながら、私の座標系では光は速さ$(c - v)$で進んでいることがわかる。これは、アインシュタインの新しい法則、すなわち、すべての光線はどの慣性系でも同じ速さcで進むという法則にとって困ったことだ。もし、アインシュタインが正しいとしたら、何かが深刻に間違っている。アインシュタインとニュートンの両方が正しいということはありえない。すべての観測者が同意する普遍的な時間があるならば、光の速度は普遍的であるはずがないのだ。

次に進む前に、左方向に動く光線はどうなるのか見てみよう。あなたの座標系では、このような光線は次の方程式で表されるだろう。

$$x = -ct$$

私の座標系では、ニュートンの法則で次のようになることは容易にわかる。

$$x' = -(c + v)\,t$$

つまり、私があなたの右側に移動している場合、同じ方向に進む光線は私に対して少し遅く（速度$c - v$）、反対方向に動く光線は少し速く（速度$c + v$で）進んでいる。これはニュートンやガリレオが言ったことである。19世紀末に光の速度を精密に測り始めて光速は慣性系の観測者がどう動こうがつねに同じであることがわかるまでは、誰もがこのように考えていたのである。

この矛盾を解決する唯一の方法は、異なる座標系の間のニュートンの変換法則がおかしいと認識することである[3]。式（1.1）と式（1.2）をどのように修正して、光の速度がお互いに同じになるようにするかを考えなければならない。

1.2.2 特殊相対性理論の座標系

新しい変換式を導く前に、ニュートンの重要な仮定の1つを再確認しておこう。もっとも危険な仮定、そして実際間違っている仮定は、同時性がどの座標系でも同じことを意味するという仮定である。つまり、我々の時計を合わせると、その後私が運動を始めても、私の時計はあなたの時計と同期したままであるという仮定が危険なのだ。

$$t' = t$$

という式が、運動している時計と静止している時計との関係を正しく表していないことが以下で明らかになる。同時性の概念は、座標系によって変

3　この言葉は口先だけで、実際には難しいことと思うかもしれない。事実、世界中の優秀な物理学者の多くが、$t' = t$という方程式をあきらめずに物事を進めようとしたが、すべて失敗した。

わるのだ。

時計を同期する

ここで、想像してほしいことがある。我々はある教室にいる。学生のあなたは、熱心な受講生で埋め尽くされた最前列に座っていて、最前列の受講生はそれぞれ時計を持っている。時計はすべて同じもので、完全に信頼できるものだ。あなたはこれらの時計を注意深く点検し、それらがすべて同じ時間を指し、同じ速さで時を刻んでいることを確認する。私も同じだけの数の時計を持っている。その時計は私の座標系にあり、あなたたち学生の時計と同じように、間隔をあけて置かれている。あなたたちの時計と私の時計コレクションは、同じ数だけあるので、１対１対応している。私は、自分の時計がすべて同期しており、また、あなたたちの時計とも同期していることを確認した。ここで私は、私の時計コレクションと一緒に、あなたたちやあなたたちが持つ時計に対して、相対的に移動し始める。私の時計の１つ１つがあなたたちの時計１つ１つとすれ違うとき、互いの時計が同じ時刻を指しているかどうかを確認する。もし時刻がずれていたら、それぞれの時計が相手の時計と比べてどのくらいずれているかを調べる。そのずれは、それぞれの時計が直線上に置かれた位置によって異なるかもしれない。

もちろん1メートル定規についても同じような質問ができる。たとえば「私があなたのそばを通り過ぎるとき、私の1メートル定規はあなたの座標において1メートルを表しますか」といった問いである。アインシュタインはここで大きな飛躍をした。彼は、長さ、時間、同時性の定義の仕方について、はるかに注意深くならなければいけないということに気づいたのである。2つの時計をどのように同期させるかということを実験的に考える必要があるのだ。ただし、光速はどの慣性系でも同じだという仮定は、決して手放さなかった。そのため彼は、時間が普遍的なものであるというニュートンの仮定を捨てざるをえなかった。これに代わり、彼は「同時性は相対的なものである」ことを発見したのだ。以下でアインシュタインの論理を追っていこう。

2つの時計（AおよびBとしよう）が同期しているというとき、正確にはそれは何を意味するのだろうか。2つの時計が同じ場所にあり、同じ速度で動いているとき、両方の時計を比べて、同じ時刻を指していることを確認するのは簡単である。しかしAとBがあなたの座標系の中の異なる場所でそれぞれ静止している場合、同期しているかどうかを確認するには少し頭を使う。問題は、AとBの間を移動するのには光ですら時間がかかるというところである。

アインシュタインが考えた方法はこうだ。３つ目の時計Cを考え、AとBの間のどこかに置くのである[4]。3つの時計がすべて教室の最前列に置かれているとしよう。時計Aは列の左端にいる生徒が持ち、時計Bは右端の生徒が持ち、時計Cは列の中央に位置している。AからCまでの距離とBからCまでの距離が同じになるように細心の注意が払われている。

Aの時計が正午を示すと同時に、Cに向かって光を放つ。同様にBが正午を示すと、Cに向かって光を放つ。もちろん、どちらの光もCに到達するまでに時間がかかるが、光速はどちらも同じであり、進む距離も同じなので、Cに到達するまでの時間は同じになる。AとBが同期しているのは、2つの光がまったく同じ時刻にCに到達する場合である。同時に到着しない場合は、Cの時計を持つ学生は、AとBが同期していないと判断する。この学生はAまたはBの時計を持つ学生のどちらかにメッセージを送り、どの程度設定を変えれば同期が取れるかを指示することができる。

時計Aと時計Bがあなたの座標系で同期しているとする。では、私の動いている座標系ではどうなるだろうか。私は右方向に移動しており、2つの光が発せられたとき、私はたまたまAとBの中間点のCに来ていたとする。しかし、光はその瞬間にCに到達するのではなく、私よりも少し遅れてCに到達する。光がCに来たときには、私はすでに中間点より少し右側に移動している。私は中間点より右側にいるので、左から来る光は右

4　これは、アインシュタインの考え方を少し修正したものである。

から来る光より少し遅れて私に届く。左右から来る2つの光は、異なる時刻に私に到達することから、私はAとBの時計は同期していないと結論づける。

このように、明らかにあなたが同期（同じ時間に起こる）と呼ぶものと私が同期と呼ぶものは、等しくない。あなたの座標系で同時に起こった2つの出来事は、私の座標系では異なる時間に起こる。少なくとも、アインシュタインの2つの仮定により、このことを受け入れざるをえないのである。

単位と次元：ちょっと回り道

先に進む前に、今後2つの単位系を使うことについて、簡単に説明しておく。それぞれの単位系は、各々の目的に適したものであり、一方からもう一方への切り替えも非常に簡単である。

1つ目の単位系は、メートル、秒などの身近な単位を使うものである。これを一般的な単位、あるいは従来の単位と呼ぶことにする。この単位は、ほとんどの速度が光速よりはるかに小さい通常の世界を記述するのに優れている。この単位での速度1は、毎秒1メートルを意味し、cより何桁も小さい。

もう1つは、光速を基準とするものである。この単位系では、光速を無次元値1として、長さと時間の単位を定義している。これを相対論的単位と呼ぶ。相対論的単位を用いると、微分や方程式の対称性に気づきやすくなる。従来の単位が時空間図には実用的でないことは前述のとおりだが、相対論的単位はこの目的に見事に合致している。

相対論的な単位では、cの値が1になるだけでなく、すべての速度が無次元になる。そのためには、長さと時間の単位を適切に定義しておく必要がある。速度は長さを時間で割ったものである。そのため、時間の単位が「秒」なら、長さの単位は「光秒（こうびょう）」である。光秒はどれほど大きいだろうか。光秒は光が1秒間に進む距離なので30万km（3億m）だが、ここではその値は重要ではない。重要なのは、光秒は長さの単位であり、その定義によれば、光は1秒間に「1光秒」進むということである！　つまり、時間と長さの両方を秒を単位として測定していることになるのだ。このようにして、長さを時間で割った速度は無次元になった。相対論的単位を用いると、vのような速度変数も無次元となり、光速の何倍かという表現になる。当然のことながら、この表現方法は、cの値が1であることと矛盾しない。

図1.2のような時空間図では、x軸とt軸はともに秒単位で目盛りを定めている[5]。光の軌道は、x軸とt軸とで等しい角をなす。逆に言えば、この2つ軸と等しい角度をなす軌跡はすべて光線となる。あなたの静止基準座標系では、その角度は45度である。

2種類の単位を簡単に切り替える方法を知っておくと便利だ。その原則は、どのような単位系であっても、数式は次元的に一貫していなければならないということである。相対論的な単位から通常の単位への切り替えでもっとも一般的かつ有用な方法は、vをv/cに置き換えることである。これから例を挙げていくが、これらの変換は簡単なものであることがわかるだろう。

座標の設定：もういちど！

2つの座標系に戻ろう。今回は、移動座標系における同期という言葉の正確な意味について、十分に注意する必要がある。静止基準座標系では、2つの点が時空間図上で同じ水平ラインにあれば同期（または同時）である。その2点はともに同じt座標を持ち、その2点を結ぶ線はx軸に平行である。これにはニュートンも納得するだろう。

しかし、移動座標系ではどうか。すぐにわかることだが、移動座標系では、点

$$x = 0, t = 0$$

5　t軸は秒ではなく光秒で目盛りが定められていると考えてもよいが、結果は同じである。

図1.2　相対論的単位 ($c = 1$) を用いた相対性理論の座標系。アートに関する2つの式は、2つの異なる方法で彼の世界線を特徴づけている。破線は、光線の世界線である。マギーの世界線とレニーの世界線の式にある定数1と2は純粋な「数」ではない。この数字の相対論的単位は秒である。

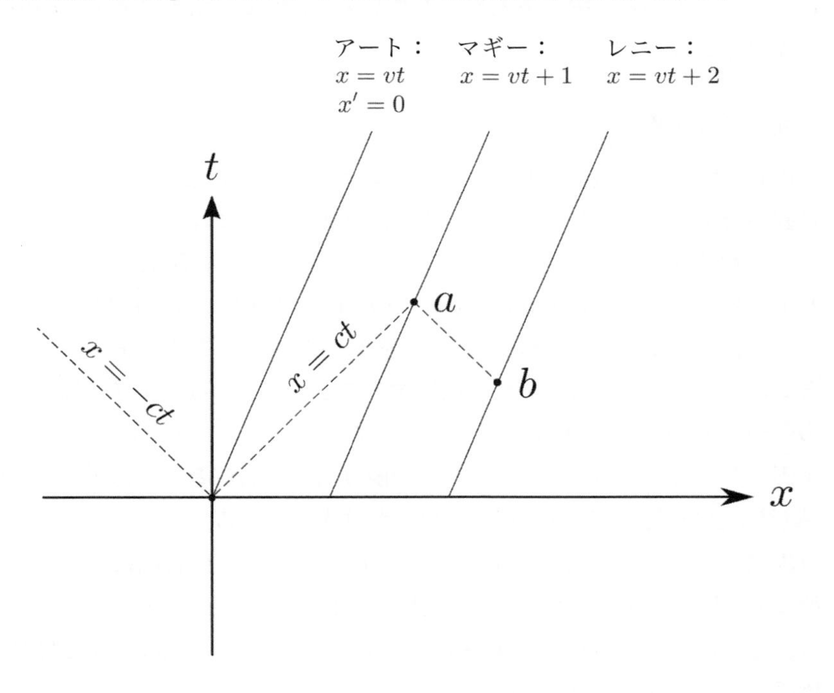

は x 軸上の他の点とは同期しておらず、まったく別の点の集合と同期している。事実、移動座標が「同期している」とみなす点の集合は、どこか別の場所にあるのだ。この点の集合をどのように見つければよいだろうか。前節「時計を同期する」および図1.2で説明した同期化の手順を使うことにしよう。

相対性理論の問題を理解するためには、通常、時空間図を描くのが一番だ。x は横軸、t は縦軸として、つねに同じ図が描かれる。これらの座標は、あなたが静止していると考えることができる基準座標系である。つまり、あなたの座標系を表している。なお、時空間を移動する観測者の軌跡を表す線を、世界線と呼ぶ。

軸が定まったので、次に描くのは光線である。図1.2では、$x = ct$ および $x = -ct$ と書かれた線がそれを表している。図中の点 a から点 b への破線も光線である。

元の道に戻る

図1.2に戻って、右方向に一定の速度 v で移動する鉄道車両に座っている観察者アートをスケッチしてみよう。彼の世界線には、彼の運動を記述する方程式が書かれている。ここでも、アートの座標系は、図1.1の移動している観測者と同じように、$x' = x - vt$ が成り立つように移動している。

では、アートの x' 軸をどのように描くかを考えてみる。まず、マギーとレニーという二人の観測者を追加することから始める。マギーはアートの一つ前（あなたの右側）の車両に座っており、レニーの車両はマギーの車両のさらに一つ前にある。これらの隣り合った観測者は、あなたの座標系（静止座標系）で測った長さの1単位だけ離れている。マギーとレニーの世界線を表わす式を図に示す。マギーはアートの1単位右側にいるので、彼女の軌跡は $x = vt + 1$ である。同様に、レニーの軌跡は $x = vt + 2$ である。同じ電車に乗っているアート、マギー、レニーの3人は、同じ移動座標系におり、互いに対して静止している。

最初の観測者であるアートは時計を持っており、彼が原点に到着したとき、彼の時計は偶然にも正午を指していた。静止座標系の時計もこのとき正午を指していたとしよう。ここでは正午12時を「時刻ゼロ」と呼ぶことにし、共通の原点をあなたの座標では $(x = 0, t = 0)$、アートの座標では $(x' = 0, t' = 0)$ で表示する。移動している観測者と静止している観測者は、$t = 0$ の意味について、前提条件として同意している。じつは、これが水平軸の定義である。水平軸は、静止している観測者にとっての時刻がすべてゼロになる線なのだ。

アートが原点からマギーに光信号を送ったとする。ある時点（それがどこかはまだわからない）でレニーもマギーに向かって光の信号を出す。レニーは、両方の信号が同じ瞬間にマギーに届くように、何らかの方法で調整する。アートの光の信号が原点から始まっているとすると、マギーは図1.2の点aでそれを受け取ることになる。レニーの光信号がマギーに同時に届くためには、レニーはどの点から光信号を送らなければならないか。逆算すればわかる。レニーがマギーに送る光信号の世界線は、x軸に対して45度の角度を持たなければならない。そこで、点aから右下がりに45度傾斜した線を描き、レニーの進路と交差するまで延長すればよいのである。これが図中の点bである。図から容易にわかるように、点bはx軸上にあるのではなく、x軸よりも上側にある。

今示したのは、原点と点bはアートの座標系では同時である、ということだ！　つまり、動いている観測者（アート）は、点bは$t' = 0$であると認識している。なぜか？　それは、移動する基準座標系の中で、中心の観測者マギーから等距離にいるアートとレニーは、同じ瞬間に到着する光信号をマギーに送ったからである。つまり、マギーは、「あなたたちはまったく同じ瞬間に私に光信号を送ったよね。だって、どちらの光も同じ瞬間にここに到着したし、二人とも私から等距離にいるわけだからね。」と言うだろう。

x'軸を求める

アートの（そしてマギーとレニーの）x軸は、共通の原点（両方の座標系に共通の原点）から点bを結ぶ線であることが以上でわかった。次の課題は、点bの位置を正確に把握することである。点bの座標がわかれば、アートのx'軸の向きを指定する方法がわかる。この問題をくわしく見ていこう。少し面倒だが、難しくはない。これには2つのステップがあり、1つ目は点aの座標を求めることである。

点aは、右方向に進む光$x = ct$と、マギーの世界線である直線$x = vt + 1$の交点に位置している。交点を求めるには、一方の方程式を他方の方程式に代入すればよい。光速cが1になる相対論的な単位を使っているので、

$$x = ct$$

という式はさらに簡単に

$$x = t \tag{1.5}$$

と書ける。マギーの世界線

$$x = vt + 1$$

に式(1.5)を代入すると、

$$t = vt + 1$$

または

$$t(1-v) = 1$$

となる。あるいは

$$t_a = 1/(1-v) \tag{1.6}$$

と書ける。点aの時間座標がわかったので、点aのx座標を求めることができる。これは、光線に沿って$x = t$が成り立つことに注目すれば、簡単にわかる。つまり、式(1.6)のtをxに置き換えて、

$$x_a = 1/(1-v)$$

と書けばよいのだ。ほら！　aが見つかった。

点aの座標を手に入れたら、線分abを見てみよう。線分abの方程式ができれば、レニーの世界線$x = vt \pm 2$と交差する場所がわかる。いくつかのステップが必要だが、楽しいし、ほかに近道もない。

右下がりに45度で傾斜する直線はすべて、その直線に沿って$x + t$が一定であるという性質を持つ。右上がりに45度傾斜する直線はすべて、$x - t$が一定という性質を持つ。線分abを例にとれば、その方程式は

$$x + t = \text{ある定数}$$

となる。この定数は何だろう。それを知る簡単な方法は、直線上の1点を取り出して、xとtに具体的な値を代入することである。とくに、点aにおいて、

$$x_a + t_a = 2/(1 - v)$$

となることがわかっている。この関係は線分abに沿って成り立つので、線分abの方程式は

$$x + t = 2/(1 - v) \tag{1.7}$$

でなければならない。ここで、線分abとレニーの世界線に関する連立方程式を解くとbの座標が求まる。レニーの世界線は$x = vt + 2$であり、これを$x - vt = 2$と書き直す。すると連立方程式は

$$x + t = 2/(1 - v)$$

と

$$x - vt = 2$$

となる。この解は、簡単な計算の後、次のようになる。

$$t_b = \frac{2v}{(1 - v^2)}$$

$$x_b = \frac{2}{(1 - v^2)} \tag{1.8}$$

まずもっとも重要なのは、t_bがゼロではないということである。そのため点bは、移動座標系における原点と同時刻だが、静止座標系の原点とは同時刻でない。

次に、原点と点bをつなぐ直線を考えよう。定義により、この直線の傾きはt_b/x_bだが、式(1.8)を使うと傾きはvということになる。この直線はx'軸にほかならず、次式で単純に与えられる。

$$t = vx \tag{1.9}$$

あなたの座標系に対して右向きと左向きのどちらに進むかによって、速度vは正にも負にもなることを覚えておこう。負の速度の場合、図を描きなおすか、水平方向に図を反転させる必要がある。

図1.3は、x'軸とt'軸を含めた時空間図である。直線$t = vx$(y座標とz座標も考慮した4次元時空間では、直線ではなく3次元「面」[6]に相当する)は、移動座標系に置かれたすべての時計はt'の同じ値を示すという重要な性質を持つ。この「面」は、移動座標系における「同時面」と呼ばれている。これは、静止座標系における面$t = 0$と同じ役割を果たすものである。

6　訳者注：4次元空間における一次方程式$t = vx$は、正確には2次元面ではなく3次元空間を表わすが、空間という言葉が誤解を与えることから、3次元空間における一次方程式(面を表わす)と同じく、ここでは「面」と呼んでいる。

図1.3　x'軸とt'軸を描いた相対性理論の座標系

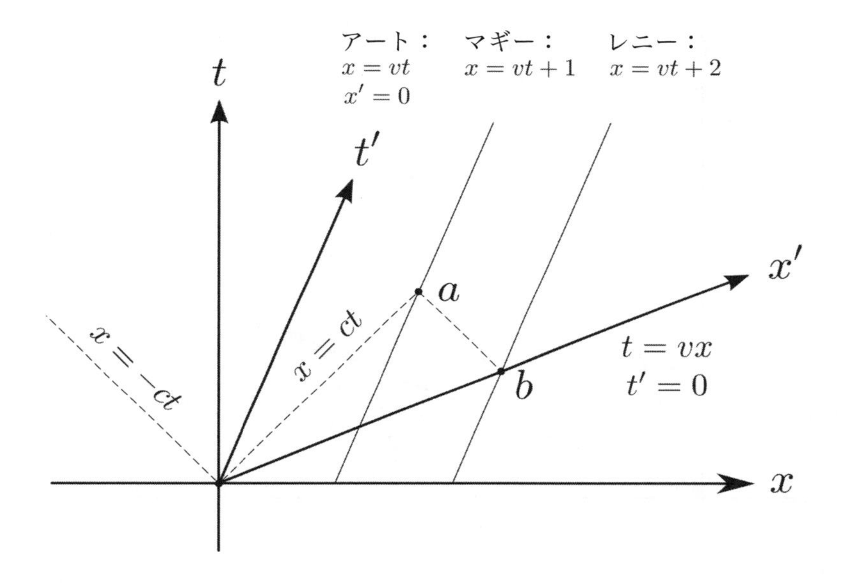

本節ではこれまで、光速cを1とする相対論的単位を用いてきた。次元解析の練習として、式(1.9)をメートルと秒の通常の単位で書いたらどうなるかを考えてみよう。この普通の単位では、式の左辺は秒、右辺はメートル2乗毎秒となる。両辺の単位のつじつまを合わせるには、右辺にcのべき乗を掛ける必要がある。正しい係数は$1/c^2$であり、

$$t = \left(\frac{v}{c^2} \right) x \tag{1.10}$$

と書ける。式(1.10)のおもしろいところは、非常に小さな傾き$\frac{v}{c^2}$を持った直線を表わしているということである。たとえばvが300メートル毎秒(ジェット機程度の速さ)のとき、傾きは$\frac{v}{c^2} = 3 \times 10^{-15}$となる。すなわち、図1.3の$x'$軸はほぼ水平になってしまう。静止座標系と移動座標系の同時面は、ニュートン物理学における同時面とほとんど一致してしまう。

図1.4　単純化した相対性理論の座標系

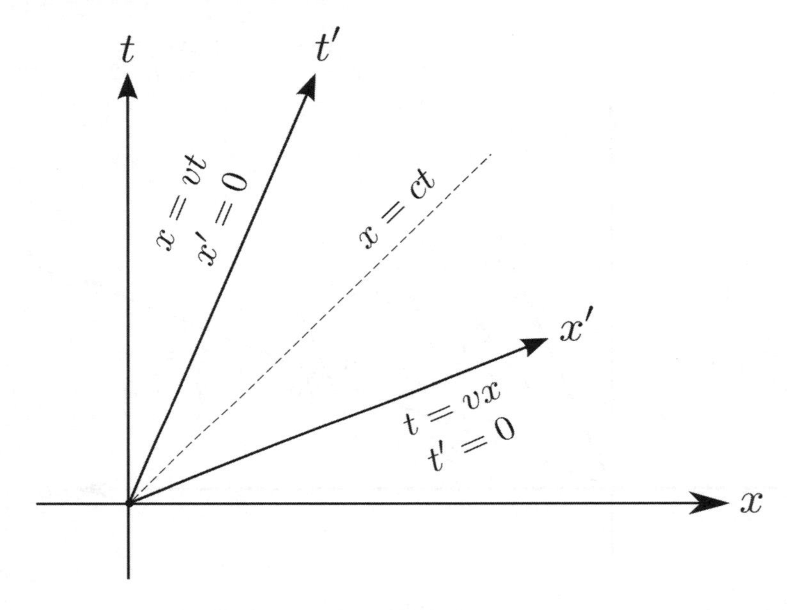

このことは、基準座標系の相対速度が光速よりもはるかに小さい場合、アインシュタインの時空間の記述は、ニュートンの記述にほぼ等しくなるという事実の一例である。もちろんこの事実を使うと、計算に間違いがないかの重要なチェックになる。

それでは$c = 1$の相対論的単位に戻ろう。図を簡略化し、この後の話に必要な部分だけを残す。図1.4の点線は光線を表わしており、その世界線はt軸とx軸のどちらに対しても45度の角度を持っている。アートの世界線は、t'軸で表されている。アートのx'軸も描いておいた。アートの2本の軸には方程式も書いた。$x = vt$ と $t = vx$の2つの軸が対称の位置関係にあることに注目しよう。この2本の線は、破線の光の軌跡に対して互いに反対の位置にある。別の言い方をすれば、2つの軸がそれぞれ「ダッシュ記号」の付いていない軸（$t = vx$の場合はx軸、$x = vt$の場合はt軸）と同じ角度を作っている。

ここまでにおもしろい点を2つ見つけた。まず、光の速度が本当にどの座標系でも同じであり、光線を使って時計を同期させる場合、ある座標系において2つの事象が同期しているとしても、それらは他の座標系では同期していないという点である。第二に、移動座標系における同期性が実際に何を意味するのかがわかった。移動座標系では水平が同期を表すのではなく、傾きvで傾いている面が同期に対応しているのである。アートの移動座標系におけるx'軸とt'軸の方向はわかったが、その軸の目盛りの振り方については後で明らかになる。

時空

空間と時間についてわかったことを、少し考えてみよう。ニュートンは、もちろん空間と時間の両方を知っていたが、それらをまったく別のものとして考えていた。ニュートンにとって、3次元の空間は空間であり、時間は普遍的な時間であった。両者は完全に分離しており、その違いは絶対的なものであった。

しかし、図1.3や図1.4のような地図は、ニュートンが知りえなかったこと、つまり、ある慣性系から別の慣性系に移る際に、空間と時間の座標が互いに混ざり合ってしまうことを表している。たとえば図1.3において、原点と点bは、移動座標系では同時刻の2点を表している。しかし、静止座標系では、点bは原点から空間的にずれるだけでなく、時間的にも原点からずれている。

アインシュタインが特殊相対性理論を発表した1905年から3年後、ミンコフスキーがその革命を完成させた。ミンコフスキーは、第80回ドイツ自然科学者・医師会の講演で、

「空間も時間もそれ自体では単なる影に消えていく運命にあり、両者のある種の結びつきのみが独立した現実を維持することができる」

と述べている。その時間と空間を合わせたものは4次元であり、座標はt, x, y, zである。我々物理学者はその空間と時間の結合を時空と呼ぶことも

ある。あるいはミンコフスキー空間と呼ぶこともある。ミンコフスキーはそれを別の名で呼んだ。「世界」と呼んだのだ。

ミンコフスキーは、時空の点を「イベント（事象）」と呼んだ。事象は、t, x, y, zの4つの座標で表される。時空の点を事象と呼ぶからといって、t, x, y, zで実際に何かが起こったということを意味しているわけではない。またミンコフスキーは、物体の軌跡を記述する直線または曲線を「世界線」と呼んだ。たとえば、図1.3の$x'=0$という線はアートの世界線である。

時間と空間から時空間へのこのような視点の変化は1908年当時としては過激なものであったが、今日では時空の図は物理学者にとって手のひらのように身近なものとなっている。

ローレンツ変換

事象、言い換えれば時空の点は、静止座標系での座標によって、あるいは移動座標系での座標によってラベル付けすることができる。我々は、１つの事象について、２つの異なる記述の仕方について話していることになる。当然の疑問として、どのようにすれば一方の記述から他方の記述に移行できるのだろうか。つまり、静止座標系の座標t, x, y, zを移動座標系の座標t', x', y', z'に関連付ける座標変換は何であろうか。

アインシュタインの前提の1つは、無限の平面がどこでも同じであるのと同じ意味で、時空はどこでも同じであるということであった。時空の同一性とは、どの事象も他の事象と異ならないという対称性であり、物理学の方程式を変えることなく、どこでも原点を選ぶことができる。これは、ある座標系から別の座標系への変換の性質に対し、ある数学的な意味を持っている。たとえば2つの座標系を結びつけるニュートンの関係式

$$x' = x - vt \tag{1.11}$$

は線形である。すなわち、この式には座標の1次の項しかない。式(1.11)は、アインシュタインの理論ではその単純な形を維持することはできない

が、1つだけ正しい内容が含まれている。それは、$x = vt$が成り立つとき、$x' = 0$が成り立つということである。式(1.11)を修正するにしても、$x' = 0$が$x = vt$と同じであるという事実が成り立たねばならず、しかもその線形性を維持する方法はただ1つである。それは、右辺に速度の関数を掛けることである。

$$x' = (x - vt)\,f(v) \tag{1.12}$$

この時、関数$f(v)$はどんな関数でも構わないが、アインシュタインはもう1つ、左右の対称性というトリックを用意していた。つまり、物理学では、右への動きを正の速度で表し、左への動きを負の速度で表す必要はなく、逆でもよい。この対称性から、$f(v)$はvが正か負かに依存してはいけないことになる。どんな関数でも、正の速度でも負の速度でも同じになるように書く簡単な方法がある。そのコツは、速度の2乗(v^2)の関数として書くことである。したがって、アインシュタインは式(1.12)の代わりに、

$$x' = (x - vt)\,f(v^2) \tag{1.13}$$

と書いた。まとめると、$f(v)$の代わりに$f(v^2)$と書くことで、空間には特別な方向というものがないという点が強調されたことになる。

t'はどうか。ここでもx'のときと同じように推論する。$t = vx$のときはいつでも$t' = 0$であることがわかっている。つまり、xとtの役割を反転させ、$g(v^2)$をfとは別の関数として

$$t' = (t - vx)\,g(v^2) \tag{1.14}$$

と書けばよい。式(1.13)と式(1.14)から、$x = vt$のときはいつでもx'がゼロであり、$t = vx$のときはいつでもt'がゼロであることがわかる。この2つの方程式には対称性があるので、t'軸は直線$x = t$に関してx'軸の鏡映に

すぎず、その逆も成り立つ。

これまでにわかっていることは、我々の変換方程式は次のような形になるはずだということである。

$$x' = (x - \upsilon t) f(\upsilon^2)$$

$$t' = (t - \upsilon x) g(\upsilon^2) \tag{1.15}$$

次に、関数$f(\upsilon^2)$と$g(\upsilon^2)$が実際にどのようなものかを理解する必要がある。そのために、この2つの座標系での光の経路を考え、光速はどちらの座標系でも同じであるというアインシュタインの原理を適用する。光の速さcが静止座標系で1に等しいなら、移動座標系でも1に等しくなければならないのだ。これを言い換えると、静止座標系で$x = t$を満たす光線がある場合、移動座標系でも$x' = t'$を満たさなければならない。別の言い方をすれば、もし

$$x = t$$

であれば、

$$x' = t'$$

が成り立つはずである。式(1.15)に戻ろう。$x = t$とし、$x' = t'$を要請すると、$f(\upsilon^2) = g(\upsilon^2)$という単純な条件が得られる。つまり、あなたの座標系と私の座標系で光速が同じであるという条件は、2つの関数$f(\upsilon^2)$と$g(\upsilon^2)$が同じであるという単純な条件を導くものなのである。したがって、式(1.15)を

$$x' = (x - \upsilon t) f(\upsilon^2)$$

$$t' = (t - \upsilon x) f(\upsilon^2) \tag{1.16}$$

に単純化できる。

アインシュタインは、$f(v^2)$ を求めるために、もう1つの材料を使った。「ちょっと待てよ、どっちの座標系が動いているかなんて、誰が決めるんだ。私の座標系が君に対して速度vで相対的に動いているのか、君の座標系が私に対して速度$-v$で相対的に動いているのか、誰が判断するんだ」。2つの基準座標系の間にどのような関係があるにせよ、それは対称でなければならない。このアプローチにしたがえば、我々の議論全体を逆転させることができる。xとtから始めてx'とt'を導き出す代わりに、まったく逆のことをすることができるのだ。唯一の違いは、私にとってあなたは速度$-v$で動いているが、あなたにとって私は速度$+v$で動いているということである。x'とt'をxとtで表す式(1.16)をもとにすると、逆変換をただちに書き下すことができる。xとtをx'とt'で表した方程式は

$$x = (x' + vt')f(v^2)$$

$$t = (t' + vx')f(v^2) \tag{1.17}$$

である。式(1.17)は、2つの基準座標系の間の物理的な関係を推論して書き下したものである。式(1.16)をダッシュ記号のない変数xとtに対して解くための単なる手段ではないのだ。実際、この2組の式を手に入れた以上、この2組が互いに矛盾しないことを確認する必要がある。式(1.17)に式(1.16)のx'とt'の式を代入しよう。元の式に戻るように見えるかもしれないが、そうでないことがわかるだろう。代入の結果、xはx、tはtになる必要がある。そもそも最初の式が正しいのだから、こうなるはずなのだ。そこから、$f(v^2)$の形を求めよう。計算は少し面倒だが、簡単だ。式(1.17)の最初の式から始める。xに対する式に代入すると、次のようになる。

$$x = (x' + vt')f(v^2)$$

$$x = \{(x - vt)f(v^2) + v(t - vx)f(v^2)\}f(v^2)$$

$$x = (x - vt)f^2(v^2) + v(t - vx)f^2(v^2)$$

最後の式を展開すると

$$x = xf^2(v^2) - v^2 xf^2(v^2) - vtf^2(v^2) + vtf^2(v^2)$$

となり、これは次式にまとめられる。

$$x = xf^2(v^2)(1 - v^2)$$

両辺のxを消去して$f(v^2)$について解くと、

$$f(v^2) = \frac{1}{\sqrt{1 - v^2}} \tag{1.18}$$

になる。これで、静止座標系の座標を移動座標系の座標に変換する、あるいはその逆を行うのに必要なものはすべて揃った。式(1.16)に代入すると、

$$x' = \frac{x - vt}{\sqrt{1 - v^2}} \tag{1.19}$$

$$t' = \frac{t - vx}{\sqrt{1 - v^2}} \tag{1.20}$$

を得る。これらはもちろん、静止座標系と移動座標系の間の有名なローレンツ変換である。

アート：「すごいな、レニー。全部自分で考えたの？」
レニー：「そうだったらいいんだけどね。いや、単にアインシュタインの論文にしたがっただけだよ。50年前に読んだきりだけど、印象に残っているんだ。」
アート：「なるほど、でもアインシュタインが発見したものなのに、どうしてローレンツ変換と呼ばれるんだろう。」

1.2.3 歴史的側面

アートの質問に答えると、アインシュタインは、ローレンツ変換を発見した最初の人物ではないのだ。その栄誉は、オランダの物理学者ヘンドリック・ローレンツの手になるものである。ローレンツやそれ以前の人々（とくにジョージ・フィッツジェラルド）は、マクスウェルの電磁気学理論から、移動する物体が進行方向に沿って収縮するという結論が導かれることを主張した（この現象を現在ではローレンツ収縮と呼んでいる）。1900年までにローレンツは、この物体の収縮を表すため、ローレンツ変換を導出した。しかし、これらのアインシュタインの先輩たちの見方はアインシュタインとは異なっており、新しい出発点を成すものではなく、古い考え方に立ち返ったものであった。ローレンツとフィッツジェラルドは、静止しているエーテルと、動いているあらゆる通常の物質の原子との間の相互作用によって、運動方向に沿って物質を圧迫する圧力が生じると考えていたのである。近似的には、圧力はすべての物質を同じ量だけ収縮させるので、その効果は座標変換で表すことができる。

アインシュタインの論文の直前に、フランスの偉大な数学者アンリ・ポアンカレは、マクスウェル方程式がすべての慣性系で同じ形をとるという条件からローレンツ変換を導き出した論文を発表している。しかし、いずれもアインシュタインの推論のような明快さ、単純さ、一般性を備えてはいなかった。

1.2.4 方程式に戻る

ある事象の静止座標系での座標がわかれば、式(1.19)と式(1.20)から、同じ事象の移動座標系での座標がわかる。では、逆はどうだろうか。つまり、移動座標系での座標がわかれば、静止座標系での座標を予測できるだろうか。そのためには、xとtの方程式をx'とt'について解いてもよいが、もっと簡単な方法がある。

まず、静止座標系と移動座標系の間に対称性があることを理解する必要がある。結局のところ、どの座標系が動いていて、どの座標系が静止しているかは、誰が決めるのか。両者の役割を入れ替えるには、式(1.19)と(1.20)のダッシュ記号の付いた座標とダッシュ記号の付いていない座標を入れ替えればよいのかもしれない。これはほとんど正しいが、そうとも言い切れない。こう考えてみよう。私があなたに対して右に動いているとすると、あなたは私に対して左に動いている。つまり、私に対するあなたの相対的な速度は$-v$だ。したがって、x, tのローレンツ変換をx', t'で書くとき、vを$-v$に置き換える必要がある。結果は次のとおりである。

$$x = \frac{x' + vt'}{\sqrt{1 - v^2}} \tag{1.21}$$

$$t = \frac{t' + vx'}{\sqrt{1 - v^2}} \tag{1.22}$$

標準的な単位への切り替え

光速を1としない場合はどうすればよいか。相対論的な単位から通常の単位に戻すもっとも簡単な方法は、その単位系で方程式が次元的に矛盾しないようにすることである。たとえば、$x - vt$の式は、xとvtがともに長さの単位(メートルなど)を持っているので、そのままでも次元的に矛盾しない。一方、$t - vx$は、tが秒の単位、vxがメートル2乗毎秒の単位であり、従来の単位では次元的に合っていない。この単位を決める唯一の方法がある。$t-vx$の代わりに次のように置き換えるのである。

$$t-\frac{v}{c^2}x$$

これにより、2つの項はどちらも時間の単位を持つようになるが、$c=1$の単位を使うと、この式は最初の$t-vx$に戻る。

同様に分母の係数$\sqrt{1-v^2}$は次元的に合っていない。単位を定めるため、vをv/cに置き換える。これらの置き換えにより、ローレンツ変換は通常の単位で次のように書くことができる。

$$x'=\frac{x-vt}{\sqrt{1-\frac{v^2}{c^2}}} \tag{1.23}$$

$$t'=\frac{t-\frac{vx}{c^2}}{\sqrt{1-\frac{v^2}{c^2}}} \tag{1.24}$$

vが光速に比べて非常に小さいとき、v^2/c^2はさらに小さくなることに注意してほしい。たとえば、v/cが1/10であれば、v^2/c^2は1/100である。$v/c=10^{-5}$ならば、v^2/c^2は本当に小さな数であり、分母の式 $\sqrt{1-v^2/c^2}$ は1にきわめて近くなる[7]。したがって、非常に良い近似として、

$$x'=x-vt$$

と書くことができる。これは古き良きニュートン流の式である。v/cが非常に小さいとき、時間の式(式(1.24))はどうなるだろうか。vが秒速

7 $v/c=10^{-5}$の場合、$\sqrt{1-v^2/c^2}=0.99999999995$となる。

100mであるとしよう。cはとても大きく、毎秒3×10^8m程度であることがわかっている。そのため、v/c^2は非常に小さな数である。移動座標系の速度が小さければ、分子の第2項vx/c^2は無視でき、ローレンツ変換の2つ目の方程式は近似的にニュートン変換の

$$t' = t$$

と同じになる。ゆっくり相対的に移動している座標系では、ローレンツ変換はニュートンの式に帰着する。cに比べてゆっくり動いているうちは、昔の答えが得られるのだ。しかし、速度が光速に近くなると、補正が大きくなる。

他の2つの軸

式(1.23)と式(1.24)は、ローレンツ変換の式を一般的な単位、つまり従来の単位で表したものである。もちろん、この式は一部であり、全体の方程式では空間の他の2つの要素であるyとzをどのように変換するかも示していなければならない。座標系がx軸に沿って相対運動するとき、xとtの座標がどうなるかについては、具体的に説明した。ではy座標はどうなるだろうか。

これには、簡単な思考実験で答えよう。あなたと私があなたの座標系の中で静止しているとき、あなたの腕と私の腕が同じ長さだとする。そして、私はx方向に等速で移動し始める。我々は、お互いを通り過ぎるとき、それぞれの腕を相対的な運動の方向に対して直角の向きに伸ばす。ここで質問だ。我々が互いを通り過ぎるとき、我々の腕の長さは依然として同じだろうか。それともあなたの方が私の腕より長いだろうか。この状況の対称性から、一方の腕がもう一方より長くなる理由はないので、二人の腕の長さが一致することは明らかである。したがって、ローレンツ変換の残りの部分は$y' = y$と$z' = z$となる。つまり、x軸に沿った相対運動のとき，面白いことが起こるのはx, t平面だけである。xとtの座標は互いに混ざり合っ

てしまうが、yとzは変更を受けないのだ。

参考までに、ダッシュ記号付き座標系がダッシュ記号無し座標系に対して正のx方向に速度vで運動する場合のローレンツ変換を従来の単位で示すと次のようになる。

$$x' = \frac{x - vt}{\sqrt{1 - v^2/c^2}} \tag{1.25}$$

$$t' = \frac{t - vx/c^2}{\sqrt{1 - v^2/c^2}} \tag{1.26}$$

$$y' = y \tag{1.27}$$

$$z' = z \tag{1.28}$$

1.2.5 光より速く動くものはない

式(1.25)と式(1.26)を見ると、2つの座標系の相対速度がcより大きい場合、何かおかしなことが起こっていることがわかる。$1-v^2/c^2$が負になり、$\sqrt{1-v^2/c^2}$が虚数になってしまう。これは明らかに意味を成さない結果だ。メートル棒や時計は実数値の座標しか定義できないのだから。

アインシュタインは、このパラドックスを解決するために、「光より大きな速度で移動できる物質系はない」という仮定を追加した。より正確には、どんな物質系も他の物質系に対して光よりも速く動くことはできない。とくに、二人の観測者が相対的に光よりも速く動くことはできない。

したがって、cよりも大きい速度vを考える必要ないのだ。今日、この原理は現代物理学の基礎となっている。通常、「光より速く伝わる信号はない」という形で表現される。しかし、信号は物質系で構成されているので、たとえその信号が光子ほど実体のあるものでなくても、結論は変わらない。

1.3 一般的なローレンツ変換

これらの4つの方程式を見ればわかるように、我々はもっとも単純なローレンツ変換だけを考えてきた。すなわち、ダッシュ記号付きの各軸が、それに対応するダッシュ記号無しの軸に平行であり、2つの座標系間の相対運動がx軸とx'軸の共有する方向に沿う場合のみに対する変換式である。

一様な運動は単純だが、現実はそう単純ではない。2組の空間軸が異なる方向を向くこと、すなわち、ダッシュ記号付きの各軸が対応するダッシュ記号無しの軸に対して有限の角度を持つこともある[8]。ここで疑問が生じる。このような要素を無視することによって、我々は一様な運動の物理学について何か本質的なことを見逃しているのだろうか。幸いなことに、答えはノーだ。

2つの座標系が、どの座標軸にも沿わない、ある斜めの方向に相対運動しているとする。これに対し、回転操作を繰り返すことで、ダッシュ記号付き軸とダッシュ記号無し軸を一致させることは簡単である。これらの回転により、再びx方向の一様な運動にすることができるのだ。一般的なローレンツ変換(2つの座標系が空間上で任意の角度だけずれており、ある任意の方向に相対的に移動している場合のローレンツ変換)は、次のことと等価である。

1. ダッシュ記号付き軸とダッシュ記号無し軸を一致させるための空間の回転。
2. 回転させた新しいx軸に沿った単純なローレンツ変換。
3. ダッシュ記号付き軸に対してダッシュ記号無し軸の元の向きを復元するため、空間の2回目の回転。

8　どちらかの座標系が有限の角速度で回転しているわけではなく、両方の座標系の向きに一定の違いがある場合の話である。

あなたの作った理論が、(たとえば)x軸に沿った単純なローレンツ変換に対して不変であり、さらに回転に対しても不変であることを確認しさえすれば、その理論はどんなローレンツ変換に対しても不変である。

用語としては、ある座標系が他の座標系に対して相対的に移動しているとき、その座標系の相対速度を含んだ変換を「ブースト」と呼ぶ。たとえば、式(1.25)や式(1.26)のようなローレンツ変換は、x軸に沿ったブーストと呼ばれる。

1.4 長さの収縮と時間の遅れ

特殊相対性理論は、慣れるまでは直感に反するものだ。量子力学ほどではないかもしれないが、それでも逆説的な現象に満ちあふれている。このようなパラドクスに直面したときは、時空間図を描いてみることをお勧めする。物理学者の友人に聞くのでもなく、私にメールするのでもなく、時空間図を描いてほしい。

長さの収縮

あなたがメートル棒を持っていて、私がxの正の方向に歩いているとする。あなたは手にした棒の長さが1メートルであることを知っているが、私は知らない。私は、あなたの脇を通り過ぎるとき、自分のメートル棒の長さとあなたのメートル棒の長さを比較して測定する。私は移動しているので、注意が必要だ。下手をすると、私はあなたのメートル棒の両端を2つの異なる時刻に測定することになってしまう。あなたの座標系では同時であっても、私の座標系では同時ではないことを忘れないでほしい。私は、あなたのメートル棒の両端を私の座標系で正確に同じ時刻に測定したいのだ。これが、私の座標系におけるあなたのメートル棒の長さの意味である。

図1.5は、この状況を表す時空間図である。あなたの座標系では、メートル棒はx軸に沿った水平な線分$\overline{OQ}$で表され、これがあなたにとっての同時性の表面となる。メートル棒は静止しており、その両端の世界線はあ

図1.5　長さの収縮

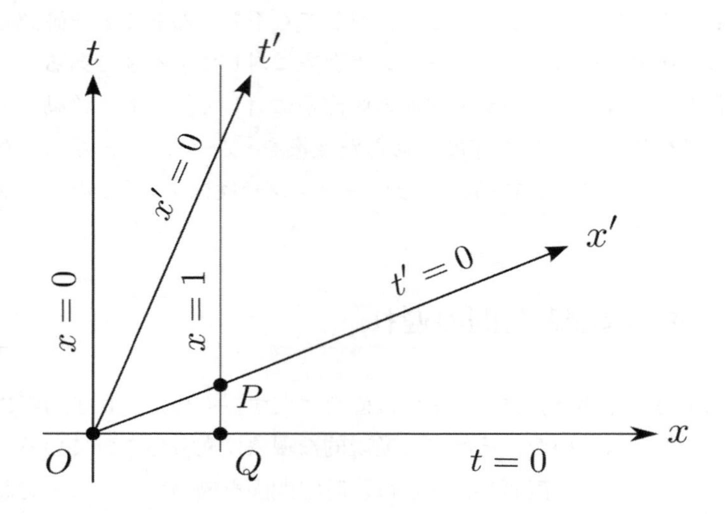

なたの座標系では垂直の線$x=0$と$x=1$である。

私の移動座標系では、ある瞬間における同じメートル棒がx'軸に沿った線分$\overline{OP}$で表される。x'軸は私にとっての同時性の表面であり、図の中では傾いている。メートル棒の一端は、私が通過するとき、共通の原点Oにある。棒のもう一方の端は、時刻$t'=0$において図ではPと表示されている。

時刻$t'=0$における両端の位置を私の座標系で測定するには、点Oと点Pにおけるx'の座標値を知る必要がある。しかし、点Oではx'が0であることはすでにわかっているので、あとは点Pでのx'の値を計算するだけだ。これは簡単であり、相対論的単位（光速＝1）を使って行う。つまり、式(1.19)と式(1.20)のローレンツ変換を使うのである。

まず、点Pは$x=1$と$t'=0$の2本の直線の交点にあることに注意しよう。式(1.20)より$t'=0$は$t=vx$を意味する。式(1.19)のtにvxを代入すると、次のようになる。

$$x' = \frac{(x - v^2 x)}{\sqrt{1 - v^2}}$$

これに$x = 1$を代入すると、

$$x' = \frac{(1 - v^2)}{\sqrt{1 - v^2}}$$

または

$$x' = \sqrt{1 - v^2}$$

となる。とうとう出てきたぞ！　移動する観測者は、ある瞬間（同時性の表面 $t' = 0$ において）、メートル棒の両端間の距離が $\sqrt{1-v^2}$であることに気づくのだ。移動座標系では、メートル棒は静止しているときより少し短くなっているのである。

同じメートル棒が、あなたの座標系と私の座標系とで異なる長さであることは、矛盾しているように見えるかもしれない。しかし、二人の観測者は、実際には2つの異なるものについて話していることに注意してほしい。静止座標系では、静止しているメートル棒で測定した点Oから点Qまでの距離について話していることになる。移動座標系では、点Oと点Pの間の距離を、動いている測定棒で測定していることになる。PとQは時空の異なる点なので、$\overline{OP}$は$\overline{OQ}$より短いと言っても矛盾はないのだ。

練習として、逆の計算をしてみてほしい。動いているメートル棒の静止座標系での長さを求めるのだ。図を描くことから始めることを忘れないようにしよう。計算に行き詰まったら、このまま本書を読み進めてもよい。

動いているメートル棒を静止座標系から観測することを考える。図1.6にその様子を示す。もし、メートル棒の長さが1単位で、その先端が点Qを通るなら、その世界線はどうなっているだろうか。$x = 1$だろうか。いや、そうではない。メートル棒は動く座標系では1メートルの長さであり、そ

図1.6　長さの収縮の練習問題

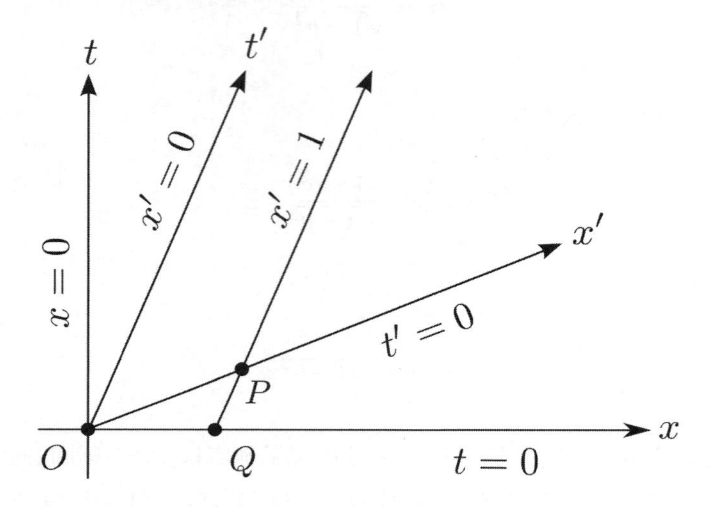

れは先端の世界線が$x'=1$であることを意味する。静止している観測者は、今メートル棒が線分$\overline{OQ}$の長さであると見ており、点Qのx座標は1ではない。ローレンツ変換によって計算された何らかの値である。この変換の計算をすると、この長さも$\sqrt{1-v^2}$倍で短くなることがわかる。

動いているメートル棒は静止座標系で短く、静止しているメートル棒は移動座標系で短くなる。矛盾はない。もう一度言うが、観測者は異なることを話しているだけだ。静止している観測者は、自分の時間のある瞬間に測った長さについて話している。これに対し、動いている観測者は、もう一方の時間のある瞬間に測った長さについて話している。同時性についての考え方が違うので、長さについての考え方が違うのだ。

練習問題1.1　図1.6の点Qのx座標が$\sqrt{1-v^2}$であることを示せ。

図1.7　時間の遅れ

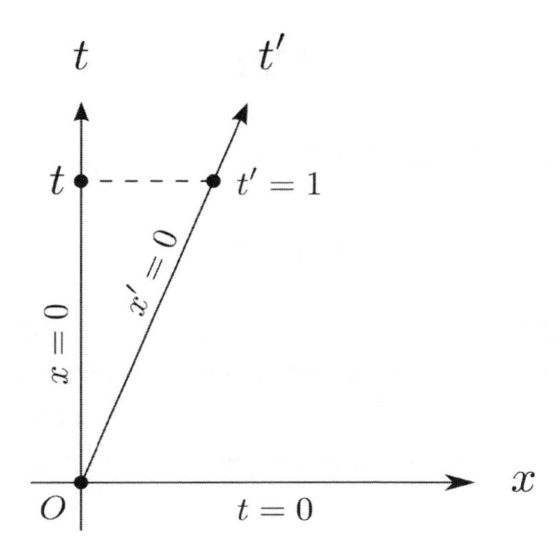

時間の遅れ

時間の遅れの仕組みもほとんど同じである。移動する時計（私の時計）があるとしよう。図1.7のように、私の時計は私と共に等速で移動しているとする。

ここで質問だ。私の時計が私の座標系で$t' = 1$を示す瞬間、あなたの座標系では時刻はどうなっているだろうか。ちなみに私の標準的な腕時計はロレックスという優れた時計[9]である。私は、これに対応する時刻として、あなたのタイメックスで計測されたtの値を知りたい。図中の水平面（破線）は、あなたが「同期している」と考える面である。あなたの座標系でのtの値を突き止めるには、2つのことが必要だ。まず、私のロレックスは方程式$x' = 0$で表されるt'軸上を動いている。また、$t' = 1$であることもわかっている。tを求めるには、ローレンツ変換の方程式（式（1.22））があれば

9　信じられないなら、キャナルストリートで25ドルで売ってくれた人に聞いてほしい。

よい。

$$t=\frac{t'+vx'}{\sqrt{1-v^2}}$$

$x'=0$と$t'=1$を代入すると、次式になる。

$$t=\frac{1}{\sqrt{1-v^2}}$$

右辺の分母は1より小さいので、t自体は1より大きい。t軸で測った時間間隔（あなたのタイメックス）は、t'軸で移動する観測者が測った時間間隔（私のロレックス）より$1/\sqrt{1-v^2}$倍も大きいのである。つまり、$t>t'$なのだ。

以上により、静止座標系から見ると、動いている時計は$\sqrt{1-v^2}$倍も遅くなるのだ。

双子のパラドクス

レニー：「やあ、アート！　こっちのローレンツに挨拶してくれ。質問があるそうだ。」

アート：「ローレンツから質問？」

ローレンツ：「僕のことは『ローンツ』と呼んでください。ローレンツ収縮の由来はこれなんです。ところでこれまで何度もヘルマンの隠れ家に来ていますが、お二人はいつも一緒ですね。双子なんですか。」

アート：「え？　私たちが双子なら、私は天才だったでしょうね。ちょっとローンツ、ソーセージを喉に詰まらせないでください。そんなに笑える話ですか。とにかく今言ったように、私が天才になるか、レニーがブロンクス出身の生意気な奴になるかのどちらかです。ちょっと待てよ…[10]。」

10　以下では、アートとレニーが、図1.8の同じ時空の事象（Oと表示されている）で生まれたと仮定して説明する。

図1.8　双子のパラドクス

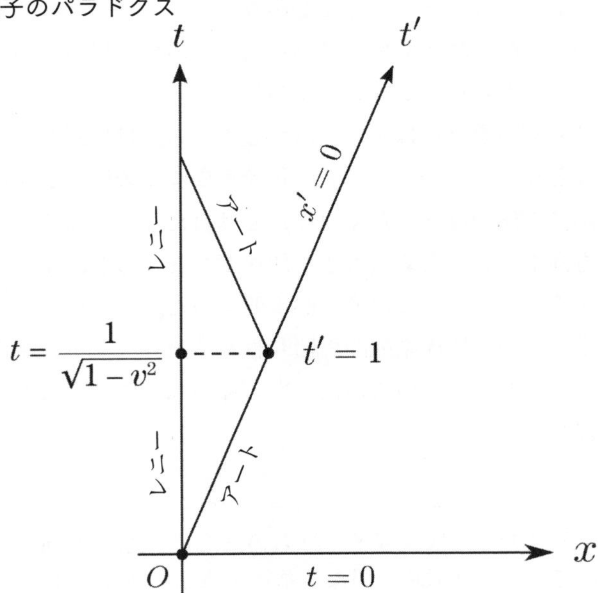

いわゆる双子のパラドクスの起源は時間の遅れにある。図1.8で、レニーは静止しており、アートは正のx方向に高速で移動している。図中の$t'=1$と書かれた時点で、1歳のアートは折り返して家に戻る。

原点から図中のtと書かれた点までの静止座標系の時間はすでに計算済みで、$1/\sqrt{1-v^2}$ である。つまり、動いている時計の方が止まっている時計より短い時間しか経過していないことがわかる。同じことが、アートの帰りの旅でも言える。アートが家に帰ると、双子のレニーが自分より年上であることに気づく。

我々は、アートとレニーの年齢を、彼らの腕時計に記録された時間で測っている。しかし、静止座標系から見たアートの時計が遅くなるのと同じ時間の遅れが、生物学的な老化時計を含むあらゆる時計に影響する。そのため、極端な例では、アートはまだ少年のまま家に帰り、レニーは長い白髭を生やしていることもあり得る。

双子のパラドクスには２つの側面があり、しばしば人を混乱させる。第一に、二人の双子の体験は対称的であると考えるのが自然であろう。レニーがアートが自分から遠ざかっていくのを見たとしたら、アートもレニーが遠ざかっていくのを見るはずだ。ただしその方向は反対だが、空間には特別な方向などないのだから、二人の年齢が異なるのはおかしい。しかし、実際には、両者の体験はまったく対称だとは言えない。旅をしている双子の一方は、方向を変えるために大きな加速度を受けるが、家にいる双子のもう一方はそうではない。この違いが重要なのだ。突然の反転のため、アートの座標系は２つの慣性系の間で切り替わるが、レニーの座標系は１つだけの慣性系にとどまっているのだ。次の練習問題で、この考えをさらに発展させてほしい。

練習問題1.2　図1.8では、双子のうちの一方は、進行方向を反転させているだけでなく、反転時に異なる基準座標系に切り替えている。

a）ローレンツ変換を使って、反転が起こる前は双子の関係が対称であることを示せ。すなわち、双子のそれぞれは、もう一方のほうが自分よりもゆっくりと年をとっていくと見ているのである。

b）ある座標系から別の座標系への突然の切り替えによって、旅行者の同時性の定義がどのように変わるかを、時空間図を使って説明せよ。旅行者の新しい座標系では、旅行者の元の座標系で測っていたときよりも、彼の双子の兄弟は急に年をとってしまうのだ。

もう１つの混乱は、見た目の幾何学から生じている。図1.7を参照して、点Oから$t'=1$と書かれた点までの「時間距離」は、Oからt軸に沿ってt（$=1/\sqrt{1-v^2}$）と書かれた点までの距離より小さいと計算したことを思い出してほしい。この2つの値から、この直角三角形の縦の足は斜辺より長いことがわかる。多くの人は、この数値の比較は、図の視覚的メッセージと矛盾するように思えるので、これを不可解に感じるだろう。じつはこの謎は、相対性理論の中心的な考え方の１つである「不変量」という概念につながるものである。この考え方については、1.5節でくわしく説明する。

長いリムジンと短いビートル

もう１つのパラドクスは、「納屋のポールのパラドクス」と呼ばれることがある。しかし、ポーランドでは「リムジンとビートルのパラドクス」と呼ぶのが好まれている。

アートの愛車はフォルクスワーゲンのビートル。全長は14フィート弱。彼のガレージは、ビートルがちょうど収まるように作られている。

レニーは長いリムジンを直し直し使ってきた。全長28フィートである。アートは休暇を取って不在にしている間レニーに家を貸すことになったが、その前に二人が集まり、レニーのリムジンがアートのガレージに入るかどうか確かめた。レニーは半信半疑だが、アートはある計画を立てている。アートはレニーに、バックしてガレージから十分離れるように言う。そして、アクセルを踏み込み、猛烈な勢いでガレージに向かって加速する。レニーがリムジンを秒速161,080マイルまで加速させ、ガレージの端まで来れば、ちょうど収まるはずだ。彼らはそれを試そうとしている。

レニーがリムジンをバックさせてからアクセルを踏み込むのを、アートは歩道から見ている。スピードメーターは秒速172,000マイルに跳ね上がり、十分なスピードが出ている。そのときレニーはガレージを見た。「大変だ！　ガレージがものすごい勢いで迫ってくる！しかも元の半分以下の大きさだ。入らないよ！」

「大丈夫だよ、レニー。ぼくの計算によると、ガレージの静止座標系では、君は13フィートを少し超えるだけだから、何も心配することはないよ。

「えー、アート。そうだといいんだけど…」

図1.9　長いリムジンとガレージの時空間図

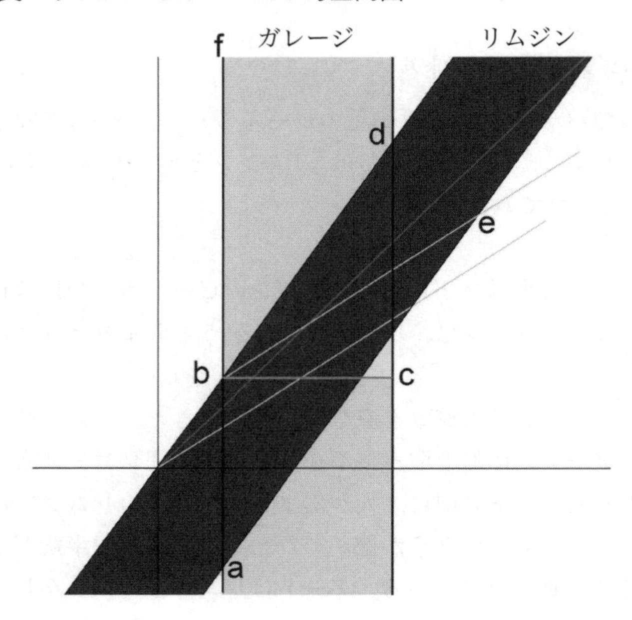

図1.9は、レニーの長いリムジンを濃いグレーで、ガレージを薄いグレーで示した時空間図である。リムジンの鼻先はaでガレージに入り、cのすぐ上でガレージの後ろから出ていく（アートがガレージの裏口を開けておいたと仮定する）。リムジンの後部はbから入り、dから出る。線分$\overline{bc}$を見てみよう。これはガレージの静止座標系における同時面の一部であり、この時、リムジン全体がガレージに収まっていることがわかる。これがアートの主張である。彼の座標系ではリムジンはガレージに収まるようにできるのだ。しかし、今度はレニーの同時面を見てほしい。線分$\overline{be}$は同時面であり、見てのとおり、リムジンはガレージからはみ出している。レニーが心配したように、リムジンはガレージに入らない。

この図を見れば、何が問題なのかが一目瞭然である。リムジンがガレージの中にあるということは、前と後ろが同時にガレージの中にあるということである。また同時という言葉が出てきた。同時とは誰にとっての同時なのか。アートにとってだろうか。それともレニーにとってだろうか。要するに、「車が車庫にある」という言葉の意味は、座標系ごとに異なるのである。アートの座標系ではリムジンは確かにガレージにあり、レニーの座標系ではリムジンが完全にガレージに収まっている瞬間はないと言っても矛盾はない。

特殊相対性理論のほとんどすべてのパラドクスは、そこで言われていることを注意深く見れば、解くことができる。暗黙のうちに使われている可能性のある「同時」という言葉に気をつけよう。誰にとっての同時なのか、ということが重要なのだ。

1.5 ミンコフスキーの世界

物理学者の道具箱の中でもっとも強力な道具のひとつが、「不変量」という概念である。不変量とは、異なる視点から見ても変わらない量のことである。ここでは、どの基準座標系でも同じ値を持つ時空間のある量を意味する。

ユークリッド幾何学の例で説明しよう。2次元平面を2組の直交座標x, yとx', y'で考える。2つの座標系の原点は同じ位置にあるが、x'とy'の軸（ダッシュ記号付きの軸）はダッシュ記号無しの軸に対して一定の角度だけ反時計回りに回転しているとする。ここには時間軸はなく、動く観測者もいない。高校の幾何で学ぶ普通のユークリッド平面だけである。図1.10は、その平面を示している。

この空間における任意の点Pを考える。Pの座標は2つの座標系で異なる。明らかに、両方の座標系が空間内の同じ点Pを指しているにもかかわらず、この点の(x, y)は(x', y')と違う値になっている。座標は不変量ではないのだ。

しかし、ダッシュ記号付き座標で計算しても、ダッシュ記号無し座標で計算しても、同じになる量がある。Pの原点からの距離だ。その距離は、座標系がどのような方向を向いていても同じである。距離の2乗も同様だ。

図1.10　ユークリッド平面

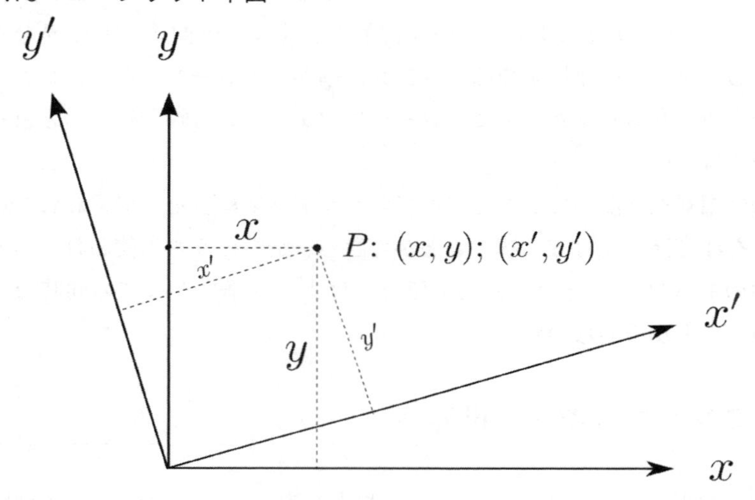

ダッシュ記号無し座標でこの距離を計算するには、ピタゴラスの定理 $d^2 = x^2 + y^2$ を使って、距離 d の2乗を求める。代わりにダッシュ記号付き座標を用いると、その距離は $x'^2 + y'^2$ と求まる。したがって、次のようになる。

$$x^2 + y^2 = x'^2 + y'^2$$

つまり、任意の点 P に対して、$x^2 + y^2$ という量は不変である。不変とは、どの座標系で計算しても変わらないということだ。どの座標系で計算しても同じ答えが得られるのである。

ユークリッド幾何学の直角三角形に関して成り立つことの1つは、斜辺は一般に他の辺よりも長いということである（他の辺の1つの長さがゼロの場合は、斜辺はもう一方の辺と同じ長さになる）。このことから、距離 d は x または y 以上の大きさであることがわかる。同じ理屈で、d は x' または y' 以上の大きさである。

相対性理論に話を戻す。双子のパラドクスの議論では、直角三角形のようなものが登場する。図1.8に戻って、3つの黒い点を結ぶ線(水平の破線、レニーの垂直の世界線の下半分、アートの行きの旅を表す斜辺)から作られる三角形を考えてみよう。上の2つの点の間の破線の距離は、2点間の時空間距離と考えることができる[11]。三角形のレニーの辺に沿った時間も、時空間距離として考えられる。その長さは、$1/\sqrt{1-v^2}$ である。これに対し、アートの行きの旅に刻まれた時間は、斜辺の時空間の長さ ($t' = 1$) である。しかし、直感的に不思議なことになっている。垂直方向の辺が斜辺よりも長いのだ(だから、レニーにはヒゲを生やす時間があったが、アートは少年のままだったのだ)。このことから、ミンコフスキー空間がユークリッド空間と同じ法則で支配されているのではないことがわかる。

しかし、ミンコフスキー空間にも、ローレンツ変換に関連した、どの慣性系でも同じになる不変量があるのだろうか。原点から定点Pまでの距離の2乗は、ユークリッド座標の単純な回転に対して不変であるとわかっている。同じような量(おそらくt^2+x^2)はローレンツ変換のもとで不変になるだろうか。試してみよう。時空間図上の任意の点Pを考える。この点はtとxの値で特徴付けられ、またある移動する基準座標系ではt'とx'で特徴付けられる。この2組の座標がローレンツ変換によって関係づけられていることはすでに見てきた。我々の推測

$$t'^2 + x'^2 \stackrel{?}{=} t^2 + x^2$$

が正しいかどうか見てみよう。ローレンツ変換(式(1.19)、(1.20))を用いてt'とx'を代入すると

$$t'^2 + x'^2 = \frac{(t - vx)^2}{1-v^2} + \frac{(x - vt)^2}{1-v^2}$$

11 ここでは、時空間距離という言葉を一般的な意味で使っている。後ほど、より正確な用語である固有時や時空間隔に切り替える。

となり、これは次式になる。

$$t'^2+x'^2=\frac{t^2+v^2x^2-2vtx}{1-v^2}+\frac{x^2+v^2t^2-2vtx}{1-v^2}$$

右辺はt^2+x^2になるだろうか。ならない！　最初のtx項が2番目のtx項に加算されていることがすぐにわかる。両者は相殺されないし、左辺にも相殺するためのtx項はない。同じになるわけがない。

しかし、よく見ると、右辺の2つの項の和ではなく、差をとれば、txの項は打ち消されることに気づく。新しい量を定義してみよう。

$$\tau^2=t^2-x^2$$

t'^2からx'^2を引くと、次のようになる。

$$t'^2-x'^2=\frac{t^2+v^2x^2-2vtx}{1-v^2}-\frac{x^2+v^2t^2-2vtx}{1-v^2}$$

$$=\frac{t^2+v^2x^2}{1-v^2}-\frac{x^2+v^2t^2}{1-v^2} \quad (1.29)$$

少し並べ替えると、まさに思い通りになる。

$$t'^2-x'^2=t^2-x^2=\tau^2 \quad (1.30)$$

ビンゴ！　我々は、x軸方向にどのようなローレンツ変換を行っても同じ値をとる不変量τ^2を発見したのだ。この量の平方根τを「固有時」と呼ぶ。名前の由来はこの後明らかになる。

これまで我々は、世界を「鉄道」と見立て、すべての運動がx軸に沿ったものであるとしてきた。ローレンツ変換はすべてx軸に沿ったブーストである。線路に垂直な方向、つまり座標yとzで表される方向のことなど、あなたは忘れてしまったかもしれない。しかしここで思い出してもらおう。1.2.4節で、x 軸に沿った相対運動に対する完全なローレンツ変換（$c = 1$としていた）は、xに沿ったブーストであり、4つの方程式があることを説明した。

$$x' = \frac{x - vt}{\sqrt{1 - v^2}}$$

$$t' = \frac{t - vx}{\sqrt{1 - v^2}}$$

$$y' = y$$

$$z' = z$$

他の軸に沿ったブーストはどうだろうか。1.3節で説明したように、これらの他のブーストは、xに沿ったブーストとx軸を別の方向に回転させる操作の組み合わせとして表すことができる。その結果、ある量がxに沿ったブーストと空間の回転に対して不変であれば、その量はすべてのローレンツ変換に対して不変になる。量$\tau^2 = t^2 - x^2$はどうかというと、x方向のブーストに対しては不変だが、空間を回転させると変化する。幸い、τを本格的な不変量に一般化することは容易だ。式（1.30）を一般化したものを考えてみよう。

$$\tau^2 = t^2 - x^2 - y^2 - z^2 \tag{1.31}$$

まず、τがx軸方向のブーストに対して不変であることを確かめる。$t^2 - x^2$の項が不変であることはすでに見たとおりである。ある座標系から別の座標系に変換するとき$t^2 - x^2$も$y^2 + z^2$も変化しないなら、$t^2 - x^2 - y^2 - z^2$も明らかに不変である。これでx方向のブーストは解決した。

では、なぜこの量が空間軸を回転させても変わらないのかを見てみよう。ここでも議論を2つに分ける。１つ目は、空間座標の回転はx, y, zを混ぜ合わせるが、時間には影響を与えないということである。したがって、tは空間の回転に対して不変である。次に、$x^2+y^2+z^2$という量について考える。ピタゴラスの定理の３次元版で、$x^2+y^2+z^2$は点x, y, zの原点からの距離の2乗になる。これもまた、空間の回転のもとでは変化しない量である。（空間の回転に対する）時間の不変性と原点までの距離の不変性を組み合わせると、式(1.31)で定義される固有時τは、すべての観測者から見て不変量だという結論になる。これは、どの方向に動く観測者にも当てはまるだけでなく、向きを変えた座標軸を持った観測者にも当てはまる。

1.5.1 ミンコフスキーと光円錐

固有時τの不変性は、強力な事実だ。アインシュタインが知っていたかどうかはわからないが、本節を書く過程で、1905年の論文を収録したドーバー版の古く擦り切れて色あせた本に目を通した（表紙に書かれた価格は1.5ドルだった）。その結果、式(1.31)や時空間距離の概念についてはまったく触れられていないことがわかった。直感的でないマイナス記号を使って定義された固有時の不変性が、まったく新しい時空（ミンコフスキー空間）の4次元幾何学の基礎を形成することを最初に理解したのはミンコフスキーであった。アインシュタインが1905年に起こした特殊相対性理論革命を1908年に完成させたのは、ミンコフスキーであると言ってよいだろう。4次元時空の4番目の次元としての時間という概念は、ミンコフスキーに負うところが大きい。この2つの論文を読むと、今でも戦慄が走る。

ミンコフスキーに倣って、原点から出発した光線の経路を考えてみよう。原点で閃光が発せられ、外に向かって伝播していく様子を想像する。時間tの後、光は距離ctを移動する。この閃光は次の式で表される。

$$x^2 + y^2 + z^2 = c^2t^2 \tag{1.32}$$

式(1.32)の左辺は原点からの距離、右辺は時間tにおける光の移動距離であり[12]、両者を等しいと置くと、閃光が到達したすべての点の軌跡が得られる。この方程式は、(4次元ではなく3次元であるが)時空の円錐を定義するものとして視覚化することができる。ミンコフスキーは、円錐を描かなかったが、それを細かく記述している。ここで、ミンコフスキーの光円錐を描いてみよう(図1.11)。上向きの部分は、未来の光円錐と呼ばれる。下向きの部分は、過去の光円錐である。

ここで、鉄道の世界に戻り、厳密にx軸に沿って運動することにしよう。

図1.11　ミンコフスキー光円錐

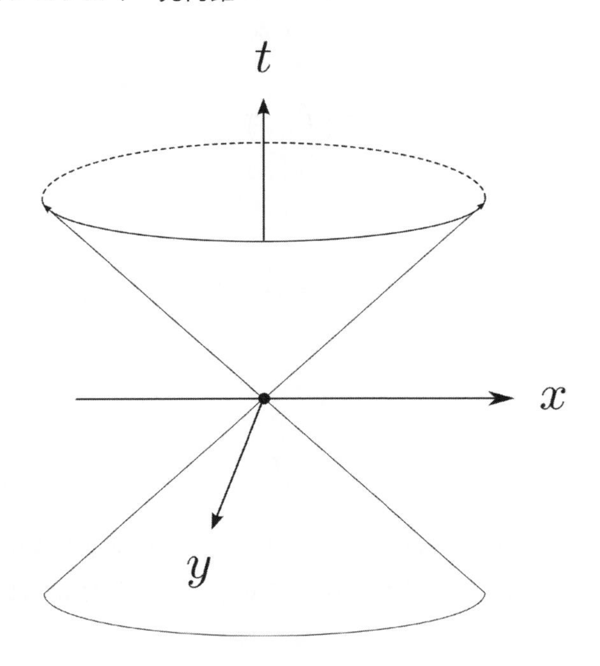

12　訳者注：正確に言えば両辺とも距離の2乗である

1.5.2 固有時の物理的意味

不変量τ^2は、単なる数学的抽象概念ではない。物理的、実験的な意味を持っているのだ。これを理解するために、レニーがx軸に沿って移動し、アートが静止座標系で止まっていると考える。また、レニーの世界線に沿って2つ目の点Dを印したが、これはt'軸に沿って移動しているレニーを表している[13]。これらはすべて図1.12に示されている。世界線の出発点は、共通の原点Oである。定義により、レニーは$x' = 0$に位置し、t'軸に沿って移動していく。

座標(x, t)はアートの座標系を表し、ダッシュ記号付き座標(x', t')はレニーの座標系を表している。不変量τ^2はレニーの座標系では$t'^2 - x'^2$と定義される。レニーは自分の静止座標系ではつねに$x' = 0$の位置にいる。そのため点Dでは、$t'^2 - x'^2$はt'^2と等しくなる。よって、

$$\tau^2 = t'^2 - x'^2$$

は次式になる。

$$\tau^2 = t'^2$$

つまり

$$\tau = t'$$

である。しかしt'は何だろうか。これは、レニーが原点を離れてから、レニーの座標系で経過した時間である。このように、不変量τは物理的な意

13　この議論では、t'というラベルを2つの異なる意味で使用する。1つは、「レニーのt'座標」という意味である。もう1つは、t'軸という軸の名前である。

図1.12　固有時（この図のt'の2つの意味については脚注参照）

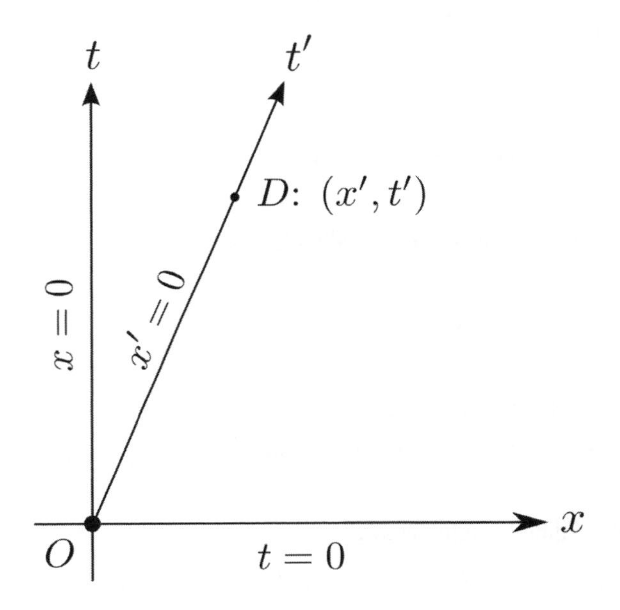

味を持っていることがわかる。

> **世界線に沿った不変の固有時とは、その世界線に沿って移動する時計の時を表す。この場合、レニーのロレックスが原点から点Dに移動したときに指し示している値を表している。**

固有時に関する議論を終えるにあたり、これを従来の座標で書いてみると、以下のようになる。

$$\tau^2 = t^2 - \frac{x^2}{c^2}$$

1.5.3 時空間隔

固有時という言葉には、具体的な物理的・定量的な意味がある。一方、同じ考え方の総称として時空間距離という言葉も使ってきた。今後は、より正確な用語である「時空間隔」を使おう。これは以下で定義される$(\Delta s)^2$である

$$(\Delta s)^2 = -\Delta t^2 + (\Delta x^2 + \Delta y^2 + \Delta z^2)$$

ある事象(t, x, y, z)と原点との時空間隔を表すには、次のように書く。

$$s^2 = -t^2 + (x^2 + y^2 + z^2)$$

つまり、s^2はτ^2に負の符号を付けたものであり、不変量である[14]。ただしこれまでτ^2とs^2の区別は重要ではなかったが、やがて重要になる。

1.5.4 時間的、空間的、光的な隔たり

ミンコフスキーが相対性理論に導入した多くの幾何学的アイデアの中に、事象間の時間的距離、空間的距離、光的距離という概念がある。この分類は、不変量

$$\tau^2 = t^2 - (x^2 + y^2 + z^2)$$

またはその分身であり原点と事象(t, x, y, z)との時空間隔

$$s^2 = -t^2 + (x^2 + y^2 + z^2)$$

に基づく。ここではs^2を用いて分類する。間隔s^2は、負にも正にもゼロにもなることがあり、それぞれ原点から時間的、空間的、光的な隔たりを持

14　相対性理論における符号の規則は、我々が望むほどには一貫していない。本によっては、s^2をτ^2と同じ符号を持つと定義しているものもある。

つと表現するのである。

これらの分類を理解するために、時刻ゼロでケンタウルス座アルファ星から発信された光の信号を考えてみよう。その信号が地球に届くまで約4年かかるとする。この例では、ケンタウルス座アルファ星での閃光が原点で発生したとし、その未来の光円錐（図1.11の上半分）を考えていることになる。

時間的隔たり

まず、円錐の内側にある点を考えてみよう。これは、その時間座標の大きさ $|t|$ がその事象までの空間距離より大きい場合、つまり、次のような場合に相当する。

$$-t^2 + (x^2 + y^2 + z^2) < 0$$

このような事象を原点に対して「時間的」と言う。t軸上のすべての点は原点に対して時間的である（単に時間的と呼ぶことにする）。時間的であるという性質は不変である。ある事象がある座標系で時間的である場合、それはすべての座標系で時間的である。

もし地球上のある出来事が、光が送られてから4年以上が経過したときに起こるなら、それは光に対して時間的である。このような事象が発生するタイミングは、光の信号の到着よりも後のことである。事象が発生したときには、もう光は地球を通過してしまっているのだ。

空間的隔たり

空間的事象とは、円錐の外側にある事象のことである[15]。すなわち、以下を満たす事象である。

15　もう一度言うが、空間的事象という略語は、「原点から空間的な隔たりを持つ事象」という意味で使っている。

$$-t^2 + (x^2 + y^2 + z^2) > 0$$

このような事象では、原点からの空間的な隔たりは時間的な隔たりよりも大きくなる。この場合も、事象の空間的な性質は不変である。

空間的事象は、光信号が届くには離れすぎている。光信号が旅を始めてから4年が経過するよりも前に地球上で発生した事象は、閃光を生み出した事象の影響を受けることがないのだ。

光的隔たり

最後に、光円錐上の事象もある。これらの事象に対しては次式が成り立つ。

$$-t^2 + (x^2 + y^2 + z^2) = 0$$

これは、原点で発せられた光の信号が到達するエリアを表している。原点に対して光的事象のところにいる人は、この閃光を見ることができる。

1.6 歴史的視点

1.6.1 アインシュタイン

アインシュタインが「cは物理法則である」と言ったのは、理論的な洞察に基づくものなのか、それとも事前の実験結果、とくにマイケルソン＝モーリーの実験に基づくものなのか、とよく聞かれる。もちろん、その答えに確証はない。他人の心の中がどうなっているかなんて、誰にもわからない。アインシュタイン自身、1905年の論文執筆時には、マイケルソンとモーリーの結果を知らなかったと主張している。私は、彼を信じる理由は十分にあると思っている。

アインシュタインは、マクスウェル方程式を物理学の法則として捉えていた。そして、その方程式が波動的な解を生み出すことも知っていた。16歳の時、彼は光と一緒に移動したらどうなるかを考えてみた。「当たり前」の答えは、動かない波状構造を持つ静電場と磁場が見えるというものだ。しかし、彼はそれが間違いであること、つまり、マクスウェル方程式の解ではないことを知っていた。マクスウェル方程式では、光は光速で動くとされている。私は、彼は論文を書いたとき、マイケルソン＝モーリーの実験を知らなかった（アインシュタイン自身の説明と一致する）のだと信じたい。

アインシュタインの推論を現代の言葉で少し違う形で説明しよう。それは、「マクスウェル方程式にはある種の対称性がある、つまり、どの基準座標系でも方程式が同じ形になるような座標変換が存在する」というものである。xとtを含むマクスウェル方程式を、古いガリレオの法則に当てはめると、次のようになる。

$$x' = x - vt$$

$$t' = t$$

したがってマクスウェル方程式は、ダッシュ記号付き座標では異なった形になることがわかる。ダッシュ記号無し座標と同じ形にはならないのだ。

しかし、ローレンツ変換をマクスウェル方程式に適用すると、変換されたマクスウェル方程式は、ダッシュ記号付き座標でも、ダッシュ記号無し座標でも、まったく同じ形になる。現代風に言えば、マクスウェル方程式の対称構造がガリレオ変換ではなく、ローレンツ変換であることを認識したことが、アインシュタインの偉業である。彼は、このすべてを1つの原理に集約したのである。ある意味で、彼はマクスウェル方程式を実際に知る必要はなかった（もちろん知ってはいたが）。マクスウェル方程式が物理法則であること、そしてその物理法則は光がある速度で動くことを要求していること、これだけ知っていればよいのだ。あとは彼は光の運動を扱うだけでよかった。

1.6.2 ローレンツ

ローレンツはマイケルソンとモーリーの実験のことを知っていた。彼はアインシュタインと同じ変換方程式を考え出したが、それを違った形で解釈した。彼は、エーテル中の運動によって引き起こされる移動物体への効果として、ローレンツ変換を考えていた。エーテルのさまざまな圧力のために、物体は圧迫され、したがって短くなるという解釈をしていたのだ。

彼は間違っていたのだろうか。ある意味では、彼は間違っていなかったと言えるかもしれない。しかしローレンツは確かに、アインシュタインの対称性に関する構造、すなわち相対性の原理と光速の運動に合うために必要な時空間の対称性のビジョンを持っていなかった。ローレンツがアインシュタインと同じことを成し遂げていたとは、誰も考えていないだろう[16]。さらにローレンツは、それが厳密なものだとは思っていなかった。彼は、変換方程式を第一近似とみなしていた。ある種の流体の中を動く物体は短くなり、その第一近似がローレンツの収縮となる。ローレンツは、マイケルソン＝モーリーの実験が厳密ではないと思っていた。彼は、実際にはv/cの高次項に対する補正があり、実験技術はいずれ光速の違いを検出できるほど正確になると考えていた。一方、光速に違いがないのは真に物理法則であり物理の原理であると言ったのはアインシュタインだった。

16　おそらくローレンツ自身を含めて。

第2章
速度と4元ベクトル

アート：「あれって、信じられないほど魅力的なものだね。完全に変身した気分だ。」

レニー：「ローレンツ変換されたのかい。」

アート：「そうだよ、確実にブーストしているよ。」

確かに、相対論的速度[1]で動くと、少なくとも静止座標系から見れば、平坦になる。実際、光速に近づくにつれ、物体は進行方向に沿って縮小し、限りなく薄い膜のようになるが、本人の目には正常に見えるし、正常に感じられる。光よりも速く移動することで、消滅点を超えても縮小することができるのだろうか。答えはノーである。物理的な物体は光より速く動くことはできないからだ。しかし、それはパラドクスを引き起こす。

鉄道の駅で静止しているアートを考えてみよう。レニーを乗せた列車が光速の90％でアニーの前を通過していく。両者の相対速度は$0.9c$である。レニーと同じ車両で、マギーが自転車に乗って車内の通路を走っており、しかもレニーとの相対速度は$0.9c$とする。この場合、マギーはアートに対して光よりも速く動いていることは明らかではないだろうか。ニュートン物理学では、マギーの速度とレニーの速度を足して、アートとの相対速度を計算する。そうすると、マギーは光速のほぼ2倍の$1.8c$の速度でアートの前を通過していることになる。明らかに何かが間違っている。

2.1 速度の加算

何が問題なのかを理解するためには、ローレンツ変換がどのように組み合わされるかを注意深く分析する必要がある。静止しているアート、アートに対して速度vで動くレニー、そしてレニーに対して速度uで動くマギーの3人の観測者がいる。ここでは、相対論的な単位である$c = 1$を用い、vとuはともに正で1より小さいと仮定して計算を行う。我々の目的は、マギーがアートに対してどれくらいの速さで動いているかを知ることである。図2.1はこの状況を示している。

1　訳者注：相対論的速度とは、相対性理論の影響を無視できない程度の大きな速度を指す。

図2.1　速度を組み合わせる

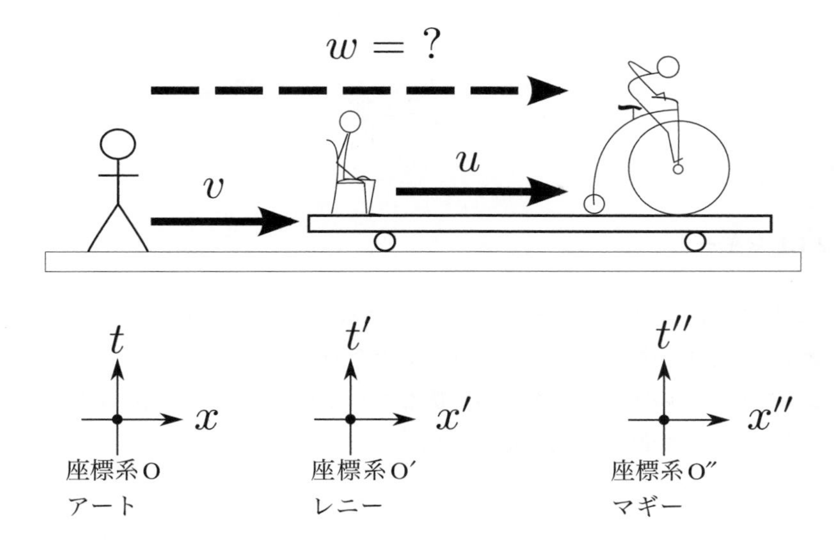

3つの基準座標系と3組の座標がある。鉄道駅の静止座標系におけるアートの座標を(x, t)とする。(x', t')をレニーの座標系（列車内での静止座標系）における座標とする。そして最後に、自転車と一緒に移動するマギーの座標を(x'', t'')とする。座標系同士は、それぞれ適切な速度を用いたローレンツ変換で結びついている。たとえば、レニーとアートの座標は次のように関係づけられている。

$$x' = \frac{x - vt}{\sqrt{1 - v^2}} \tag{2.1}$$

$$t' = \frac{t - vx}{\sqrt{1 - v^2}} \tag{2.2}$$

また、これらの関係を逆に解くこともできる。x'とt'を使ってxとtについて解くのだ。その結果は次のようになる。

$$x = \frac{x' + vt'}{\sqrt{1 + v^2}} \tag{2.3}$$

$$t = \frac{t' + vx'}{\sqrt{1 - v^2}} \tag{2.4}$$

2.1.1 マギー

3人目の観測者はマギーだ。マギーについてわかっていることといえば、マギーは相対速度uでレニーに対して相対運動しているということである。これをレニーの座標とマギーの座標をつなぐローレンツ変換により次式で表す。ただし今回は速度はuである。

$$x'' = \frac{x' - ut'}{\sqrt{1 - u^2}} \tag{2.5}$$

$$t'' = \frac{t' - ux'}{\sqrt{1 - u^2}} \tag{2.6}$$

我々の目標は、アートの座標とマギーの座標を関連付ける変換を見つけ出し、その変換から彼ら二人の間の相対速度を読み取ることにある。すなわち、レニーを消去するのだ[2]。式 (2.5)

$$x'' = \frac{x' - ut'}{\sqrt{1 - u^2}}$$

---

2 驚かないでほしい。消去しようとしているのはレニーの速度だけだ。レニーを消すつもりはない。

から始める。式(2.1)と(2.2)を用いて右辺のx'とt'を置き換える。

$$x'' = \frac{\dfrac{x-vt}{\sqrt{1-v^2}} - \dfrac{u(t-vx)}{\sqrt{1-v^2}}}{\sqrt{1-u^2}}$$

そして分母を通分すると、次式になる。

$$x'' = \frac{x-vt-u(t-vx)}{\sqrt{1-v^2}\sqrt{1-u^2}} \tag{2.7}$$

さて、ここからが本題だ。マギーがアートの座標系でアートに対してどのような速度を持つかを求める。式(2.7)がローレンツ変換の形を取っていることは一見明らかではないが(実際にはそうなっている)、幸いなことに、この問題はひとまず回避することができる。マギーの世界線は$x''=0$という方程式で与えられる。これが成り立つためには、式(2.7)の分子を0にすればよい。そこで、分子を整理すると

$$(1+uv)x-(v+u)t=0$$

となり、その結果

$$x = \frac{u+v}{1+uv}t \tag{2.8}$$

が得られる。ここで、式(2.8)は、世界線が速度$(u+v)/(1+uv)$で移動する場合の式であることは明らかだ。したがって、アートの座標系におけるマギーの速度をwとすると、次のようになる。

$$w = \frac{u+v}{1+uv} \tag{2.9}$$

これで、アートの座標系とマギーの座標系が、本当にローレンツ変換で結ばれているかどうかを確認するのは、かなり簡単になった。以下が成り立つが、これを示すのは練習問題として残しておこう。

$$x'' = \frac{x - wt}{\sqrt{1 - w^2}} \tag{2.10}$$

と

$$t'' = \frac{t - wx}{\sqrt{1 - w^2}} \tag{2.11}$$

まとめると、レニーがアートに対して速度vで移動し、マギーがレニーに対して速度uで移動する場合、マギーはアートに対して

$$w = \frac{u + v}{1 + uv} \tag{2.12}$$

という速度で移動する。この結論に関しては、この後すぐに議論するが、まずは次元の一貫性を持たせて式(2.12)を従来の単位で表現してみよう。分子の$u + v$は次元的に正しい。しかし、分母の$1 + uv$は1が無次元で、uとvがともに速度であるため、分母は次元的に正しくない。uとvをu/cとv/cに置き換えることで、簡単に次元を回復することができる。これによって、速度の加算に関する相対論的な法則が次のように得られる。

$$w = \frac{u + v}{1 + \frac{uv}{c^2}} \tag{2.13}$$

この結果をニュートンの予想と比較してみる。ニュートンは、アートに対するマギーの相対速度を求めるには、uをvに加えればよいと言う。これは、式(2.13)の分子の部分で実際に行われていることである。しかし、相対性理論では、分母に$(1 + uv/c^2)$という補正が必要なのだ。

いくつかの数値例を見てみる。まず、uとvが光速に比べて小さい場合

について考えよう。簡単のために、式(2.9)を使い、速度は無次元とする。uとvは光速の単位で測った速度であることだけ覚えておいてほしい。$u = 0.01$（光速の1%）とし、同様に$v = 0.01$とする。これらの値を式(2.9)に代入すると、次のようになる。

$$w = \frac{0.01 + 0.01}{1 + (0.01)(0.01)}$$

すなわち

$$w = \frac{0.02}{1.0001} = 0.019998$$

ニュートンの答えはもちろん0.02だが、相対論的な答えはそれより少し小さくなるのだ。一般に、uとvが小さければ小さいほど、相対論的な結果とニュートン的な結果が近くなる。

　では、レニーの列車がアートに対して速度$v = 0.9$で動き、マギーの自転車がレニーに対して速度$u = 0.9$で動くとすると、マギーはアートに対して光よりも速く動いていると考えてよいのだろうか。vとuにこれらの値を代入すると、wは次式で与えられる。

$$w = \frac{0.9 + 0.9}{1 + 0.9 \times 0.9}$$

すなわち

$$w = \frac{1.8}{1.81}$$

である。分母が1.8より少し大きいので、速度は1より少し小さくなる。つまり、アートの座標系において、マギーを光速より速く走らせることに成功していないのだ。

　これはこれとして、uとvの両方が光速に等しいとしたらどうなるのだろう。その好奇心を満たすため、uとvの両方が光速に等しいとおいて、考えを進める。このとき、wは次のようになることがわかる。

$$w = \frac{1+1}{1+(1)\times(1)}$$

すなわち

$$w = \frac{2}{2} = 1$$

である。たとえレニーがアートに対して光速で動くことができ、マギーがレニーに対して光速で動くことができたとしても、マギーはアートに対して光速よりも速く動くことはできないのだ。

2.2 光円錐と4元ベクトル

1.5節で見たように、固有時

$$\tau^2 = t^2 - (x^2 + y^2 + z^2)$$

とその分身である原点に対する時空間隔

$$s^2 = -t^2 + (x^2 + y^2 + z^2)$$

は、4次元時空における一般的なローレンツ変換に対して不変な量である。言い換えれば、これらの量はローレンツブーストと座標回転のどのような組み合わせに対しても不変である[3]。τを次式のような簡略した形で書くこともある。

3 ここではτに関してのみ記述したが、sについても同様の議論が成り立つ。

$$\tau^2 = t^2 - \vec{x}^2$$

これが不変量であるということは、相対性理論でおそらくもっとも中核にある事実であろう。

2.2.1 光はどのように進むか

第1章で、時空間領域と光の軌跡について説明した。図2.2は、この考えをややくわしく表したものである。時間的、空間的、光的な隔たりは、不変量s^2の負の値、正の値、ゼロの値にそれぞれ対応する。また、時空の2つの点の隔たりがゼロであっても、両者が同じ点である必要はないという興味深い結果も見てきた。隔たりがゼロであるということは、単に、光が一方の点からもう一方の点へ行けるかどうかという可能性によって、2つの点が関連づいているということを意味している。これが光の進み方の重

図2.2　未来の光円錐。原点に対し、点aは時間的な隔たり、点bは空間的な隔たり、点Pは光的な隔たりがある。図では空間3次元のうち2次元だけが描かれている。

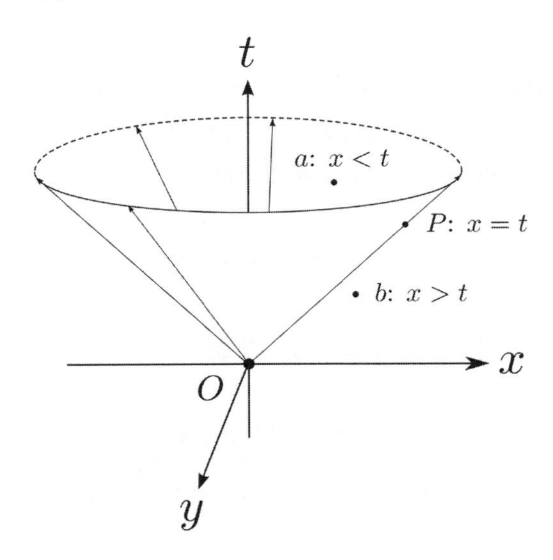

要な概念だ。光は、その軌跡に沿った固有時(あるいは時空間隔)がゼロになるように進む。原点から始まる光の軌跡は、原点から時間的な隔たりを持つ時空領域と、空間的な隔たりを持つ時空領域の境界のようなものである。

2.2.2 4元ベクトル入門

我々は、yとzの空間次元を図に戻す必要がある。相対性理論の数学的言語では、4元ベクトルと呼ばれるものが多用されているが、4元ベクトルは空間の3次元をすべて取り込んだものだ。それではここで4元ベクトルを導入し、第3章でさらに発展させよう。

3次元ベクトルのもっとも基本的な例は、空間内の2点間の間隔である[4]。2点が与えられると、それらを結ぶベクトルが存在する。ベクトルには方向と大きさがある。ベクトルがどこから始まるかは問題ではない。ベクトルを平行移動させても、やはり同じベクトルである。原点から始まって、空間のどこかの点で終わる遠足のようなものだ。またベクトルには、最終地点の位置を定める座標(この場合はx, y, z)がある。

新しい表記法

もちろん座標の名前は必ずしもx, y, zである必要はなく、自由に名前を変えることができる。たとえば、iを1、2、3として、3つの座標をX^iと名付けることができる。この表記法では、次のように書ける。

$$X^i \Rightarrow (x, y, z)$$

あるいは、次のように書くこともできる。

$$X^i \Rightarrow (X^1, X^2, X^3)$$

4 空間におけるベクトルについて話をしているのであって、量子力学の抽象的な状態ベクトルの話ではない。

我々はこの表記法を今後たびたび用いる。我々は原点を基準として空間と時間を測定しているので、時間座標tを追加する必要がある。その結果、ベクトルは4次元のもの、すなわち1つの時間成分と3つの空間成分を持つ4元ベクトルとなる。慣例により、時間成分はリストの最初に置く。

$$X^{\mu} \Rightarrow (X^0, X^1, X^2, X^3)$$

ここで(X^0, X^1, X^2, X^3)は(t, x, y, z)と同じ意味である。これらの上付き添字は「べき乗」を表わしているわけではないことに注意してほしい。座標X^3は「3番目の空間座標（しばしばzと書かれるもの）」という意味である。「$X \times X \times X$」という意味ではない。べき指数と上付き文字の区別は文脈から明らかだろう。なお、これ以降、4次元の座標を書くときは、時間座標を先に書くことにする。

このような添字表記には、2通りの書き方があることに注意してほしい。

- X^{μ}：μのようなギリシャ文字の添字は、4つの値0, 1, 2, 3のすべてを取りうることを意味する。
- X^i：iのようなローマ文字の添字は、空間成分の1, 2, 3だけを表わす。

原点からの固有時と時空間隔はどうか。これらは、次のように書ける。

$$\tau^2 = (X^0)^2 - (X^1)^2 - (X^2)^2 - (X^3)^2$$

$$s^2 = -(X^0)^2 + (X^1)^2 + (X^2)^2 + (X^3)^2$$

中身に新しさはない。単に表記が新しくなっただけだ[5]。しかし表記法は重要である。この場合、新しい表記法は4元ベクトルを整理し、数式をシンプルに保つことができる。添字μは、空間と時間の4つの成分を取りう

5　どうして下付き添字ではなく上付き添字を使っているのかと思うかもしれない。この後で（4.4.2節）、下付き添字を少し違う意味で使う予定になっているからだ。

る。添字iは、空間成分のみに使われる。X^iは空間における基本的なベクトルと考え、X^μは4つの成分を持ち、時空における4元ベクトルを表す。座標を回転させるとベクトルが変換されるように、ある移動座標系から別の移動座標系に移ると、4元ベクトルがローレンツ変換される。ここで、新しい表記法でローレンツ変換を書き表そう。

$$(X')^0 = \frac{X^0 - vX^1}{\sqrt{1-v^2}}$$

$$(X')^1 = \frac{X^1 - vX^0}{\sqrt{1-v^2}}$$

$$(X')^2 = X^2$$

$$(X')^3 = X^3$$

これを一般化して、任意の4元ベクトルの変換特性を表す規則とすることができる。定義によれば、4元ベクトルとは、x軸に沿ったブーストがある場合、次式にしたがって変換される成分A^μの集合を指している[6]。

$$(A')^0 = \frac{A^0 - vA^1}{\sqrt{1-v^2}}$$

$$(A')^1 = \frac{A^1 - vA^0}{\sqrt{1-v^2}}$$

$$(A')^2 = A^2$$

$$(A')^3 = A^3 \tag{2.15}$$

また、空間成分A^1, A^2, A^3は、空間の回転では従来の3元ベクトルとして変

6 ここではτに関してのみ記述したが、sについても同様の議論が成り立つ。

換されるが、A^0は変化しない。

3元ベクトルと同様に、4元ベクトルにある通常の数を掛けたい場合、そのすべての成分にその数を掛ければよい。また、4元ベクトルの足し算は、個々の成分どうしを足せばよい。このような操作の結果も、また4元ベクトルになる。

4元速度

別の4元ベクトルについて見てみよう。今度は原点に対する座標成分の話ではなく、時空間の軌跡に沿った小さな区間を考える。最終的には、この区間を無限小にまで縮めるが、今は小さくても有限の大きさであると考えてほしい。図2.3は、我々が考えているものを描いている。軌道上の点aと点bの間隔はΔX^μである。これは、ベクトルの端から端までの4つの座標の変化を意味し、Δt, Δx, Δy, Δzで構成される。

さて、4元速度の概念を紹介する準備が整った。4次元の速度は通常の速度の概念とは少し異なる。図2.3の曲線を粒子の軌跡としよう。ここで興味があるのは、線分$\overline{ab}$に沿った特定の瞬間における速度の概念である。

図2.3　時空間の軌跡（粒子）

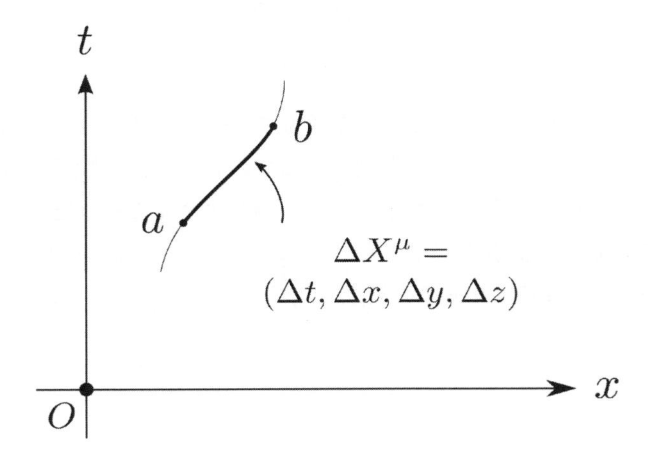

通常の速度であれば、ΔxをとってΔtで割る。そして、Δtを0に近づけたときの極限を求める。通常の速度は、x成分、y成分、z成分の3つの成分からなり、第4の成分はない。

同様の方法で、4次元の速度を計算する。ΔX^{μ}から始めよう。しかし、それらを通常の座標時間Δtで割るのではなく、固有時$\Delta\tau$で割ることにする。なぜなら、$\Delta\tau$は不変量だからだ。4元ベクトルΔX^{μ}を不変量で割ると、4元ベクトルのローレンツ変換に関する特性が保たれるのである。つまり、$\Delta X^{\mu}/\Delta\tau$は4元ベクトルだが、$\Delta X^{\mu}/\Delta t$は4元ベクトルではないのである。

4元速度と通常の3元速度を区別するために、Vの代わりにUと書くことにする。Uは4つの成分U^{μ}を持ち、次式で定義される。

$$U^0 = \frac{dX^0}{d\tau} = \frac{dt}{d\tau}$$

$$U^1 = \frac{dX^1}{d\tau} = \frac{dx}{d\tau}$$

$$U^2 = \frac{dX^2}{d\tau} = \frac{dy}{d\tau}$$

$$U^3 = \frac{dX^3}{d\tau} = \frac{dz}{d\tau} \tag{2.16}$$

次章では、4元速度についてくわしく見ていくことにする。4元速度は粒子の運動理論において重要な役割を果たす。相対論的な粒子の運動理論には、速度、位置、運動量、エネルギー、運動エネルギーなどの古い概念を塗り替える新しい概念が必要になる。ニュートンの概念を相対論的に一般化するときに、4元ベクトルの概念を用いることになるのである。

第3章
相対論的運動の法則

レニーはバーの椅子に座り、両手で頭を抱えながら、携帯電話でメールを開いていた。

アート：「レニー、どうした？　ビール入りミルクセーキの飲みすぎ？」

レニー：「ほら、アート、このメールを見てごらんよ。毎日何通かこういうのが来るんだ。」

電子メールメッセージ：[1]

親愛なるサスキノ［原文ママ］教授

アインシュタインは、ひどいミスを犯していることを私は発見しました。あなたの友人ホーキンス［原文ママ］にメールを送りましたが、返事がありません。

アインシュタインたち［原文ママ］の間違いを説明しましょう。力は質量に加速度をかけたものに等しいです。そのため私が長い間、一定の力で何かを押したとして、その間は加速度は一定です。十分に長時間それを押し続けると、速度は増加し続けます。200ポンド（これは私の体重です。ダイエットが必要ですね。）の人を水平方向に224.809ポンドの力で押し続けると、1年後には光速よりも速く動くことを計算で突き止めました。私が使ったのはニュートンたち［原文ママ］の方程式F = maだけです。つまり、アインシュタインは「光より速く動くものはない」と言ったのに、それは間違っていたのです。私は、物理者［原文ママ］にこのことを知ってもらいたいので、本として出版することを考えています。そこで、あなた

1　これは実際に2007年1月22日に受け取ったメールである。

に出版の手伝いをしてもらいたいのです。私にはお金があるので、謝礼をお支払いすることもできます。

アート：「えーっ、それはひどくバカげているな。ところで、この説のどこが間違っているのだろうか。」

アートの質問に対する答えは、我々はニュートンの理論を考えているのではなく、アインシュタインの理論を考えているということである。運動、力、加速度の法則を含む物理学は、特殊相対性理論の原則と一致するように、すべて一から作り直さなければならなかった。

今、そのプロジェクトに取り組む準備ができた。我々が興味があるのは、とくに粒子の力学、つまり特殊相対性理論にしたがって粒子がどのように動くかだ。その理解には、古典力学の概念を含む、さまざまな概念を整理する必要がある。計画としては、それぞれの概念を別々に議論し、最後にすべて一緒にまとめ上げる予定だ。

相対性理論はエネルギー、運動量、正準運動量、ハミルトニアン、ラグランジアンといった古典的な概念の上に成り立っており、最小作用の原理が中心的な役割を果たす。これらの概念については簡単な説明を与えるが、皆さんが本シリーズの最初の本『スタンフォード物理学再入門　力学』を読んでおり、これらの概念を記憶していると仮定する。もし、覚えていなければ、この機会に復習してほしい。

3.1 間隔の詳細

第1章と第2章では、時間的間隔と空間的間隔について説明した。このとき、時空間における2つ点の間隔（隔たり）が時間的であるのは、不変量

$$(\Delta s)^2 = -(\Delta t)^2 + (\Delta \vec{x})^2 \tag{3.1}$$

がゼロより小さいとき、つまり、その間隔の時間成分が空間成分より大きいときである[2]。一方、2つの事象の間の時空間隔 $(\Delta s)^2$ がゼロより大きいときは、その逆で、その間隔は空間的と呼ばれる。この分類は、以前に図

2　4次元時空（空間3次元と時間1次元）を考えるときでも、$\Delta\vec{x}$ という記号は空間の3次元方向を表現している。そのため、$(\Delta\vec{x})^2$ はその2乗、すなわち通常 $(\Delta x)^2 + (\Delta y)^2 + (\Delta z)^2$ と書く量を意味する。

図3.1　空間的間隔

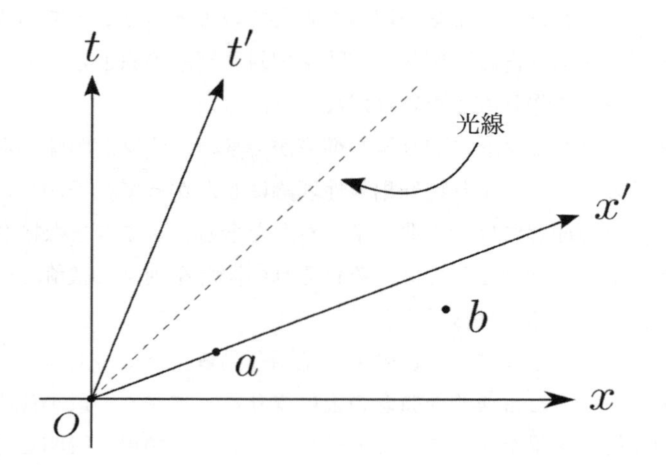

2.2で説明したとおりである。

3.1.1 空間的間隔

$(\Delta\vec{x})^2$が$(\Delta t)^2$よりも大きい場合、2つの事象の空間的な隔たりは時間的な隔たりよりも大きく、$(\Delta s)^2$はゼロよりも大きくなる。このことは、図3.1でもわかる。図3.1では、事象aと事象bの隔たりが空間的であることがわかる。この2点を結ぶ線は、x軸に対して45度より小さい角度を成している。

空間的間隔では時間よりも空間のほうが大きい。また空間的間隔には、2つの事象が空間の同じ場所に位置するような基準座標系は存在しないという性質がある。その代わり、2つの事象が同じ時刻に(ただし異なる場所で)発生するような基準座標系は存在する。この基準座標系を見つけるには、x'軸が両方の事象の点を通るような座標系を探せばよい[3]。しかしもっと驚くべきことがある。図3.1の(t, x)座標系では、事象aは事象bより

3　x'軸が2点をつなぐ線に平行な座標系でもよい。

図3.2　時間的軌跡

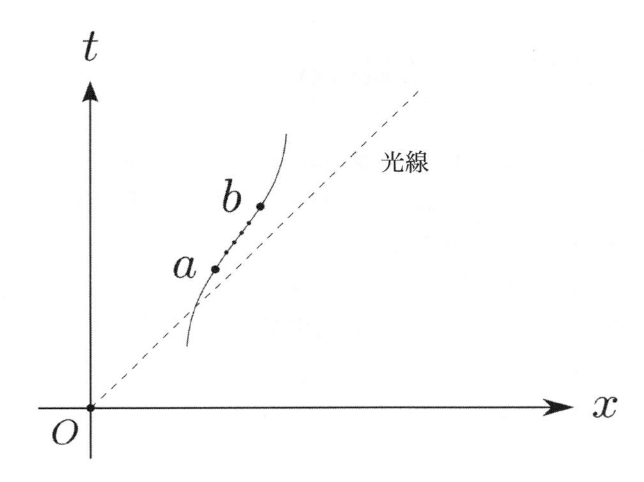

も前に発生している。しかしこの図の (t', x') 座標系にローレンツ変換すると、事象bは事象aよりも前に発生していることになる。時間の順序が実際に逆転しているのだ。このことは、同時性の相対性とは何かを明確に示している。空間的に離れている2つの事象に関して、一方の事象が他方より早く（遅く）発生したという考え方に意味はないのだ。

3.1.2 時間的間隔

有限の質量を持つ粒子は、時間的軌跡を描きながら動く。この意味を明らかにするため、図3.2に例を示す。点aから点bへの軌跡に沿って移動する場合、その経路上のすべての小さな区間が時間的間隔となる。「ある粒子が時間的軌跡に沿って動く」と言うとき、「その速さが光速に達することはない」と言っているのと同じなのだ。

ある間隔が時間的であるとき、2つの事象が同じ場所で起こる（同じ空間座標を持つが異なる時刻に発生する）基準座標系がつねに存在する。実際、2つの点を結ぶ線が静止しているような基準座標系（つまりt'軸が2つの点を結ぶ線と一致している座標系）を選ぶだけである[4]。

3.2　4元速度をじっくり眺める

第2章で、4元速度に関する定義と表記法を紹介した。その考えをさらに発展させよう。4元速度 $dX^{\mu}/d\tau$ の成分は、通常の座標速度の成分 dX^{i}/dt と似ているが、次の点が異なる。

- 4元速度は、3つの成分ではなく、4つの成分（驚きだ）を持つ。
- 4元速度は、座標時間に対する変化率を指すのではなく、固有時に対する変化率を指している。

正しく定義された4元ベクトルとして、4元速度の成分は、典型的な4元ベクトル

$$(t, x, y, z)$$

または

$$(X^0, X^1, X^2, X^3)$$

と同じように変換される。言い換えれば、4元速度の成分はローレンツ変換にしたがって変換される。通常の速度と同様に、4元速度は時空の経路（世界線）に沿った小さな、あるいは無限小の区間に関連付けられている。それぞれの小さな区間には4元速度ベクトルが関連付けられている。通常の3次元の速度を

$$\vec{V} = \frac{d\vec{x}}{dt}$$

4　t' 軸が2点をつなぐ線に平行な座標系でもよい。

または

$$V^i = \frac{dX^i}{dt}$$

と書き、4元速度は

$$U^\mu = \frac{dX^\mu}{d\tau} \tag{3.2}$$

と書くことにしよう。4元速度と普通の速度にはどのようなつながりがあるだろうか。もちろん通常の非相対論的速度には3つの成分しかない。そのため4つ目の成分（0番目の成分と呼ぶ）は何か変わったものだろうと想像してしまう。U^0から話を始める。これを次の形に書こう。

$$U^0 = \frac{dX^0}{d\tau} = \frac{dX^0}{dt}\,\frac{dt}{d\tau}$$

X^0はtの別の表記であることはすでにお話しした。そのため、上式右辺の最初の係数は1である。したがって

$$U^0 = \frac{dt}{d\tau} \tag{3.3}$$

あるいは

$$U^0 = \frac{1}{d\tau/dt}$$

である。次に、$d\tau = \sqrt{dt^2 - d\vec{x}^2}$ より、

$$\frac{d\tau}{dt} = \frac{\sqrt{dt^2 - d\vec{x}^2}}{dt}$$

あるいは

$$\frac{d\tau}{dt} = \sqrt{1-\vec{v}^2} \tag{3.4}$$

が成り立つ。ここで$\vec{v}$は普通の3元ベクトルの速度である。式(3.3)に立ち返り、式(3.4)を使うと、

$$\frac{dt}{d\tau} = \frac{1}{\sqrt{1-\vec{v}^2}} \tag{3.5}$$

および

$$U^0 = \frac{1}{\sqrt{1-\vec{v}^2}} \tag{3.6}$$

を得る。ここでまた現れた

$$1/\sqrt{1-v^2}$$

という因子は、ローレンツ変換やローレンツ収縮、時間の遅れの式に出てきたものであり、今回また新しい意味を持つことになる。すなわちこの因子は、移動する観測者の4元速度の時間成分を表しているのである。

Uの時間成分をどう考えるか。ニュートンならどうしただろうか。粒子が光速に比べてかなりゆっくり運動しているとしよう。つまり$v<<1$である。明らかにU^0は非常に1に近い値になる。ニュートン力学への極限ではこれは1であり、何も興味深いことは起きない。ニュートンの考え方には影響を及ぼさない。さて、Uの空間成分に目を向ける。とくにU^1を

$$U^1 = \frac{dx}{d\tau}$$

と書き、これをさらに

$$U^1 = \frac{dx}{dt}\,\frac{dt}{d\tau}$$

と変形する。最初の因子dx/dtは、通常の速度のx成分V^1にすぎない。2つ目の因子は式(3.5)で与えられる。これらを合わせると、

$$U^i = \frac{V^i}{\sqrt{1-\vec{v}^2}}$$

となる。これについては、ニュートンならどのように考えただろう。非常に小さなvの場合$\sqrt{1-\vec{v}^2}$はきわめて1に近い値となる。そのため、相対論的速度の空間成分は、実質的に普通の3元速度の成分と等しくなるのである。

4元速度について、もう1つ知っておくべきことがある。4つの成分U^μのうち、3つだけが独立であり、4つの成分は1つの拘束条件により結びついているのである。これを不変量で表現できる。

$$(X^0)^2 - (X^1)^2 - (X^2)^2 - (X^3)^2$$

という量が不変量であるのと同様に、これに対応する速度成分の組み合わせ、すなわち

$$(U^0)^2 - (U^1)^2 - (U^2)^2 - (U^3)^2$$

も不変量なのだ。この量は興味を引くものだろうか。じつはこの量は1に等しいのだ。

$$(U^0)^2 - (U^1)^2 - (U^2)^2 - (U^3)^2 = 1 \qquad (3.7)$$

この導出は、読者の皆さんに練習問題としてお任せしよう。ここで4元速

度に関して得られた結論をまとめる。

4元速度のまとめ

$$U^0 = \frac{1}{\sqrt{1-\upsilon^2}} \tag{3.8}$$

$$U^i = \frac{V^i}{\sqrt{1-\upsilon^2}} \tag{3.9}$$

$$(U^0)^2 - (\vec{U})^2 = 1 \tag{3.10}$$

これらの式は、4元速度の成分をどのように計算するかを表している。υがゼロに近い非相対論的極限では、$\sqrt{1-\upsilon^2}$ は1に近く、2つの速度U^iとV^iは等しくなる。しかし物体の速度が光速に近づくと、U^iはV^iよりはるかに大きくなる。粒子は、その運動の軌道上のどの場所においても、位置X^μの4元ベクトルと速度U^μの4元ベクトルで特徴づけられるのだ。

これで材料はほぼ揃った。粒子の力学に取り組む前に、あと1つだけ追加するものがある。

練習問題3.1　$(\Delta\tau)^2$の定義より、式(3.7)を示せ。

3.3 数学で一休み：近似の道具

よい近似法がなければ、物理学者の道具は完璧とはいえない。ここで説明する方法は、単純であるにもかかわらず、必要不可欠な代物である。この近似の基礎となっているのが二項定理である[5]。ここでは一般的な形で二項定理を引用せずに、いくつか例示をすることにする。我々が必要とするのは、次のような式に対し、aが1よりも十分小さいときに正確になるような近似表現である。

$$(1+a)^p$$

この式においてpは任意のべき指数である。$p=2$の例を考えよう。正確な展開式は

$$(1+a)^2=1+2a+a^2$$

である。aが小さい時、第1項（この場合は1）だけでも正確な値に非常に近い。しかし我々はもっと良い近似値がほしい。次の近似は

$$(1+a)^2\approx 1+2a$$

である。$a=0.1$ならどうだろう。この近似によると、$(1+0.1)^2\approx 1.2$となるが、正確な答えは1.21である。aを小さくすればするほど、a^2の項はあまり重要でなくなり、近似がよくなる。次に$p=3$の場合を考えよう。正確な展開式は

$$(1+a)^3=1+3a+3a^2+a^3$$

であり、第一近似は

$$(1+a)^3\approx 1+3a$$

5　ご存じない方は調べてみてほしい。参考文献：https://ja.wikipedia.org/wiki/二項定理

である。$a = 0.1$のとき、この近似は1.3を与えるが、正確な値は1.4641である。悪くはないがよくもない。しかし$a = 0.01$のときはどうだろう。近似値は

$$(1.01)^3 \approx 1.03$$

であり、正確な答えは

$$(1.01)^3 = 1.030301$$

となって、近似がだいぶよくなっている。

では、証明は省いて、任意のpの値に対する第一近似の一般的な答えを書き下そう。

$$(1 + a)^p \approx 1 + ap \tag{3.11}$$

一般に、pが整数でなければ、展開式は無限の数列である。しかし式(3.11)は小さなaに対してきわめて正確であり、aが小さければ小さいほどよい近似になる。

ここで式(3.11)を用いて相対性理論でつねに現れる

$$\sqrt{1-v^2} \tag{3.12}$$

と

$$\frac{1}{\sqrt{1-v^2}} \tag{3.13}$$

の2つの式に対する近似表現を求めよう。ここでvは動いている物体あるいは基準座標系の速度である。まず、式(3.12)と(3.13)を次の形に書く。

$$\sqrt{1-\upsilon^2} = (1-\upsilon^2)^{1/2}$$

$$\frac{1}{\sqrt{1-\upsilon^2}} = (1-\upsilon^2)^{-1/2}$$

1つ目の式ではaとpは$a = -\upsilon^2$と$p = 1/2$である。2つ目の式では$a = -\upsilon^2$と$p = -1/2$である。これにより近似表現は

$$\sqrt{1-\upsilon^2} \approx 1 - \frac{1}{2}\upsilon^2 \tag{3.14}$$

$$\frac{1}{\sqrt{1-\upsilon^2}} \approx 1 + \frac{1}{2}\upsilon^2 \tag{3.15}$$

となる。ここでは相対論的単位を用いているので、υは光速に対する比（無次元量）である。通常の単位を使うならば、

$$\sqrt{1-(\upsilon/c)^2} \approx 1 - \frac{1}{2}\frac{\upsilon^2}{c^2} \tag{3.16}$$

$$\frac{1}{\sqrt{1-(\upsilon/c)^2}} \approx 1 + \frac{1}{2}\frac{\upsilon^2}{c^2} \tag{3.17}$$

である。ここで少し立ち止まって、なぜこのようなことをしているのかを説明しよう。あまり難しくない式なのに、どうして近似しようとしているのか。電卓もあるのに、なぜ正確な式を近似する必要があるのか。我々は計算を簡単化するために近似しようとしているのではない（もちろん結果として計算は簡単になるが）。我々は非常に大きな速度を持つ運動を記述する新しい理論を構築しようとしているのだ。だからといって、好き勝手

にできるわけではない。光速よりもはるかに遅い運動を記述する古い理論として、ニュートン力学の成功を目の当たりにしてきた。式(3.16)や式(3.17)などの近似をする本当の目的は、相対論的方程式がv/cが非常に小さいときにニュートン方程式に近づくことを示すところにある。参考として、我々が使うことになる近似を以下に書いておく。

近似：

$$\sqrt{1-v^2} \approx 1 - \frac{v^2}{2} \tag{3.18}$$

$$\frac{1}{\sqrt{1-v^2}} \approx 1 + \frac{v^2}{2} \tag{3.19}$$

これからは近似記号 ≈ を使わずに済ませ、その代わり等号に値するくらい近似の精度がよいときだけ近似式を用いることにする。

3.4 粒子の力学

お膳立てが整ったので、粒子の力学についてお話しすることにしよう。粒子という言葉から、電子などの素粒子をイメージするかもしれない。しかしここではより広い意味で使っている。粒子は、バラバラにならずにひとまとめになっているものなら何でもよい。素粒子は確かにこの条件に合っているが、他の多くの物体も当てはまる。太陽、ドーナツ、ゴルフボール、私にメールを送ってきた人もそうだ。粒子の位置や速度について話をするとき、その重心の位置や速度を意味している。

次の節に入る前に、最小作用の原理、ラグランジュ力学、ハミルトン力学について、もしも忘れてしまっていたとしたら、記憶を新たにしてほしい。本シリーズの第一巻『スタンフォード物理学再入門　力学』は学び直しができる一冊である。

図3.3　粒子の時間的軌跡

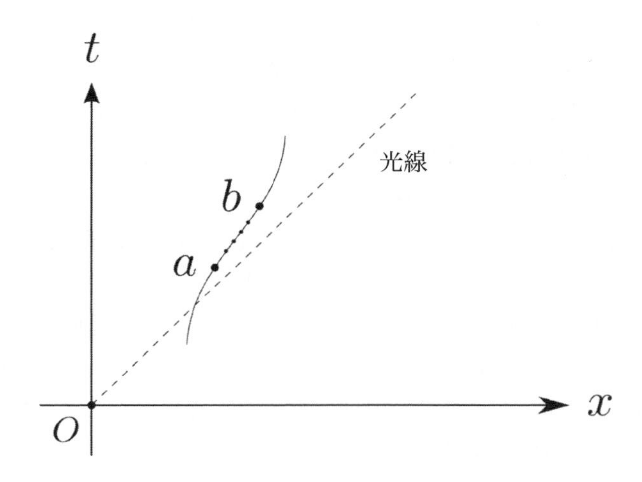

3.4.1 最小作用の原理

最小作用の原理（作用原理）とそれを量子力学的に一般化した内容は、すべての物理学においてもっとも中心的な概念かもしれない。ニュートンの運動の法則から電気力学、そして現代のゲージ理論と呼ばれる基本的な相互作用に至るまで、すべての物理法則は作用原理に基づいている。それはなぜか。私はそのルーツは量子論にあると思っている。しかし、最小作用の原理がエネルギー保存と運動量保存に深く関わっていることは言うまでもない。運動方程式の内部の数学的な整合性が、これにより保証されているのだ。本シリーズの第一巻で、作用についてくわしく説明したので、今回は簡単な復習にとどめる。

古典力学において作用原理がどのように粒子の運動を決定しているかを簡単に復習しておこう。作用は、時空間を移動する粒子の軌道によって決まる量である。この軌道は、図3.2に示すような世界線と考えることができる。ここでは見やすくするため、改めて図3.3に同じ図を示す。この図は作用について議論するのに適したモデルであるが、以下の点に注意してほしい。すなわち、ある系の位置をプロットするとき、x軸は系の空間全体を表現しているのだ。xは1次元座標を表すこともあるが、空間的な3元ベクトルをこの1つの軸で表すこともある（多数の粒子のすべての空間座標を表すこともあるが、ここでは1つの粒子の空間だけを考えている）。これを我々は単に空間あるいは座標空間と呼んでいる。通常、縦軸は座標時間を表し、粒子の軌道は曲線を描く。

粒子の場合、ラグランジアンは粒子の位置と速度に依存し、もっとも重要なことは、運動エネルギーとポテンシャルエネルギーから構成されることである。図3.3の曲線は、質量がゼロでない粒子1つの時間的世界線を表している。では、点aから点bに向かうときの粒子のふるまいを調べよう[6]。

最小作用の原理のここでの導出は、古典力学で行ったこととほぼ同じである。唯一の違いは、座標系に依存しないという要件を加えることにある。すなわち、物理法則はどの慣性系でも同じであるとするのだ。そのためには、どの基準座標系でも同じになるような量の法則を作ればよい。言い換えれば、作用は不変であるべきだが、そのことは、作用を構成する要素が不変であれば成り立つ。

最小作用の原理とは、ある系が点aから出発して点bに到達するとき、すべての可能な経路の中から特定の種類の経路を「選択」するというものである。具体的には、我々が作用と呼ぶ量を最小化する経路を選択するのだ[7]。作用は、軌道の総和として段階的に積み上げられる量である。軌道の各小区間は、それに関連する作用量を持っている。これらの小さな作用量をすべて足し合わせることで、aからbへの経路全体に対する作用量を計

6　世界線という概念は、非相対論的な物理学でも相対論的な物理学と同様に有効である。しかし、相対性理論では、空間と時間の関係、すなわちローレンツ変換によって空間と時間が互いに変化することから、世界線を考えると便利なことが多い。

7　鋭い読者からのクレームを先取りするため、次の技術的なポイントに触れておこう。作用が最小でなければならないというのは、厳密には正しくない。作用は最小値、最大値、あるいはもっと一般的には停留値を取ることがあるのである。ただし一般的にこの詳細は、本書ではあまり重要ではない。したがって我々は伝統にしたがって、最小作用の原理と呼ぶことにする。

算する。この小区間を無限小に縮めると、足し上げる作業は積分に変わる。このように、作用は固定された端点を持つ軌道上の積分であるという考え方は、相対性理論以前の物理学から直接学んだものである。系が何らかの方法で作用積分を最小化する経路を選択するという考え方も同様である。

3.4.2 非相対論的作用の簡単な復習

第一巻の非相対論的な粒子の作用の公式を思い出してほしい。作用は系の軌道に沿った積分であり、その積分はラグランジアン（$\mathcal{L}$と表記）と呼ばれる。記号で表すと

$$\text{作用} = \int_a^b \mathcal{L}\, dt \tag{3.20}$$

と書ける。原則として、ラグランジアンは軌道上の位置と速度の関数である。もっとも単純な、何の力も作用していない粒子の場合、ラグランジアンは運動エネルギー $\frac{1}{2}mv^2$ だけである。すなわち

$$\begin{aligned}\mathcal{L} &= \frac{1}{2}mv^2 \\ &= \frac{1}{2}m(\dot{x}^2 + \dot{y}^2 + \dot{z}^2)\end{aligned} \tag{3.21}$$

で与えられる。ここでmは粒子の質量、vはその瞬間の速度である[8]。この場合、非相対論的な粒子に対する作用は

$$\text{作用} = m\int_a^b \frac{1}{2}v^2 dt \tag{3.22}$$

である。作用は質量に比例することに注意してほしい。ビー玉とボーリン

8 上に「点」が付いた変数は「時間に関する微分」を意味することを思い出してほしい。たとえば、$\dot{x}$はdx/dtの略である。

グ玉が同じ軌道で動いている場合、ボーリング玉の作用はビー玉の作用より質量の比だけ大きいのだ。

3.4.3 相対論的作用

粒子運動の非相対論的な記述は、光よりもはるかに遅い速度で動く粒子に対しては正確であるが、より大きな速度を持つ相対論的な粒子に対しては破綻している。相対論的な粒子を理解するためには、一から考え直す必要があるが、変わらない点が1つある。相対論的運動の理論は作用原理に基づいているということだ。

では、相対論的な粒子の作用を、軌道に沿ったそれぞれの小区間に対してどのように計算するのだろうか。運動の法則がどの基準座標系でも同じであるために、作用は不変量でなければならない。しかし、粒子がある位置から隣の位置に移動するときに不変なものは1つしかない。両者を隔てる固有時だ。ある点から別の点までの固有時は、すべての観測者が同じ値として同意できる量である。Δtや$\Delta \vec{x}$については彼らの観測値は一致しないが、$\Delta \tau$については一致する。したがって、良い推測、そして正しい推測としては、作用がすべての小さな$\Delta \tau$の和に比例すると考えるべきだろう。この和は、世界線に沿った固有時の合計であり、数学的に書けば、

$$\text{作用} = -\text{定数} \times \sum \Delta \tau$$

である。ここで、和は軌道の一方の端からもう一方の端まで、つまり図3.3では点aから点bまで取る。定数とマイナス記号については、また後で触れる。

作用が構築できたら、古典力学の場合とまったく同じことをする。すなわち、2つの端点を固定したまま、最小の作用を生み出す経路が見つかるまで、経路を動かすのである。作用は不変量$\Delta \tau$から構成されるので、どの経路が作用を最小化するかについて、すべての観測者の意見が一致することになる。

作用の中の定数は何か。これを理解するために、非相対論的な場合（式(3.22)）に戻り、与えられた経路に対する作用は粒子の質量に比例することを思い出そう。非相対論的物理学は、相対論的物理学で速度を小さくしていった極限で表される。ということは、相対論的な作用も粒子の質量に比例しなければならない。なお、マイナス記号の理由は、先に進むにつれて明らかになる。そこで、作用の定義を次のようにしてみよう。

$$\text{作用} = -m \sum \Delta\tau$$

ここで、軌道に沿った小さな線分が、無限に縮小していく様子を想像してみる。この場合、数学的には、和を積分に変換することになる。

$$\text{作用} = -m \int_a^b d\tau$$

となり、$\Delta\tau$ は無限小の極限で $d\tau$ になる。積分が軌道の端から端まで続くことを示すために、積分の下限と上限（a と b）を加えた。式(3.4)から、

$$\frac{d\tau}{dt} = \sqrt{1-v^2}$$

ということがすでにわかっているので、これを利用して作用積分の $d\tau$ を $\sqrt{1-v^2}$ に置き換えることで、次のようになる。

$$\text{作用} = -m \int_a^b dt\sqrt{1-v^2}$$

新しい表記法では、v^2 は $(\dot{X}^i)^2$ となり、作用積分は次の形になる。

$$\text{作用} = -m \int_a^b dt\sqrt{1-(\dot{X}^i)^2} \tag{3.23}$$

ここで、$(\dot{X}^i)^2$ という記号は、$\dot{x}^2+\dot{y}^2+\dot{z}^2$ という意味であり、点（ドット）

は通常の座標時間に対する微分を意味する。また、$\vec{v}$ を通常の3次元速度ベクトルであるとして、$\dot{x}^2+\dot{y}^2+\dot{z}^2=\vec{v}^2$ と書くこともある。

我々は、作用積分を、見慣れた量である速度の関数の積分に変換した。これは、式(3.20)と同じ一般的な形だが、ラグランジアンが式(3.21)の非相対論的な運動エネルギーである代わりに、次のような少し複雑な形をしている。

$$\mathcal{L} = -m\sqrt{1-(\dot{X}^i)^2} \tag{3.24}$$

または

$$\mathcal{L} = -m\sqrt{1-v^2} \tag{3.25}$$

である。このラグランジアンをより深く理解する前に、従来の単位で正しい次元に直すため、係数 c を戻す。$1-(\dot{X}^i)^2$ という形を次元的に矛盾のないものにするためには、速度成分を c で割らなければならない。さらに、ラグランジアンにエネルギーの単位を持たせるために、全体に c^2 をかける必要がある。したがって、従来の単位では

$$\mathcal{L} = -mc^2\sqrt{1-\frac{v^2}{c^2}} \tag{3.26}$$

またはより明示的に

$$\mathcal{L} = -mc^2\sqrt{1-\frac{\dot{x}^2+\dot{y}^2+\dot{z}^2}{c^2}} \tag{3.27}$$

と書ける。気づかなかったかもしれないが、式(3.26)で mc^2 という形がはじめて出てきた。

3.4.4 非相対論的極限

相対論的な系の振る舞いは、速度を小さくする極限でニュートン物理学になることを示そう。その運動に関するすべてはラグランジアンに含まれているので、小さな速度ではラグランジアンが式(3.21)にしたがうことを示せばよい。式(3.16)と式(3.17)の近似

$$\sqrt{1-(v/c)^2} \approx 1 - \frac{1}{2}\frac{v^2}{c^2}$$

$$\frac{1}{\sqrt{1-(v/c)^2}} \approx 1 + \frac{1}{2}\frac{v^2}{c^2}$$

を導入したのは、まさにこのため(そして他の同様の目的のため)であった。これらを式(3.26)にあてはめると、結果は次のようになる。

$$\mathcal{L} = -mc^2\left(1 - \frac{1}{2}\frac{v^2}{c^2}\right)$$

これはさらに次のように書き直せる。

$$\mathcal{L} = \frac{1}{2}mv^2 - mc^2$$

最初の項、 $\frac{1}{2}mv^2$ はニュートン力学の運動エネルギーであり、非相対論的ラグランジアンである。ちなみに、作用にマイナス記号を入れなければ、この項を正しく再現することはできなかっただろう。

では、もう1つの$-mc^2$という項は何だろう。2つの疑問が湧く。1つは、この項は粒子の運動に違いを生むかという問題である。答えは、いかなる形であっても、ラグランジアンに定数を足しても(引いても)結果はまったく変わらない、というものである。定数項は系の運動に何の影響も及ぼ

することなく足したり引いたりできるのだ。2つ目は、この項は$E = mc^2$と何か関係があるのか、という疑問である。これについてはこの後で明らかになる。

3.4.5 相対論的運動量

運動量は力学において極めて重要な概念である。閉じた系では運動量が保存するので、なおさらである。さらに、系をいくつかの部分に分けて考えると、ある部分の運動量の変化率は、系の他の部分によってその部分にかかる力に相当する。

運動量は、$\vec{P}$と書かれることも多いが、ニュートン物理学においては質量と速度の積で与えられる3元ベクトルである。

$$\vec{P} = m\vec{v}$$

相対論的物理学も同様で、運動量は保存される。しかし、運動量と速度の関係はより複雑である。アインシュタインは1905年に発表した論文で、見事というだけでなく、特徴的なほど単純な古典的な議論によってこの関係を明らかにした。まず静止状態の物体を考え、次にその物体が2つの軽い物体に分裂したとする。それぞれが非常にゆっくりと動くため、そのプロセス全体はニュートン物理学で理解できる。そして、同じプロセスを、最初の物体が大きな相対論的速度で運動している別の座標系から観察することをアインシュタインは想像したのである。物体の最終的な速度は、元の座標系での既知の速度をブースト（ローレンツ変換）することによって容易に決定することができる。そして、移動する座標系での運動量保存を仮定して、それらの運動量の式を導くことに成功したのだ。

ここでは、初歩的ではなく、より美しくもないが、しかしより現代的で、はるかに一般的な議論を用いることにする。古典力学（第一巻に戻る）では、系（たとえば粒子）の運動量は、ラグランジアンを速度で微分したものである。成分で書けば

$$P^i = \frac{\partial \mathcal{L}}{\partial \dot{X}^i} \tag{3.28}$$

となる。なお、理由は別として、この手の方程式は次のように書くことが好まれる。

$$P_i = \frac{\partial \mathcal{L}}{\partial \dot{X}^i} \tag{3.29}$$

P_iは上付きではなく下付きの添字になっているが、ここでは参考程度に書いておく。上付きと下付きの添字の意味については、5.3節で説明する。

粒子の運動量を相対論的に表すには、式(3.28)を式(3.27)のラグランジアンに当てはめればよい。たとえば、運動量のx成分は

$$P^x = \frac{\partial \mathcal{L}}{\partial \dot{x}}$$

である。微分を実行すると、次のようになる。

$$P^x = m\frac{\dot{x}}{\sqrt{1-\dfrac{\dot{x}^2+\dot{y}^2+\dot{z}^2}{c^2}}}$$

より一般的には

$$P^i = \frac{mV^i}{\sqrt{1-\dfrac{v^2}{c^2}}} \tag{3.30}$$

である。この式を非相対論的な式

$$P^i = mV^i$$

と比較してみよう。まず、興味深いのは、両者はそれほど変わらないということだ。相対論的速度の定義に戻る。

$$U^i = \frac{dX^i}{d\tau}$$

式(3.9)と式(3.30)を比較すると、相対論的運動量は、質量に相対論的速度をかけたものに過ぎないことがわかる。

$$P^i = m\frac{dX^i}{d\tau} = mU^i \tag{3.31}$$

式(3.31)は、このような作業をしなくても想像がついたと思う。しかし、この式が力学の基本原理から導出できるというところが重要である。すなわち、運動量の基本的な定義がラグランジアンの速度微分であるという原理である。

運動量の相対論的定義と非相対論的定義は、速度が光速よりはるかに小さいときに一致することは想像のとおりだ。このとき、

$$\frac{1}{\sqrt{1-\frac{v^2}{c^2}}}$$

は1に非常に近い。しかし、速度が大きくなってcに近づくとどうなるだろう。この極限で、式は破綻する。このように、速度がcに近づくと、質量を持つ物体の運動量は無限大になるのである！

本章の最初に書いた電子メールのメッセージに戻り、書き手に答えることができるかどうか見てみよう。このメールでは、ニュートンの第二法則、つまり、$F = ma$を前提に議論が展開されている。この法則が別の形で表

現できることは、第一巻の読者はよく知っていはずだ。すなわち、力は運動量の変化率である。

$$F = \frac{dP}{dt} \tag{3.32}$$

ニュートンの第二法則のこの2つの表現方法は、運動量が通常の非相対論的な式$P = mV$で与えられるニュートン力学の限られた範囲では同じである。しかし、より一般的な力学の原理では、式(3.32)はより基本的なものであり、相対論的な問題にも非相対論的な問題にも適用されるのだ。

メールに書かれているように、物体に一定の力を加えるとどうなるだろうか。答えは次のようになる。運動量は時間とともに一様に増加する。しかし、光速に到達するには無限の運動量が必要なので、そこに到達するには永遠に時間がかかることになるのだ。

3.5 相対論的エネルギー

ここで、相対論的力学におけるエネルギーの意味について考える。皆さんもご存知のように、エネルギーはもう1つの保存量だ。また、少なくとも第一巻を読んでいれば、エネルギーは系のハミルトニアンであることも知っているだろう。もしハミルトニアンについて復習する必要があるなら、ここで一休みして第一巻に戻るとよい。

ハミルトニアンは保存量である。ラグランジュやハミルトンらによって開発された力学の体系的アプローチの重要な要素の1つである。彼らが確立した枠組みは、単に物事を組み立て上げげただけでなく、基本原理から推論することを可能にした。ハミルトニアンHはラグランジアンから定義される。もっとも一般的な定義は

$$H = \sum_i \dot{Q}^i P^i - \mathcal{L} \tag{3.33}$$

である。ここで、Q^iとP^iは、対象となる系の位相空間を定義する座標と正準運動量である。運動する粒子の場合、座標は単純に位置の3成分X^1、X^2、X^3なので、式(3.33)は次の形になる。

$$H = \sum_i \dot{X}^i P^i - \mathcal{L} \tag{3.34}$$

式(3.31)から、運動量は

$$P^i = mU^i$$

または

$$P^i = \frac{m\dot{X}^i}{\sqrt{1-v^2}}$$

で与えられる。また、式(3.24)から、ラグランジアンは

$$\mathcal{L} = -m\sqrt{1-(\dot{X}^i)^2}$$

または

$$\mathcal{L} = -m\sqrt{1-v^2}$$

となる。これらのP^iと$\mathcal{L}$の式を式(3.34)に代入すると

$$H = \sum_i \frac{m(\dot{X}^i)^2}{\sqrt{1-v^2}} + m\sqrt{1-v^2}$$

となる。このハミルトニアンの式はごちゃごちゃしているが、もっと単純化することができる。まず、$(\dot{X}^i)^2$は単に速度の2乗であることに注意しよ

う。その結果、第1項は和として書く必要もなく、単に$mv^2/\sqrt{1-v^2}$である。第2項を$\sqrt{1-v^2}$で乗除すると、第1項と同じ分母になり、分子は$m(1-v^2)$となる。これらをまとめると

$$H=\frac{mv^2}{\sqrt{1-v^2}}+\frac{m(1-v^2)}{\sqrt{1-v^2}}$$

が得られる。これでだいぶ単純になったが、まだ終わっていない。第1項のmv^2は第2項のmv^2を打ち消し、全体として次のようになる。

$$H=\frac{m}{\sqrt{1-v^2}} \tag{3.35}$$

これがハミルトニアンすなわちエネルギーである。この式にある$1/\sqrt{1-v^2}$という因子に気づいただろうか。もしわからなければ、式(3.8)を参照してほしい。これはU^0である。これで、4元運動量の0番目の成分

$$P^0 = mU^0 \tag{3.36}$$

がエネルギーであることがわかった。この点は、じつはとても重要なことなので、大きな声で強調しておく。

空間運動量P^iの3成分とエネルギーP^0が、4元ベクトルを形成する。

このことは、ローレンツ変換によってエネルギーと運動量が混ざり合ってしまうという重要な意味を持つ。たとえば、ある座標系で静止している物体は、エネルギーは持っているが運動量は持っていない。しかし別の座標系では、同じ物体がエネルギーと運動量の両方を持っているのだ。

最後に、非相対論における運動量保存という概念は、ここでは4元運動量の保存、すなわち、x方向の運動量、y方向の運動量、z方向の運動量、エネルギーの保存になる。

3.5.1 ゆっくり運動する粒子

先に進む前に、この新しいエネルギーの概念が古い概念とどのように関連しているかを把握しておく必要がある。しばらくの間、従来の単位に戻して、cを方程式に戻すことにしよう。式(3.35)に目を向ける。ハミルトニアンはエネルギーと同じものなので、次のように書ける。

$$E = \frac{m}{\sqrt{1-v^2}} \tag{3.37}$$

エネルギーは質量×速度の2乗の単位を持つことに注意する(非相対論的な運動エネルギーの表現$\frac{1}{2}mv^2$から簡単に思い出すことができる)。したがって、右辺にはc^2の係数が必要だ。さらに、速度はv/cに置き換える必要があり、次のようになる。

$$E = \frac{mc^2}{\sqrt{1-v^2/c^2}} \tag{3.38}$$

式(3.38)は、質量mの粒子のエネルギーを速度で表す一般式である。その意味では、運動エネルギーに関する非相対論的な式と似ている。実際、速度がcよりずっと小さいときには、非相対論的な式に帰着することが期待される。このことは、式(3.19)の近似を用いると確認できる。v/cが小さい場合は次のようになる。

$$E = mc^2 + \frac{mv^2}{2} \tag{3.39}$$

式(3.39)の右辺第2項は非相対論的運動エネルギーであるが、第1項は何であろうか。もちろん、これはよく知られた式であり、おそらく物理学でもっともよく知られた式、すなわちmc^2である。エネルギーにおけるこの項の存在をどのように理解すればよいのだろうか。

相対性理論が登場する以前から、物体のエネルギーは運動エネルギーだけではないことはわかっていた。運動エネルギーは物体の運動によるエネルギーであるが、物体が静止しているときにもエネルギーを持っていることがある。そのエネルギーは、系を組み立てるために必要なエネルギーと考えられていた。組み立てのエネルギーが特別なのは、それが速度に依存しないことだ。これを「静止エネルギー」と考えてもよい。アインシュタインの相対性理論の帰結である式(3.39)は、あらゆる物体の静止エネルギーの正確な値を教えてくれる。この式から、物体の速度がゼロのとき、エネルギーは次式で与えられる。

$$E = mc^2 \tag{3.40}$$

読者の皆さんがこの方程式を見たのは初めてではないと思うが、第一原理から導かれるのを見たのは初めてではないだろうか。この式はどの程度一般的なのだろうか。答えは「非常に一般的」である。物体が素粒子であろうと、石鹸であろうと、星であろうと、ブラックホールであろうと関係ない。物体が静止している座標系では、そのエネルギーは物体の質量に光速の2乗を掛けたもので与えられるのだ。

用語：質量と静止質量

静止質量という用語は、多くの学部の教科書で使われ続けているにもかかわらず、時代錯誤である。私の知るかぎり、物理を研究している人で静止質量という言葉を使う人はもういない。新しい慣例では、質量という言葉は、静止質量という言葉がかつて意味していたものを意味する[9]。粒子の質量は粒子に付随するタグであり、粒子の運動ではなく粒子そのものを特徴づけている。電子の質量を調べても、電子が動いているか静止しているかに依存するような数値は得られない。そこから得られるのは、静止し

9　この新しい慣例は、およそ4、50年前に始まったと思われる。

ている電子を特徴づける数値だけである。では、以前は質量と呼ばれていたもの、つまり粒子の動きに依存する量はどうか。我々はそれをエネルギーと呼ぶか、あるいはエネルギーを光速の2乗で割ったものと呼ぶ。エネルギーは動いている粒子を特徴づける量である。これに対して、静止状態のエネルギーは単に質量と呼ばれる。本書では静止質量という用語を今後使わない。

3.5.2 質量のない粒子

これまで、我々は質量のある粒子、つまり静止したときにゼロでない静止エネルギーを持つ粒子の性質について説明してきた。しかし、すべての粒子に質量があるわけではない。たとえば、光子がそうだ。質量のない粒子は少し奇妙なところがある。式(3.37)は、エネルギーが$m/\sqrt{1-v^2}$であることを教えてくれる。しかし、質量のない粒子の速度はどれくらいか。それは1だ[10]。さて困った。しかし、分子と分母の両方が0なので、それほど問題ではないかもしれない。それだけでは答えはわからないが、少なくともまだ交渉の余地がある。

この「ゼロ割るゼロ」の難問には、小さな知恵の種が隠されている。質量ゼロの粒子はどれも同じ速度で動くため、粒子のエネルギーを速度に基づいて考えるのは適切ではない。しかし、同じ速度で動いているのに違うエネルギーを持つことなど、はたしてあるのだろうか。答えはイエスだ。その理由はゼロ割るゼロが不定だからである。

質量のない粒子を速度で区別できないのなら、代わりにどうすればよいか。エネルギーは運動量の関数として書くことができる[11]。実際、非相対論的力学では、粒子の運動エネルギーを書くときに、この方法をよく用いる。

---

10 訳者注：式(3.37)をvについて解けば、$m=0$のとき$v=1$であることがすぐにわかる。

11 実際、どのような粒子でもこのように考えることができる

$$E = \frac{1}{2} mv^2$$

を別の書き方で書くと、

$$E = \frac{p^2}{2m}$$

となる。運動量から相対論的なエネルギー表現を求めるには、U^0, U^x, U^y, U^zが完全に独立ではないことを利用するのが簡単だ。これらの関係は3.2節で調べたとおりである。式(3.10)を展開し、とりあえず$c = 1$とすると、次のようになる。

$$(U^0)^2 - (U^x)^2 - (U^y)^2 - (U^z)^2 = 1$$

運動量の成分は、質量の因子を除いて4元速度の成分と同じであり、上式にm^2を掛けると

$$m^2 (U^0)^2 - m^2 (U^x)^2 - m^2 (U^y)^2 - m^2 (U^z)^2 = m^2 \tag{3.41}$$

となる。最初の項は$(P^0)^2$である。しかし、P^0そのものは単なるエネルギーであり、式(3.41)の左辺にある残りの3つの項は、4元運動量のx, y, z成分である。つまり、式(3.41)を次のように書き直すことができる。

$$E^2 - P^2 = m^2 \tag{3.42}$$

式(3.10)と式(3.42)が等価であることがわかる。式(3.10)の項は4元速度の成分であり、式(3.42)の項は4元運動量の成分である。式(3.42)をEについて解くと

$$E = \sqrt{P^2 + m^2} \tag{3.43}$$

となる。ここで、光の速度をこの式に戻して、従来の単位ではどうなるかを見てみよう。導出は読者に任せるとして、次式になる。

$$E = \sqrt{P^2 c^2 + m^2 c^4} \tag{3.44}$$

これは欲しかった結果である。式(3.44)は運動量と質量でエネルギーを与えている。この式は、質量が0でも0でなくても、すべての粒子を記述している。この式から、質量が0になったときの極限がすぐにわかる。光子のエネルギーを速度で表すと面倒なことになるが、運動量で表すとまったく問題ではないのだ。式(3.44)は、質量がゼロの場合、どのようになるだろうか。$m = 0$のとき、平方根の第2項はゼロになり、P^2c^2の平方根はPの大きさにcを掛けたものになる。なぜ(Pベクトルではなく)Pの大きさなのか。式の左辺はEであり、実数である。したがって、右辺も実数でなければならないからだ。これをまとめると、次の簡単な式になる。

$$E = c\,|P| \tag{3.45}$$

質量ゼロの粒子のエネルギーは基本的に運動量ベクトルの大きさだが、次元の一貫性を保つため、光速を掛けている。式(3.45)は光子に対して成り立つ。小さな質量を持つニュートリノにもほぼ当てはまる。しかし光速よりもかなり遅い速度で動く粒子に対しては成り立たない。

3.5.3 例：ポジトロニウム崩壊

質量ゼロの粒子のエネルギーの書き方がわかったので、簡単で面白い問題を解いてみよう。電子と陽電子が互いの周りを回るポジトロニウムという粒子がある。これは電気的に中性で、その質量はおよそ電子2個分である[12]。

陽電子は電子の反粒子であり、ポジトロニウム原子をしばらく放置しておくと、この２つの反粒子が対消滅して２つの光子を発生させる。ポジトロニウムは消滅し、2つの光子は互いに反対方向に飛び去る。つまり、質量がゼロでない中性のポジトロニウム粒子は、純粋な電磁エネルギーに変わるのである。この2つの光子のエネルギーと運動量は計算できるだろうか。

これは、非相対論的物理学ではまったく意味をなさない。非相対論的物理学では、粒子の質量の合計はつねに不変である。化学反応は起きるときも、ある化学物質が別の化学物質に変化する。しかし、もしあなたがその系の重さを測れば、つまりその質量を測れば、通常の質量の合計は決して変わらない。しかし、ポジトロニウムが崩壊して光子になると、通常の質量の和は変化する。ポジトロニウム粒子は有限の（ゼロではない）質量を持ち、それに代わる2つの光子は質量を持たない。正しい規則は、「質量の和は保存する」ではなく、「エネルギーと運動量が保存する」である。まずは運動量保存について考えてみよう。

ポジトロニウム粒子が、あなたの基準座標系で静止しているとする[13]。この座標系におけるポジトロニウムの運動量は、静止しているのでゼロである。ここでポジトロニウム原子が2つの光子に崩壊したとする。最初の結論は、光子は（大きさが）等しく反対の運動量で、反対方向に、背中合わせに飛んでいくということである。もし反対方向に進まなければ、全体の運動量はゼロにならないことは明らかだろう。最初の運動量がゼロであったので、最終的な運動量もゼロでなければならない。つまり、右方向に

12　興味深いことに、ポジトロニウム粒子の質量は、それを構成する電子と陽電子の質量の和よりもわずかに小さい。なぜだろうか。それは、粒子が束縛されているからである。ポジトロニウムには、それを構成する粒子の運動による運動エネルギーがあり、それが質量を増加させる。しかし、それ以上に大きな負のポテンシャルエネルギーがある。負のポテンシャルエネルギーが正の運動エネルギーを上回るのだ。

13　そうでない場合は、移動して、ポジトロニウムが静止している基準座標系に行くだけだ。

動く光子は運動量Pで飛び出し、左方向に動く光子は運動量$-P$で飛び出す[14]。

ここで、エネルギー保存の原理を利用する。ポジトロニウム原子を秤に載せて、その質量を測る。静止状態では、ポジトロニウムのエネルギーはmc^2に等しい。エネルギーは保存されるので、この量は2つの光子の合計のエネルギーに等しくなければならない。これらの光子の運動量は同じ大きさなので、それぞれの光子はもう一方の光子と同じエネルギーを持っているはずだ。式(3.45)を用いると、このエネルギーとmc^2を等しいと置くと、

$$mc^2 = 2\,c\,|P|$$

を得る。$|P|$について解くと、

$$|P| = \frac{mc}{2}$$

となる。それぞれの光子は、絶対値が$mc/2$の運動量を持つのだ。

これが、質量がエネルギーに変化するメカニズムである。もちろん、崩壊前も質量はつねにエネルギーであるが、静止エネルギーとして凍結された形であった。ポジトロニウム原子が崩壊すると、2つの光子が出てくる。この光子はいろいろなものに衝突していく。光子は大気を熱したり、電子に吸収されたり、電流を発生させたりする。保存されるのはエネルギーの総量であり、粒子の個々の質量ではないのだ。

14　この2つの光子がどのような方向に進むかは、反対方向に進むということ以外、実際にはわからない。2つの光子を結ぶ線は、量子力学のルールにしたがって、ランダムな方向を向いている。しかし、光子が「選んだ」運動の方向を我々のx軸と決めることに何の問題もない。

第**4**章

古典場の理論

野球のワールドシリーズの時期がやってきた。バー「ヘルマンの隠れ家」は、試合を観戦するファンでいっぱいだ。アートは遅れてやってきて、レニーの隣の椅子に腰を下ろした。

アート：「外野の連中は何て名前？[1]」

レニー：「古典場にいる連中だよ。量子場にあるもの、だよ。」

アート：「レニー、さっきも聞いたけど、量子場には誰がいるんだ？」

レニー：「古典場にいる人だってば。」

アート：「それを聞いているんだよ。じゃあこの質問にしよう。電場はどう？」

レニー：「電場にいる人の名前を知りたいのか。」

アート：「当然だよ。」

レニー：「当然（ナチュラリー）？　いや、ナチュラリーは磁場にいるよ。」

1　訳者注：外野（英語でアウトフィールド）と場（英語でフィールド）をかけている。

これまで、粒子の相対論的な運動に焦点をあててきた。本章では、場の理論を紹介する。ただし、量子場の理論ではなく、古典場の理論だ。ところどころ、量子力学との接点があるかもしれないので、そのときは指摘することにする。しかし、ほとんどの場合は古典場の理論にこだわる。

皆さんがもっともよくご存知の場の理論は、おそらく電場と磁場の理論だろう。これらの場はベクトル量である。大きさだけでなく、空間における方向で特徴づけられる。ここでは、もう少し簡単な「スカラー場」から始めよう。スカラーとは、ご存知のように、大きさを持ち、方向を持たない数である。ここで考える場は、素粒子物理学で重要なスカラー場と似ている。どれがそれに当たるのか、先に進むにつれてわかるだろう。

4.1 場と時空

まず、時空から始める。時空はつねに1つの時間座標といくつかの空間座標を持っている。原理的には、任意の数の時間座標と任意の数の空間座標で物理を研究することができる。しかし、物理の世界では、時空が10次元、11次元、26次元の理論であっても、時間次元はつねに1つだけである。誰も2つ以上の時間次元を論理的に理解する方法を知らないのだ。

空間座標をX^i、時間座標をtと呼ぶことにしよう。場の理論ではX^iは自由度ではなく、空間の点に付けたラベルにすぎないことに注意してほしい。時空の事象は(t, X^i)とラベル付けされる。添字iは空間座標の数だけ値を取りうる。

当然のことながら、場の理論の自由度は「場」である。場とは、空間内の位置に依存し、時間によって変化する測定可能な量である。一般によく知られている物理の例を挙げればきりがない。たとえば、大気の温度は場所や時間によって変化する。表記としては、$T(t, X^i)$が考えられる。これは構成要素が1つの数値だけなので、スカラー場と呼ばれる。風速は方向があるのでベクトル場であり、これも空間と時間によって変化する。

数学的には、場は空間と時間の関数として表現される。この関数をギリシャ文字のϕで表記することが多い。

$$\phi(t, X^i)$$

場の理論では、時空は$(3+1)$次元であるとよく言われるが、これは空間が3次元、時間が1次元であることを意味する。より一般的な場合として、他の数の空間次元を持つ時空の場を研究することに興味があることもあるだろう。時空がd個の空間次元を持つなら、それを$(d+1)$次元と呼ぶ。

4.2 場と作用

先に述べたように、最小作用の原理は物理学のもっとも基本的な原理の1つであり、既知の物理法則のすべてを支配している。この原理がなければ、エネルギーの保存はもちろん、我々が書き下した方程式の解の存在さえも信じることができないだろう。また、我々は作用原理に基づいて場を研究することになる。場を支配する作用原理は、粒子に対する作用原理の一般化である。そこで、場を支配する作用原理と粒子を支配する作用原理を並行して調べ、比較しながら話を進めていく。この比較を簡単にするために、まず、非相対論的な粒子の作用原理を場の言葉で言い直すことにしよう。

4.2.1 非相対論的な粒子の再編成

非相対論的粒子の理論に少し戻ることにするが、それはスピードの遅い粒子に興味があるからではなく、その数学が場の理論と似ているからである。実際、ある形式的な意味では、この理論は単純な場の理論の一種である。ただしそれは、空間次元が0次元で、(いつものように)時間次元が1次元の時空間を考えることに相当している。

この状況を理解するために、x軸に沿って動く粒子を考えてみよう。通常、粒子の運動は軌道$x(t)$で表される。しかし、理論の内容はそのまま

図4.1　非相対論的粒子の軌道

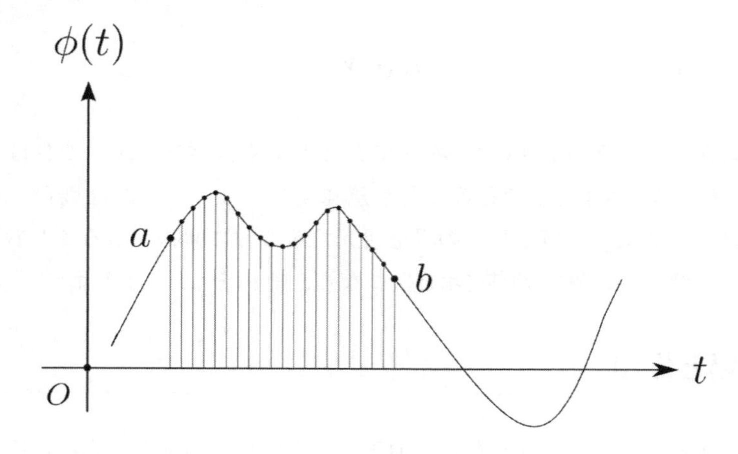

に表記を変えることは自由なので、粒子の位置をϕと呼ぼう。つまり$x(t)$の代わりに、$\phi(t)$で軌道を記述するのだ。

$\phi(t)$という記号の意味を捉えなおし、スカラー場を表すのに使うとしよう。これは、$\phi(t, X^i)$の特殊な場合、すなわち空間次元がない場合に当たる。つまり、空間1次元の素粒子論は空間0次元のスカラー場論と同じ数学的構造を持つ。物理学者は、一個の粒子の理論を$(0+1)$次元の場の理論と呼ぶことがあるが、その1次元は時間である。

図4.1は、非相対論的粒子の運動を示したものである。横軸を時間にしているのは、tが独立したパラメータであることを強調するためである。縦軸には時間tにおける粒子の位置をプロットし、それを$\phi(t)$と呼ぶ。この曲線$\phi(t)$は粒子の運動の履歴を表している。ここから、各時刻の位置ϕがわかる。図にあるように、ϕは負にも正にもなる。この軌道を最小作用の原理で特徴づけることにしよう。

思い出してほしいのだが、作用は、あるラグランジアン$\mathcal{L}$の初期時刻aから最終時刻bまでの積分として定義される。

$$作用 = \int_a^b \mathcal{L}\, dt$$

非相対論的粒子の場合、ラグランジアンは単純で、運動エネルギーからポテンシャルエネルギーを差し引いたものだ。運動エネルギーは通常$\frac{1}{2}mv^2$で表されるが、新しい表記法では速度を表すvの代わりに$\dot{\phi}$または$\frac{d\phi}{dt}$と書く。この表記法では、運動エネルギーは$\frac{1}{2}m\dot{\phi}^2$、つまり$\frac{1}{2}m\left(\frac{d\phi}{dt}\right)^2$になる。ここで、質量$m$を1として、少し簡略化する。つまり、運動エネルギーは

$$運動エネルギー = \frac{1}{2}\left(\frac{d\phi}{dt}\right)^2$$

と書ける。ポテンシャルエネルギーはどうだろうか。この例では、ポテンシャルエネルギーは単に位置の関数であり、言い換えればϕの関数であり、これを$V(\phi)$と書くことにする。運動エネルギーから$V(\phi)$を引くと、次のようなラグランジアンが得られる。

$$\mathcal{L} = \frac{1}{2}\left(\frac{d\phi}{dt}\right)^2 - V(\phi) \tag{4.1}$$

そして作用積分は

$$作用 = \int_a^b \left[\frac{1}{2}\left(\frac{d\phi}{dt}\right)^2 - V(\phi)\right] dt \tag{4.2}$$

となる。古典力学で知られているように、オイラー・ラグランジュ方程式は作用積分を最小化する方法を教えてくれる。そこから粒子の運動方程式

が得られる[2]。この例の場合は、オイラー・ラグランジュ方程式は

$$\frac{d}{dt}\frac{\partial \mathcal{L}}{\partial \dot{\phi}} = \frac{\partial \mathcal{L}}{\partial \phi}$$

であり、この方程式を式(4.1)のラグランジアンに適用するのが我々の仕事である。まず、$\mathcal{L}$を$\left(\frac{d\phi}{dt}\right)$で微分したものを書き出してみよう。

$$\frac{\partial \mathcal{L}}{\partial\left(\frac{d\phi}{dt}\right)} = \frac{d\phi}{dt}$$

次に、オイラー・ラグランジュ方程式はこの結果を時間微分するように指示している。

$$\frac{d}{dt}\frac{\partial \mathcal{L}}{\partial\left(\frac{d\phi}{dt}\right)} = \frac{d^2\phi}{dt^2}$$

これでオイラー・ラグランジュ方程式の左辺が完成した。次に右辺である。もう一度、式(4.1)を参照すると、次のようになる。

$$\frac{\partial \mathcal{L}}{\partial \phi} = -\frac{\partial V(\phi)}{\partial \phi}$$

最後に、左辺と右辺を等しいと置くと、次式が得られる。

$$\frac{d^2\phi}{dt^2} = -\frac{\partial V(\phi)}{\partial \phi} \tag{4.3}$$

この式は見慣れたものだろう。これは粒子の運動に関するニュートンの方程式にすぎない。右辺が力、左辺が加速度である。質量を1にしなければ、ニュートンの第二法則$F = ma$そのものだ。

2　この例の場合は変数がϕと$\dot{\phi}$しかないので、オイラー・ラグランジュ方程式は1つだけである。

オイラー・ラグランジュ方程式からは、粒子が2つの固定点aとbの間をたどる軌道を求める問題の解が得られる。これは、2つの固定端点を結ぶ最小作用の軌道を求めることと等しい[3]。

ご存知のように、これにはもう１つの考え方がある。図4.1に間隔の狭い縦線をたくさん引いて、時間軸をたくさんの小さな断片に分割しよう。作用を積分として考えるのではなく、単に項の和として考えてみるのだ。これらの項は何に依存しているのだろうか。各時刻における$\phi(t)$とその微分の値に依存する。言い換えれば、全作用は、単に$\phi(t)$の多くの値の関数である。ϕの関数はどのように最小化すればよいのだろうか。ϕで微分すればよい。これこそ、オイラー・ラグランジュ方程式が行っていることである。別の言い方をすれば、これらの点を移動させて作用が最小になる軌道を見つけるという問題の解がオイラー・ラグランジュ方程式なのである。

4.3 場の理論の原理

これまで、空間次元のない世界での場の理論について学んできた。この例に基づいて、我々が住んでいるような、空間次元が1つ以上ある世界の理論について、直感的に考えてみよう。場の理論（つまり世界全体）が作用原理によって支配されていることを前提に考える。停留作用は、膨大な数の物理法則を記号化し、要約する強力な原理である。

4.3.1 作用原理

場の作用原理を定義する。1次元で動く粒子（図4.1）に対して、時間軸に沿った境界として、２つの固定した端点a、bを選んだ。そして、この2つの境界点を結ぶすべての軌道を考え、作用が最小になるような特定の曲

3 「最低」とか「最小」などの言葉をよく使うが、実際には「停留点」を意味しており、最大と最小の両方がありうる。

線を探した（これは、2点間の最短距離を探すことに似ている）。このように、最小作用の原理は、境界点aとbの間の$\phi(t)$の値をどのように埋めるべきかを教えてくれる。

場の理論の問題は、この境界の間のデータを埋めるという考えを一般化したものである。まず、時空を4次元の箱に見立てる。それを構築するために、3次元の空間の箱（たとえば、立方体の中の空間）を取り出して、ある一定の時間、その箱を考えてみる。そうすると、4次元の時空の箱ができあがる。図4.2では、このような時空の箱を、空間が2方向だけであるように描いている。

場の理論の一般的な問題は、次のように表現できる。時空の箱の境界上のいたるところにϕの値が与えられているとき、そこから箱の中のいたるところにある場の値を決定するのだ。このゲームのルールは、粒子の場合と似ている。作用の式が必要だが（この後ですぐに出てくる）、ここでは、箱の中の場のあらゆる配置に対して作用がわかっているとする。最小作用の原理は、もっとも小さい作用を与える特定の関数$\phi(t, x, y, z)$を見つけるまで、場をいろいろ変えてみるように指示している。

図4.2　最小作用の原理を適用するための時空領域の境界。2つの空間次元のみを描いている。

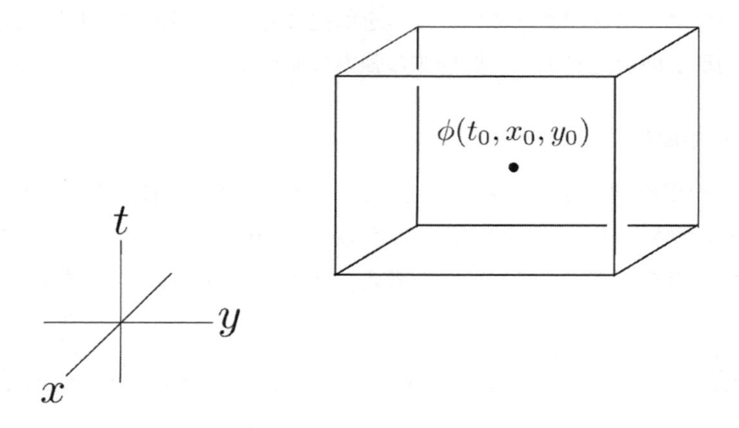

粒子運動の場合、作用は無限小の時間区間ごとに少しずつ加算していくことで構成された。これは、図4.1の境界点aとbの間の時間間隔に対する積分を与えている。場の理論でこれを自然に一般化するには、小さな時空間セル上の和として作用を構築すればよい。言い換えれば、図4.2の時空間ボックスにわたる積分である。

$$\text{作用} = \int \mathcal{L}\ dt\ dx\ dy\ dz$$

ここではまだラグランジアン$\mathcal{L}$を指定していない。しかし相対論では、これら4つの座標はそれぞれ時空の一部であり、同等に考えることができるようになった。空間と時間の区別をなくすために、4つの座標に同じような名前をつけてX^{μ}と呼ぶが、μという指標は4つの座標すべてにわたっており、上の積分は

$$\text{作用} = \int \mathcal{L} d^4x$$

と書くのが普通である。

4.3.2 ϕの停留作用

ある場に対するラグランジアン$\mathcal{L}$は、時間だけでなく空間に対しても積分されるので、ラグランジュ密度と呼ばれることもある[4]。

$\mathcal{L}$はどのような変数に依存しているのだろうか。非相対論的粒子の話に少し戻ろう。ラグランジアンは粒子の座標と速度に依存する。今まで使ってきた表記法を用いれば、ラグランジアンはϕと$\left(\frac{\partial \phi}{\partial t}\right)$に依存する。ミンコフスキーの時空概念に触発されてこれを自然に一般化すると、$\mathcal{L}$はϕと

4　これは単に次元の一貫性の問題である。粒子の運動と違い、場の作用積分は、dtだけでなく$dxdydz$についても積分する。場に対する作用が粒子に対する作用と同じ単位を持つためには、ラグランジアンはエネルギーを体積で割った次元を持たなければならない。だから密度と呼ばれるのだ。

ϕのあらゆる座標に関する偏微分とに依存することになる。つまり、$\mathcal{L}$は

$$\phi,\ \frac{\partial\phi}{\partial t},\frac{\partial\phi}{\partial x},\frac{\partial\phi}{\partial y},\frac{\partial\phi}{\partial z}$$

に依存するのだ。したがって

$$作用 = \int \mathcal{L}\left(\phi,\frac{\partial\phi}{\partial X^{\mu}}\right)d^4x$$

である。ここで添字μは時間座標と3つの空間座標を表わす。この作用積分では、$\mathcal{L}$をt、x、y、zに明示的に依存するように書いていない。しかし、問題によっては、$\mathcal{L}$がこれらの変数に依存することもある。粒子の運動のラグランジアンが明示的に時間に依存することがあるのと同じである。ただし、閉じた系、つまりエネルギーと運動量が保存されている系では、$\mathcal{L}$は時間にも空間位置にも明示的に依存しない。

通常の古典力学と同様に、ϕを変化させ、作用を最小化することで運動方程式を導出する。本シリーズ第一巻では、このϕを変化させた結果は、オイラー・ラグランジュ方程式と呼ばれる特殊な一連の方程式を適用すると得られることを示した。粒子の運動に対しては、オイラー・ラグランジュ方程式は次のような形をとる。

$$\frac{d}{dt}\frac{\partial\mathcal{L}}{\partial\left(\dfrac{\partial\phi}{\partial t}\right)}-\frac{\partial\mathcal{L}}{\partial\phi}=0 \tag{4.4}$$

多次元時空の場合、オイラー・ラグランジュ方程式はどうなるだろうか。上式の左辺の各項をよく見てみよう。時空の4方向すべてを取り込むために、式(4.4)を修正する必要がある。最初の項は、すでに時間方向については記述しているが、時空の各方向について1つずつの項が必要である。したがって、式(4.4)を次のように置き換えるのが正しい。

$$\sum_{\mu} \frac{\partial}{\partial X^{\mu}} \frac{\partial \mathcal{L}}{\partial\left(\frac{\partial \phi}{\partial X^{\mu}}\right)} - \frac{\partial \mathcal{L}}{\partial \phi} = 0 \tag{4.5}$$

和の中の第1項は、まさに

$$\frac{\partial}{\partial t} \frac{\partial \mathcal{L}}{\partial\left(\frac{\partial \phi}{\partial t}\right)}$$

であり、式(4.4)の第1項と似ていることは明らかである。他の3つの項は、同様の空間微分であり、時間だけでなく空間の項も表記することで、時空間の特徴を与えている。

式(4.5)は単一スカラー場に対するオイラー・ラグランジュ方程式である。これからわかるように、これらの方程式はϕの波動的な振動を記述する波動方程式と密接な関係がある。

粒子の力学でもそうだが、自由度が1つだけでない場合がある。場の理論の場合、それは複数の場を意味する。ここでは、2つの場ϕとχがあると仮定して、作用は両方の場とその微分に依存するとする。

$$\phi, \frac{\partial \phi}{\partial X^{\mu}}$$

$$\chi, \frac{\partial \chi}{\partial X^{\mu}}$$

これら2つの場がある場合、それぞれの場に対してオイラー・ラグランジュ方程式が存在するはずである。

$$\sum_{\mu} \frac{\partial}{\partial X^{\mu}} \frac{\partial \mathcal{L}}{\partial\left(\frac{\partial \phi}{\partial X^{\mu}}\right)} - \frac{\partial \mathcal{L}}{\partial \phi} = 0$$

$$\sum_{\mu} \frac{\partial}{\partial X^{\mu}} \frac{\partial \mathcal{L}}{\partial\left(\frac{\partial \chi}{\partial X^{\mu}}\right)} - \frac{\partial \mathcal{L}}{\partial \chi} = 0 \tag{4.6}$$

より一般的には、複数の場があれば、それぞれの場に対してオイラー・ラグランジュ方程式が存在することになる。

ちなみに、今回の例ではスカラー場の解説をしているが、これまでのところ、ϕがスカラーでなければならないようなことは一切言っていない。ベクトル場の場合は、成分が増え、その成分ごとにオイラー・ラグランジュ方程式が生成されるだけである。

4.3.3 オイラー・ラグランジュ方程式の詳細

非相対論的粒子に対する式(4.1)のラグランジアンは、

$$\frac{1}{2}\left(\frac{d\phi}{dt}\right)^2$$

に比例する運動エネルギー項と、ポテンシャルエネルギー項

$$-V(\phi)$$

を含んでいる。場の理論への一般化も同様であると考えられる。そこで、運動エネルギー項に時間微分だけでなく空間微分も加えよう。

$$\mathcal{L} = \frac{1}{2}\left[\left(\frac{\partial\phi}{\partial t}\right)^2 + \left(\frac{\partial\phi}{\partial x}\right)^2 + \left(\frac{\partial\phi}{\partial y}\right)^2 + \left(\frac{\partial\phi}{\partial z}\right)^2\right] - V(\phi)$$

しかし、この推測には明らかな間違いがある。空間と時間がまったく同じように入っているのだ。相対性理論でも、時間は空間と完全に対称ではないし、普通の経験でも両者は異なることがわかる。相対性理論から得られる1つのヒントは、固有時の表現にある空間と時間の符号の違いである。

$$d\tau^2 = dt^2 - dx^2 - dy^2 - dz^2$$

この後で、微分 $\dfrac{\partial\phi}{\partial X^\mu}$ が4元ベクトルの成分を形成すること、および

$$\left(\frac{\partial\phi}{\partial t}\right)^2 - \left(\frac{\partial\phi}{\partial x}\right)^2 - \left(\frac{\partial\phi}{\partial y}\right)^2 - \left(\frac{\partial\phi}{\partial z}\right)^2$$

はローレンツ不変量を定義していることがわかる。このことから、(微分の) 2乗和を2乗差に置き換えればよいことがわかる。後にローレンツ不変性を再び論じるところで、なぜこれが理にかなっているかがわかる。この修正を施したラグランジアン

$$\mathcal{L} = \frac{1}{2}\left[\left(\frac{\partial\phi}{\partial t}\right)^2 - \left(\frac{\partial\phi}{\partial x}\right)^2 - \left(\frac{\partial\phi}{\partial y}\right)^2 - \left(\frac{\partial\phi}{\partial z}\right)^2\right] - V(\phi) \quad (4.7)$$

を我々の場の理論のラグランジアンとする。また、これをプロトタイプと見なすこともできる。この後、これと似たようなラグランジアンから他の理論を構築することになる。

関数$V(\phi)$は場のポテンシャルと呼ばれる。これは粒子のポテンシャルエネルギーのようなものだ。より正確には、空間の各点におけるエネルギー密度(単位体積あたりのエネルギー)であり、その点における場の値に依存する。関数$V(\phi)$は状況によっていろいろな形を取り、重要なケースにおいては、実験から推測されることもある。そのケースについては4.5.1節で説明する。今のところは$V(\phi)$はϕの任意の関数と考えてよい。

このラグランジアンを使って、運動方程式を順を追って考えてみよう。式(4.5)のオイラー・ラグランジュ方程式が、手順を教えてくれる。この方程式の添字μは0, 1, 2, 3の値をとることができる。添字のこれらの値はそれぞれ、場の微分方程式の中で異なる項を生成する。以下に手順を示す。

ステップ1：

最初に添字μを0としよう。つまり、X^μは時間座標に対応するX^0として計算を始める。$\mathcal{L}$を$\frac{\partial\phi}{\partial t}$で微分すると、次の簡単な結果が得られる。

$$\frac{\partial \mathcal{L}}{\partial\left(\dfrac{\partial \phi}{\partial t}\right)} = \frac{\partial \phi}{\partial t}$$

式(4.5)から、もう1回微分するように指示されている。

$$\frac{\partial}{\partial X^0} \frac{\partial \mathcal{L}}{\partial\left(\dfrac{\partial \phi}{\partial t}\right)} = \frac{\partial^2 \phi}{\partial t^2}$$

この $\dfrac{\partial^2 \phi}{\partial t^2}$ という項は、粒子の加速度に相当するものである。

ステップ2：

次に添字 μ を1にすると、X^μ は X^1 となり、単なる x 座標となる。$\mathcal{L}$ を $\dfrac{\partial \phi}{\partial x}$ で微分すると

$$\frac{\partial \mathcal{L}}{\partial\left(\dfrac{\partial \phi}{\partial x}\right)} = -\frac{\partial \phi}{\partial x}$$

となり、

$$\frac{\partial}{\partial x} \frac{\partial \mathcal{L}}{\partial\left(\dfrac{\partial \phi}{\partial x}\right)} = \frac{\partial}{\partial x}\left(-\frac{\partial \phi}{\partial x}\right) = -\frac{\partial^2 \phi}{\partial x^2}$$

となる。y 座標と z 座標についても、μ をそれぞれ2、3に設定すると同様の結果が得られる。

ステップ3：

ステップ1、2を使って式(4.5)を書き換える。

$$\frac{\partial^2 \phi}{\partial t^2} - \frac{\partial^2 \phi}{\partial x^2} - \frac{\partial^2 \phi}{\partial y^2} - \frac{\partial^2 \phi}{\partial z^2} + \frac{\partial V}{\partial \phi} = 0 \tag{4.8}$$

いつものように、従来の単位を使いたい場合は、cの係数を元に戻す必要がある。これは簡単であり、運動方程式は次のようになる。

$$\frac{1}{c^2}\frac{\partial^2\phi}{\partial t^2}-\frac{\partial^2\phi}{\partial x^2}-\frac{\partial^2\phi}{\partial y^2}-\frac{\partial^2\phi}{\partial z^2}+\frac{\partial V}{\partial\phi}=0 \tag{4.9}$$

4.3.4 波と波動方程式

古典場の理論で記述される現象の中で、もっとも一般的で理解しやすいのは波の伝播である。音波、光波、水波、ギターの弦を振動させる波だ。これらはすべて似たような方程式で記述され、当然のことながら波動方程式と呼ばれる。このように場の理論と波動の関係は、物理学でもっとも重要なものの1つなのである。それでは、波動方程式を探ってみよう。

式(4.9)はニュートンの運動方程式(式(4.3))

$$\frac{d^2\phi}{dt^2}=-\frac{\partial V(\phi)}{\partial\phi}$$

を一般化したものである。$\frac{\partial V(\phi)}{\partial\phi}$という項は、場に働く一種の力を表し、力のかかっていない自然な状態から場を変える効果がある。粒子の場合、力のかかっていない運動は一様な等速運動である。場の場合は、音波や電磁波のような波動が力のかかっていない運動の例である。これを見るために、式(4.9)を2つの点で単純化する。まず、$V(\phi)=0$として力の項を削除する。次に、3次元の空間ではなく、xという1つの空間方向だけの方程式を扱うことにする。こうして式(4.9)は、より単純な$(1+1)$次元の波動方程式の形になる。

$$\frac{1}{c^2}\frac{\partial^2\phi}{\partial t^2}-\frac{\partial^2\phi}{\partial x^2}=0 \tag{4.10}$$

以下でこの方程式の解を考える。ここで$(x+ct)$という組み合わせの任意の関数を考えよう。この関数を$F(x+ct)$と呼ぶことにする。この関数をxとtで微分することを考える。その微分が以下の関係を満たすことは容易に確かめられる。

$$\frac{\partial F(x+ct)}{\partial t} = c\,\frac{\partial F(x+ct)}{\partial x}$$

同じルールをもう一度適用すると、

$$\frac{\partial^2 F(x+ct)}{\partial t^2} = c^2\,\frac{\partial^2 F(x+ct)}{\partial x^2}$$

または

$$\frac{1}{c^2}\,\frac{\partial^2 F(x+ct)}{\partial t^2} - \frac{\partial^2 F(x+ct)}{\partial x^2} = 0 \tag{4.11}$$

となる。式(4.11)は、関数Fに対する式(4.10)の波動方程式にほかならない。我々は、波動方程式の一連の解を見つけた。$(x+ct)$という組み合わせの任意の関数が解なのだ。

$F(x+ct)$のような関数はどのような性質を持っているだろうか。時刻$t=0$では、それは単なる関数$F(x)$である。時間が経つにつれて、この関数は変化するが、その変化は単純だ。左方向(xの負の方向)に速度cで移動するのである。F(ここではϕと書く)を波数kの正弦関数とする例で考えてみよう。

$$\phi(t,x) = \sin k(x+ct)$$

これは左方向に速度cで動く正弦波である。波束やパルスの他に余弦解もある。これらは速度cで左に等速で移動するかぎり、波動方程式(式(4.10))の解である。

右に進む波についてはどうだろうか。これも式(4.10)で記述されるのだろうか。答えはイエスだ。$F(x+ct)$ を右向きの波に変えるには、$x+ct$ を $x-ct$ に置き換えるだけでよいのである。$F(x-ct)$ の形の関数が右へ等速運動し、式(4.10)を満たすことの確認は、読者に任せよう。

4.4 相対論的な場

我々が粒子の理論を構築したとき、停留作用の原理に加えて、2つの原理を用いた。まず、作用はつねに積分で与えられるということである。粒子の場合、これは軌道に沿った積分である。場の場合は、作用を時空間の積分として再定義することで、この問題に対処した。第二に、作用は不変量でなければならないという原理である。どの基準座標系でもまったく同じ形になるように、物理量から組み立てなければならないのである。

粒子の場合、この点をどのように扱っただろうか。軌道をたくさんの小さな区間に分割し、それぞれの区間の作用を計算する。そしてそれらの小さな作用要素をすべて足し合わせることによって作用を作り上げた。そしてこの作業の極限を取り、各区間の大きさをゼロに近づけ、和を積分にしたのである。肝心なのは、次の点だ。1つの区間の作用を定義するとき、軌道に沿った固有時という不変量を選んだ。すべての観測者にとって、それぞれの小さな区間の固有時は同じ値なので、それらをすべて足したときの値についても同じ値として観測される。その結果、停留作用の原理を使って導いた運動方程式は、どの基準座標系でもまったく同じ形になる。粒子の力学法則は不変なのだ。すでに4.3.3節で場のための方法に言及したが、今度は場の理論におけるローレンツ不変性について本格的に考えてみたい。

そのためには、場から不変量を生成し、それを用いて不変な作用積分を構成する方法を見つける必要がある。これには場の変換特性に関する明確な概念が求められる。

4.4.1 場の変換特性

駅にいるアートと電車に乗ったレニーがすれ違う場面に話を戻そう。二人は同じ事象を目にするが、アートはこれを(t, x, y, z)と呼び、レニーは(t', x', y', z')と呼ぶ。二人は場を検出する特殊な装置を持っており、それを使って場ϕの値を記録する。もっとも単純な場として考えられるものは、二人がまったく同じ結果を得られるような場である。アートが測定する場を$\phi(t, x, y, z)$、レニーが測定する場を$\phi'(t', x', y', z')$と呼ぶと、もっとも簡単な変換法則は次のようになる。

$$\phi'(t', x', y', z') = \phi(t, x, y, z) \tag{4.12}$$

つまり、時空のどの点においても、アートとレニーは、その点での場ϕについて同じ値を観測するのである。

このような性質を持つ場をスカラー場と呼ぶ。スカラー場の考え方は、図4.3に示すとおりである。座標(t', x')と(t, x)はどちらも時空の同じ点を表していることに注意してほしい。図4.3はこの点を中心に考えている。ダッシュ記号の付いていない座標は、アートの座標系における時空の位置を表している。ダッシュ記号付きの軸はレニーの座標系における時空の位置を表している。$\phi(t, x)$はアートの場の名前である。レニーはダッシュ記号付きの観察者なので、同じ場を$\phi'(t', x')$と呼ぶ。しかし、いずれにしてもこれは同じ場だ。したがって時空の同じ点において同じ値を取る。このように、時空のある点におけるスカラー場の値は不変なのだ。

すべての場がスカラーであるとはかぎらない。ここでは、通常の非相対論的な物理学として、風速を例に取ろう。風速は3つの成分を持つベクトルである。軸の向きが異なる観測者たちは、その成分の値について意見が一致することはない。アートとレニーでは、確かに一致しないのだ。アートの座標系では空気が静止していても、レニーが窓から顔を出すと大きな風速が検出されるというわけである。

次に、4元ベクトル場を考えよう。すでに述べたように、風速が良い例

図4.3　変換を表す。場 ϕ と ϕ' はどちらも時空の同じ点を見ている。2つの場はこの点で同じ値を持つ。変位 dX^μ と $(dX')^\mu$ は両方とも同じ時空の変位を見ているが、ダッシュ記号付きの成分はダッシュ記号のない成分とは異なっており、両者はローレンツ変換によって結びついている。

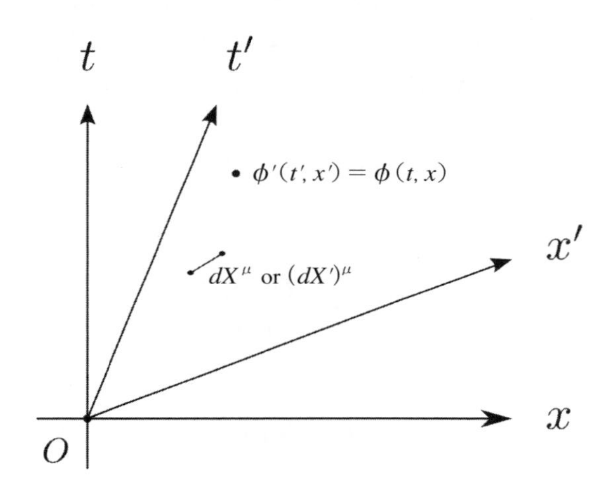

だ。風速は、アートの座標系では、次のように定義される。時空の点 (t, x, y, z) で、空気分子の速度の局所成分 dX^i/dt を測定し、それをその点に記録する。その結果、次のような成分を持つ3元ベクトル場が得られる。

$$V^x(t, x, y, z),\ V^y(t, x, y, z),\ V^z(t, x, y, z)$$

しかし、相対論的な理論では、空気分子の速度を相対論的に表現する必要があることは、すでにおわかりだろう。$V^i = dX^i/dt$ ではなく、$U^\mu = dX^\mu/d\tau$ で表現するのだ。相対論的風速を時空間に割り当てていくと、

$$U^\mu(t, x, y, z)$$

または

$$U^{\mu}(X^0, X^1, X^2, X^3)$$

となり、4元ベクトル場が定義される。

アートから見た相対論的な風速が与えられたところで、レニーの座標系における風速の成分を考えてみよう。4元速度は4元ベクトルなので、先に書いたローレンツ変換(式(2.15))から答えは出ている。

$$(U')^0 = \frac{U^0 - vU^1}{\sqrt{1-v^2}}$$

$$(U')^1 = \frac{U^1 - vU^0}{\sqrt{1-v^2}}$$

$$(U')^2 = U^2$$

$$(U')^3 = U^3 \tag{4.13}$$

式(4.13)に座標への依存性を入れると式が複雑になるので入れなかったが、ルールは簡単である。右辺のUは(t, x, y, z)の関数、左辺のU'は(t', x', y', z')の関数であり、どちらの座標も同じ時空点を指しているというのが基本ルールだ。

さらに、スカラー場ϕの時空勾配と呼ばれる4つの量を考えてみよう。ここでは、$\partial_{\mu}\phi$という略記法を用い、次のように定義する。

$$\partial_{\mu}\phi = \frac{\partial \phi}{\partial X^{\mu}} \tag{4.14}$$

たとえば

$$\partial_1 \phi = \frac{\partial \phi}{\partial X^1}$$

である。表記を少し変えて次のようにも書ける。

$$\partial_t \phi = \frac{\partial \phi}{\partial t}$$

$$\partial_x \phi = \frac{\partial \phi}{\partial x}$$

$$\partial_y \phi = \frac{\partial \phi}{\partial y}$$

$$\partial_z \phi = \frac{\partial \phi}{\partial z}$$

$\partial_\mu \phi$ は4元ベクトルであり、U^μ と同じように変換されると期待する。誤解しているかもしれないが、大きく間違ってはいないだろう。

4.4.2 一休みして数学の話：共変成分

ここで、ある座標系から別の座標系への変換について、数学的なポイントをいくつか挙げておきたいと思う。2組の座標 X^μ と $(X')^\mu$ で記述される空間があるとしよう。これらはアートとレニーの時空座標であるかもしれないが、そうである必要はない。また、dX^μ や $d(X')^\mu$ で記述される無限小区間を考えよう。通常の多変数の微積分では、2組の微分の間に次のような関係があることがわかる。

$$d(X')^\mu = \sum_\nu \frac{\partial (X')^\mu}{\partial X^\nu} dX^\nu \tag{4.15}$$

アインシュタインは、このような形の方程式をたくさん書いた。しばらくして、彼はあるパターンに気づいた。１つの式の中で繰り返される添字(式の右辺の添字 ν はそのような繰り返される添字である)があるときは、いつも和が取られるのである。一般相対性理論の論文の中で、何ページか書き終えたところで、和の記号を書くのが面倒になったのか、「これからは、繰り返される添字があるときは、和をとったものとする」と言い出したのである。このルールは、「アインシュタインの縮約記法」と呼ばれるようになった。今では物理学関係者は誰もこのことに触れないほど、このルールはすっかり定着している。私も $\sum_\nu$ と書くのは飽きたので、これからはアインシュタインの巧妙なルールを使い、式(4.15)は

$$d(X')^\mu = \frac{\partial(X')^\mu}{\partial X^\nu}\, dX^\nu \tag{4.16}$$

と書く。X と X' の関係式がローレンツ変換のように線形であれば、偏微分 $\dfrac{\partial(X')^\mu}{\partial X^\nu}$ は定数係数になる。ローレンツ変換

$$(X')^0 = \frac{X^0 - \upsilon X^1}{\sqrt{1-\upsilon^2}}$$

$$(X')^1 = \frac{X^1 - \upsilon X^0}{\sqrt{1-\upsilon^2}} \tag{4.17}$$

を例にとって考えよう。ここで、式(4.16)から得られる4つの定数係数を書き並べる。

$$\frac{\partial(X')^1}{\partial X^1} = \frac{1}{\sqrt{1-\upsilon^2}}$$

$$\frac{\partial(X')^1}{\partial X^0} = \frac{-\upsilon}{\sqrt{1-\upsilon^2}}$$

$$\frac{\partial (X')^0}{\partial X^1} = \frac{-v}{\sqrt{1-v^2}}$$

$$\frac{\partial (X')^0}{\partial X^0} = \frac{1}{\sqrt{1-v^2}} \tag{4.18}$$

これを式(4.16)に代入すると期待通りの結果が得られる。

$$d(X')^0 = \frac{dX^0}{\sqrt{1-v^2}} - \frac{vdX^1}{\sqrt{1-v^2}}$$

$$d(X')^1 = \frac{dX^1}{\sqrt{1-v^2}} - \frac{vdX^0}{\sqrt{1-v^2}}$$

これはもちろん、4元ベクトルの成分のローレンツ変換である。

この練習問題から、4元ベクトルの変換の一般則を引き出そう。式(4.16)に戻り、4元ベクトル成分の$d(X')^\mu$とdX^νを、$(A')^\mu$とA^νに書き直す。これらは、座標変換によって関係付けられた座標系における任意の4元ベクトルAの成分を表す。式(4.16)の一般化は次のようになる。

$$(A')^\mu = \frac{\partial (X')^\mu}{\partial X^\nu} A^\nu \tag{4.19}$$

ここで、νは和を取る添字である。式(4.19)は、4元ベクトルの成分を変換するための一般的な規則である。ローレンツ変換という重要な特殊な場合、これは次のようになる。

$$(A')^0 = \frac{A^0}{\sqrt{1-v^2}} - \frac{vA^1}{\sqrt{1-v^2}}$$

$$(A')^1 = \frac{A^1}{\sqrt{1-v^2}} - \frac{vA^0}{\sqrt{1-v^2}} \tag{4.20}$$

この説明は、dX^μやA^μがどのように変換されるかを解説するためではなく、$\partial_\mu \phi$を変換する計算を与えるために行っている。これらはdX^μとは少し異なる種類のものだが、4つの成分があり、4元ベクトルを構成する。これらは明らかに座標系Xを使っているが、座標系X'に変換できる。

基本的な変換法則は微積分に由来し、微分の連鎖律(チェーンルール)を多変数に一般化したものである。普通の連鎖律を思い出してほしい。$\phi(x)$を座標Xの関数とし、ダッシュ記号付き座標X'もXの関数とすると、X'に対するϕの微分は連鎖律で与えられる。

$$\frac{\partial \phi}{\partial X'} = \frac{\partial X}{\partial X'} \frac{\partial \phi}{\partial X}$$

多変数への一般化では、いくつかの独立した座標X^μともう一組の座標集合$(X')^\nu$に依存する場ϕが含まれる。一般化された連鎖律は次のようになる。

$$\frac{\partial \phi}{\partial (X')^\nu} = \sum_\mu \frac{\partial X^\mu}{\partial (X')^\nu} \frac{\partial \phi}{\partial X^\mu}$$

または縮約記法を用い、式(4.14)の省略記法を使うと、

$$\partial'_\nu \phi = \frac{\partial X^\mu}{\partial (X')^\nu} \partial_\mu \phi \tag{4.21}$$

と書ける。一般化するために$\partial_\mu \phi$をA_μで置き換えると、式(4.21)は次式になる。

$$A'_\nu = \frac{\partial X^\mu}{\partial (X')^\nu} A_\mu \tag{4.22}$$

式(4.19)と式(4.22)を比較してみよう。比較しやすいように、まず式(4.19)を書き、次に式(4.22)を書く。

$$(A')^{\mu} = \frac{\partial (X')^{\mu}}{\partial X^{\nu}} A^{\nu}$$

$$A'_{\nu} = \frac{\partial X^{\mu}}{\partial (X')^{\nu}} A_{\mu}$$

違いが2つある。1つは、式(4.19)ではAのギリシャ文字の添字が上付きで表示されているのに対し、式(4.22)では下付き文字で表示されていることである。これはあまり重要ではないように思えるが、じつは重要なのだ。2つ目の違いは係数である。式(4.19)ではX'をXで微分したものが使われているが、式(4.22)ではXをX'で微分したものが使われている。

明らかに、4元ベクトルには、上付きの添字を持つものと下付きの添字を持つものの2種類があり、異なる方法で変換される。上付き文字のものを「反変」成分、下付き文字のものを「共変」成分と呼ぶが、私はいつもどちらか忘れてしまうので、単に上付き4元ベクトル、下付き4元ベクトルと呼んでいる。このようにして、4元ベクトルdX^{μ}は反変量または上付き4元ベクトルであり、時空勾配$\partial_{\mu}\phi$は共変量または下付き4元ベクトルである。

ローレンツ変換の話に戻ろう。式(4.18)で、上付きの4元ベクトルの変換係数を書いた。もう一度書いてみよう。

$$\frac{\partial (X')^{1}}{\partial X^{1}} = \frac{1}{\sqrt{1-v^{2}}}$$

$$\frac{\partial (X')^{1}}{\partial X^{0}} = \frac{-v}{\sqrt{1-v^{2}}}$$

$$\frac{\partial (X')^0}{\partial X^1} = \frac{-v}{\sqrt{1-v^2}}$$

$$\frac{\partial (X')^0}{\partial X^0} = \frac{1}{\sqrt{1-v^2}}$$

下付き4元ベクトルの式(4.22)の係数についても、同様のリストを作ることができる。実際には、それほど多くの作業をする必要はない。ダッシュ記号付き座標とダッシュ記号なし座標を入れ替えることで(ローレンツ変換の場合は静止座標系と移動座標系を入れ替えることで)、係数の値が得られる。これは、速度の符号を変えるだけなので、とくに簡単である(レニーがアートの座標系で速度vで動くとき、アートはレニーの座標系で速度$-v$で動くことを覚えておいてほしい)。ダッシュ記号付き座標とダッシュ記号なし座標を入れ替えると同時に、vの符号を反転させればよいのだ。

$$\frac{\partial X^1}{\partial (X')^1} = \frac{1}{\sqrt{1-v^2}}$$

$$\frac{\partial X^1}{\partial (X')^0} = \frac{v}{\sqrt{1-v^2}}$$

$$\frac{\partial X^0}{\partial (X')^1} = \frac{v}{\sqrt{1-v^2}}$$

$$\frac{\partial X^0}{\partial (X')^0} = \frac{1}{\sqrt{1-v^2}}$$

次に、共変(下付き)4元ベクトルの成分に対する変換規則を示す。

$$(A')_0 = \frac{A_0}{\sqrt{1-\upsilon^2}} + \frac{\upsilon A_1}{\sqrt{1-\upsilon^2}}$$

$$(A')_1 = \frac{A_1}{\sqrt{1-\upsilon^2}} + \frac{\upsilon A_0}{\sqrt{1-\upsilon^2}} \qquad (4.23)$$

原点からの変位X^μなどの例はすでに見てきた。隣り合う2点間の微分変位dX^μも4元ベクトルである。4元ベクトルにスカラー量をかけると（つまり不変量をかけると）、その結果も4元ベクトルになる。これは、不変量は変換してもまったく変更を受けないからである。固有時drが不変であることはすでにお話ししたので、4元速度と呼んでいる量$dX^\mu/d\tau$も4元ベクトルになる。

$$U^\mu = \frac{dX^\mu}{d\tau}$$

「U^μは4元ベクトルである」と言うとき、実際には何を意味しているのだろうか。それは、他の基準座標系での振る舞いがローレンツ変換によって支配されているということを意味する。x軸に沿って相対速度υで動いている2つの基準座標系の座標に対するローレンツ変換を思い出してみよう。

$$t' = \frac{t - \upsilon x}{\sqrt{1-\upsilon^2}}$$

$$x' = \frac{x - \upsilon t}{\sqrt{1-\upsilon^2}}$$

$$y' = y$$

$$z' = z$$

時間成分と空間成分からなる4つの量の集まりがこのように変換される場合、それを4元ベクトルと呼ぶ。ご存知のように、微分変位もこの性質を持っている。

$$dt' = \frac{dt - \upsilon dx}{\sqrt{1-\upsilon^2}}$$

$$dx' = \frac{dx - \upsilon dt}{\sqrt{1-\upsilon^2}}$$

$$dy' = dy$$

$$dz' = dz$$

表4.1にスカラーと4元ベクトルの変換特性をまとめた。任意の4元ベクトルを表現するために、少し抽象的な表記A^{μ}を用いる。A^0は時間成分であり、他の成分はそれぞれ空間における方向を表している。

このような性質を持つ場の例として、時空全体を満たす流体を考える。この流体の各点には、通常の3元速度だけでなく、4元速度も存在する。この4元速度を$U^{\mu}(t, x)$と呼ぶことにする。流体の流れは場所によって速度が異なるかもしれない。このような流体の4元速度は、場と考えることができる。4元速度なので、自動的に4元ベクトルとなり、我々のプロトタイプとしての4元ベクトルA^{μ}とまったく同じように変換される。あなたの座標系での速度成分Uの値は、私の座標系での値とは異なるが、表4.1の方程式で関係付けられる。4元ベクトルには他にも多くの例があるが、ここでリストアップするのは控えておこう。

4元ベクトルの4つの成分からスカラーを作ることができる。これは、4元ベクトルdX^{μ}からスカラー$(d\tau)^2$を作ったときに、すでに行っていた。

$$(d\tau)^2 = (dt)^2 - (dx)^2 - (dy)^2 - (dz)^2$$

表4.1　場の変換。ギリシャ文字の添字μは0、1、2、3をとり、これは通常の(3＋1)次元時空におけるt、x、y、zに対応する。非相対論的な物理学では、通常のユークリッド距離もスカラーとみなされる。

場	変換	例
スカラー：	同じ値	温度
	$\phi'(t', x') = \phi(t, x)$	固有時
ベクトル：	ローレンツ変換	変位：X^μ, dX^μ
	$(A')^0 = \dfrac{A^0 - vA^1}{\sqrt{1-v^2}}$	任意の4元ベクトル：A^μ
	$(A')^1 = \dfrac{A^1 - vA^0}{\sqrt{1-v^2}}$	
	$(A')^2 = A^2$	
	$(A')^3 = A^3$	

任意の4元ベクトルについても同じ手順を踏むことができる。上式と同じ理由により、A^μが4元ベクトルであれば、

$$(A^0)^2 - (A^x)^2 - (A^y)^2 - (A^z)^2$$

はスカラー量になる。A^μの成分がtやxと同じように変換されることがわかれば、時間成分と空間成分の2乗の差はローレンツ変換を施しても変わらないことがわかる。このことは、$(d\tau)^2$で使ったのと同じ手順で示せる。

これまで、4元ベクトルからスカラーを作る方法を見てきた。今度はその逆、つまりスカラーから4元ベクトルを作る方法だ。スカラーを空間と時間の4つの要素それぞれについて微分することによって、これを行う。

この4つの微分量を合わせると4元ベクトルになる。すなわち、スカラーϕがあったとすると、

$$\frac{\partial\phi}{\partial X^{\mu}} = \left(\frac{\partial\phi}{\partial X^{0}}, \frac{\partial\phi}{\partial X^{1}}, \frac{\partial\phi}{\partial X^{2}}, \frac{\partial\phi}{\partial X^{3}}\right)$$

という量は(共変、すなわち下付きの)4元ベクトルの成分である。

4.4.3 相対論的ラグランジアンの構築

我々はラグランジアンを作るための道具一式を手に入れた。我々は対象物がどのように変換されるかを知っているし、ベクトルなどからどのようにスカラーを作るかも知っている。では、ラグランジアンはどのように作るのだろうか。簡単なことだ。作用積分を形成する小さな区間をすべて足し合わせたラグランジアンは、どの座標系でも同じでなければならない。言い換えれば、スカラーでなければならないのだ。それだけである。ある場ϕから、作りうるすべてのスカラー量を考える。これらのスカラー量は、ラグランジアンの構成要素の候補となるのである。

いくつかの例を見てみよう。もちろん、この例ではϕそのものがスカラーだが、ϕの関数もスカラーである。観測者全員のϕの観測値が一致すれば、ϕ^2、$4\phi^3$、$\sinh(\phi)$等の値も一致する。ϕの関数、たとえばポテンシャルエネルギー$V(\phi)$はスカラーであり、ラグランジアンに含まれる候補となる。実際、$V(\phi)$を組み込んだラグランジアンはすでにたくさん見てきた。

他にどのような構成要素があるだろうか。確かに、場の微分量も使いたい。微分がなければ、場の理論はつまらないものになってしまうからだ。ただし、スカラーを生成するように微分を組み合わせなければならない。しかしそれは簡単なことだ。まず、微分を用いて4元ベクトル

$$\frac{\partial\phi}{\partial X^{\mu}}$$

を作る。次に、4元ベクトルの成分を使ってスカラーを構成する。その結果、スカラーは

$$\left(\frac{\partial\phi}{\partial t}\right)^2-\left(\frac{\partial\phi}{\partial x}\right)^2-\left(\frac{\partial\phi}{\partial y}\right)^2-\left(\frac{\partial\phi}{\partial z}\right)^2$$

と書ける。これはラグランジアンの一部として使えるものだ。他には何が使えるだろうか。定数を掛けることは可能だ。それどころか、任意のスカラーの任意の関数を掛けてもよい。不変量同士を掛け合わせると、3つ目の不変量ができあがる。たとえば、

$$\left[\left(\frac{\partial\phi}{\partial t}\right)^2-\left(\frac{\partial\phi}{\partial x}\right)^2-\left(\frac{\partial\phi}{\partial y}\right)^2-\left(\frac{\partial\phi}{\partial z}\right)^2\right]F(\phi)$$

という式も、正当なラグランジアンになりうる。やや複雑なのでここでは深入りしないが、これもローレンツ不変なラグランジアンとしての資格を持っている。もっと複雑な形にもできる。たとえば、カギかっこの中の式全体を2乗や3乗にするなどしてもかまわない。微分を3乗、4乗などにすることもできるかもしれない。見かけ上醜い形になってしまうが、それでも合法的なラグランジアンだ。

高階の微分はどうだろうか。原理的には、スカラーに変換すれば使えるはずだ。しかし、それでは古典力学の枠から外れてしまう。古典力学の範囲内では、座標の関数とその1階微分を使うことができる。1階微分の高次のべき乗は使えるが、高階の微分は使えないのだ。

4.4.4 我々のラグランジアンを使う

古典力学の制約とローレンツ不変性の必要性にもかかわらず、ラグランジアンの選び方にはまだまだ大きな自由度がある。次のラグランジアンをくわしく見てみよう。

$$\mathcal{L}=\frac{1}{2}\left[\frac{1}{c^2}\left(\frac{\partial\phi}{\partial t}\right)^2-\left(\frac{\partial\phi}{\partial x}\right)^2-\left(\frac{\partial\phi}{\partial y}\right)^2-\left(\frac{\partial\phi}{\partial z}\right)^2\right]-\frac{\mu^2}{2}\phi^2 \tag{4.24}$$

これは式(4.7)のラグランジアンと基本的に同じである。なぜ非相対論的な例でこのラグランジアンを選んだか、おわかりいただけると思う。第1項の係数$\frac{1}{c^2}$は、従来の単位に切り替えただけである。また、一般的なポテンシャル関数$V(\phi)$を、より明示的な関数$-\frac{\mu^2}{2}\phi^2$に置き換えている。先頭の係数$\frac{1}{2}$は単に慣例によるもので、物理的な意味はない。運動エネルギーの式$\frac{1}{2}mv^2$に現れる$\frac{1}{2}$と同じものである。代わりにこれをmv^2とすることもできるが、そうすると質量がニュートンの質量と2倍違ってくる。

第1章で、一般的なローレンツ変換は、空間の回転とx軸に沿った単純なローレンツ変換の組み合わせと等価であることを説明した。式(4.24)が単純なローレンツ変換に対して不変であることはすでに示した。では、空間の回転に対しても不変なのだろうか。答えはイエスである。なぜなら、この式の空間部分は空間ベクトルの成分の2乗の和だからだ。これは$x^2+y^2+z^2$という式と同じように振る舞うので、回転に対して不変である。式(4.24)のラグランジアンは、x軸方向のローレンツ変換に対してだけでなく、空間の回転に対しても不変であるから、一般のローレンツ変換に対しても不変である。

式(4.24)はもっとも単純な場の理論の1つであり[5]、式(4.7)と同じように波動方程式を導くことができる。その例で行ったのと同じ手順にしたがうと、式(4.24)から導かれる波動方程式が次のようになることはすぐにわかる。

$$\frac{1}{c^2}\frac{\partial^2\phi}{\partial t^2}-\frac{\partial^2\phi}{\partial y^2}-\frac{\partial^2\phi}{\partial x^2}-\frac{\partial^2\phi}{\partial z^2}+\mu^2\phi=0 \tag{4.25}$$

これは線形なので、とくに簡単な波動方程式である。場とその微分は1乗しか現れない。ϕ^2やϕの微分のϕ倍などの項がない。μを0とすると、さらに次のように単純化される。

5　最後の項である$-\frac{\mu^2}{2}\phi^2$を削除すれば、さらにシンプルになる。

$$\frac{1}{c^2}\frac{\partial^2\phi}{\partial t^2}-\frac{\partial^2\phi}{\partial y^2}-\frac{\partial^2\phi}{\partial x^2}-\frac{\partial^2\phi}{\partial z^2}=0 \tag{4.26}$$

4.4.5 古典場のまとめ

以上で、古典的な場の理論を作るための手順が決まった。最初の例はスカラー場であったが、ベクトル場、テンソル場にも同じ手順が適用できる。まず、場そのものから始める。次に、場そのものと場の微分を使って、作成可能なスカラー量をすべて洗い出す。作れるスカラー量をすべてリストアップし、特徴を把握したら、今度はそれらのスカラー量の関数（たとえば項を足し上げる）でラグランジアンを作る。次に、オイラー・ラグランジュ方程式を適用する。これは、運動方程式や波の伝播を記述する場の方程式など、場の理論が記述するはずの方程式を書き下すことに等しい。そして得られた波動方程式を研究するのである。

古典的な場は連続的である必要がある。連続でない場は微分が無限大となり、作用も無限大となる。そのような場はエネルギーも無限大になる。エネルギーについては、次の章でくわしく説明することにする。

4.5 場と粒子の関係―手短に

最後に、粒子と場の関係について少し述べたい[6]。単純なスカラー場の代わりに電気力学のルールを先に説明していたら、荷電粒子と電磁場がどのように相互作用するかを紹介していたところだが、その話についてはもう少し先になる。しかし、そもそも粒子はスカラー場ϕとどのように相互作用するのだろうか。スカラー場があると、粒子の運動にどのような影響があるのだろうか。

6　ここで考えるのは、粒子と場の量子力学的な関係ではなく、普通の古典的な粒子と古典的な場の相互作用である。

あらかじめ決められた場の中で動く粒子のラグランジアンを考えてみよう。誰かが運動方程式を解いたとする。また、場$\phi(t, x)$は時間と空間のある特定の関数であることはわかっている。さて、その場の中を動く粒子を考える。この粒子は、電磁場中の荷電粒子と同じように、場と結合しているかもしれない。この粒子はどのように動くのだろうか。この問いに答えるには、場の存在下での粒子の力学に立ち返る必要がある。粒子のラグランジアンはすでに書いた。それは$-md\tau$だった。なぜなら、$d\tau$はちょうど唯一の不変量だったからである。作用積分は

$$作用 = -m\int d\tau \tag{4.27}$$

となる。小さい速度の極限で非相対論的な正しい答えを得るには、負の符号が必要であり、パラメータmが非相対論的な質量と同じように振る舞うことがわかっている。$d\tau^2 = dt^2 - dx^2$という関係を使って、この積分を次のように書き直す。

$$作用 = -m\int \sqrt{dt^2 - dx^2}$$

ここで、dx^2は空間の3方向すべてを表す。dt^2をルートの外に出すと、作用積分は次式になる。

$$作用 = -m\int dt\sqrt{1-\left(\frac{dx}{dt}\right)^2}$$

dx/dtは速度を表すので、

$$作用 = -m\int dt\sqrt{1-v^2}$$

と書ける。そして、このラグランジアン$-m\sqrt{1-v^2}$を冪(べき)級数展開すると、速度vが小さい極限で古典的ラグランジアンと一致することがわかる。し

かし、この新しいラグランジアンは相対論的である。

このラグランジアンに対して、粒子が場と結合できるようにするにはどうしたらよいだろうか。場が粒子に影響を与えるには、場そのものがラグランジアンのどこかに現れる必要がある。その際、ローレンツ不変な方法で挿入する必要がある。つまり、場からスカラーを作る必要があるのだ。先ほど見たように、これを実現する方法はたくさんあるが、簡単な方法として、次のようなものを試してみよう。

$$\text{作用} = -\int [m + \phi(t, x)]\, d\tau$$

または

$$\text{作用} = -\int [m + \phi(t, x)] \sqrt{1 - v^2}\, dt \tag{4.28}$$

これは次のラグランジアンに対応する。

$$\mathcal{L} = -[m + \phi(t, x)] \sqrt{1 - v^2} \tag{4.29}$$

これはもっとも単純なものの1つであるが、他にも多くの可能性がある。たとえば、先のラグランジアンにおいて、$\phi(t, x)$をその2乗で置き換えることもできるし、$\phi(t, x)$の他の関数に置き換えることもできる。今のところ、この単純なラグランジアンとそれに対応する作用積分、式(4.28)を使うことにしよう。

式(4.29)は、あらかじめ定められた場の中を動く粒子に対するラグランジアンの1つの可能性である。では、この場の中で粒子はどのように動くのだろうか。これは、電場や磁場中で粒子がどのように動くかを問う問題と似ている。電場や磁場中の粒子のラグランジアンを書き下すとき、その場がどのように作られたかは気にしない。ラグランジアンを書いて、オイラー・ラグランジュ方程式を導出すればいいのだ。この例題の詳細については、これから考えていくことにしよう。しかし、その前に、式(4.29)の興味深い特徴を指摘しておきたい。

4.5.1 ミステリアスな場

何らかの理由で、場$\phi(t, x)$がゼロ以外のある特定の値になりたがる傾向があるとする。場はその特定の値にはまるのが「好き」なのだ。この場合、$\phi(t, x)$は、tとxに形式的に依存するにもかかわらず、一定値(あるいはほぼ一定値)になる。このとき、この粒子の運動は、質量$(m + \phi)$を持った粒子の運動とまったく同じに見えるだろう。もう一度言っておく。質量mの粒子が、質量が$m + \phi$になったかのように振る舞うのだ。これは、粒子の質量を変化させるスカラー場のもっとも単純な例である。

本章の冒頭で、自然界にはこの章で扱っているものとよく似た場があることをお話しし、それが何であるかはいずれわかると書いた。皆さんはわかっただろうか。今見ているのは、ヒッグス場と非常によく似た場なのである。上記の例では、スカラー場の値が変化すると、粒子の質量が変化する。これは、正確にはヒッグス機構ではないが、密接に関連している。もともと質量がゼロの粒子がヒッグス場と結合すると、それにより粒子の質量が事実上ゼロでない値にシフトするのだ。この質量のシフトが、「ヒッグス場が粒子に質量を与えている」と言われることのおおよその意味なのである。ヒッグス場は、あたかも質量の一部であるかのように方程式に組み込まれているのだ。

4.5.2 基本的なこと

本章の最後に、先ほどのスカラー場の例について、オイラー・ラグランジュ方程式を少しだけ見てみよう。ただし導出過程をすべて追うことはしない。ややこしい式が出てきてしまうからだ。そのためここでは、この導出過程の一部を紹介するに留める。簡単のために、空間は1方向だけで、粒子はx方向にしか動かないものとして扱う。参考のためラグランジアン(式(4.29))を変数vを$\dot{x}$に置き換えてもう一度書いておく。

$$\mathcal{L} = -[m + \phi(t, x)]\sqrt{1-\dot{x}^2}$$

ラグランジュ方程式を適用する最初のステップは、$\mathcal{L}$を$\dot{x}$で偏微分することである。ある変数に対する偏微分を計算するときは、他の変数は一時的に定数として扱うことを思い出してほしい。この場合、カギ括弧内の式は$\dot{x}$に明示的に依存しないので、定数と見なす。一方、$\sqrt{1-\dot{x}^2}$ という式は$\dot{x}$に明示的に依存している。この式を偏微分すると

$$\frac{\partial \mathcal{L}}{\partial \dot{x}} = \frac{[m + \phi(t, x)]\dot{x}}{\sqrt{1-\dot{x}^2}} \tag{4.30}$$

となる。この式は見覚えがあるはずだ。第3章で相対論的な粒子の運動量を求めるために同じような計算をしたときに、ほぼ同じ結果を得ていた。唯一違うのは、カギ括弧の中に$\phi(t, x)$の項が追加されていることである。これは、$[m + \phi(t, x)]$という式が、位置に依存した質量のように振る舞うという考え方を裏付けている。

オイラー・ラグランジュ方程式を続ける。次は式(4.30)を時間微分する。これを次のように記号で書き表す。

$$\frac{d}{dt}\frac{\partial \mathcal{L}}{\partial \dot{x}} = \frac{d}{dt}\frac{[m + \phi(t, x)]\dot{x}}{\sqrt{1-\dot{x}^2}}$$

これがオイラー・ラグランジュ方程式の左辺である。次に右辺を見てみよう。

$$\frac{\partial \mathcal{L}}{\partial x}$$

xで微分しているので、$\mathcal{L}$がxに明示的に依存するかどうかが問題となる。実際に明示的に依存する。なぜなら$\phi(t, x)$はxに依存し、ϕはxが出現する唯一の箇所だからだ。結果として得られる偏微分は

$$\frac{\partial \mathcal{L}}{\partial x} = -\frac{\partial \phi}{\partial x}\sqrt{1-\dot{x}^2}$$

であり、したがってオイラー・ラグランジュ方程式は次のようになる。

$$\frac{d}{dt}\frac{[m+\phi(t,x)]\dot{x}}{\sqrt{1-\dot{x}^2}} = -\frac{\partial \phi}{\partial x}\sqrt{1-\dot{x}^2}$$

これが運動方程式だ。場の運動を記述する微分方程式である。左辺の時間微分を計算してみると、かなり複雑であることがわかるだろう。この辺でやめておくが、この式に光の速度cをどう取り込むか、小さい速度の非相対論的極限で場がどう振る舞うか、などを考えてみるとよいかもしれない。それについては、次の章で少し述べたいと思う。

第5章

粒子と場

2016年11月9日

選挙の翌日[1]。アートは不機嫌にビールを見つめている。レニーはミルクの入ったグラスを見つめている。だれも（ウォルフガング・パウリすら）冗談を飛ばすことなどできないでいる。しかしそのとき、ジョン・ホイーラーが立ち上がり、手を上げた。みんなが見ているバーの中でのことだ。周囲が静まり返る中、ジョンは話し始めた。

「紳士淑女の皆さん。恐るべき不確実さが漂う今、確かなことを１つ思い出してほしい。**時空は物体に対してどのように動くのかを教えてくれる。物体は時空に対してどのように曲がるのかを教えてくれるのだ。**」

「ブラボー！」

ヘルマンの隠れ家には喝采がとどろき、雰囲気が明るくなった。パウリがグラスを高々と掲げた。

「ホイーラーに乾杯！　彼の言ったことはまさに的を射ている。それをもっと広い意味で言わせてくれ。**場は電荷にどのように動くのかを教えてくれる。電荷は場にどのように変化するかを教えてくれる。**」

1　訳者注：2016年11月8日は米国の大統領選挙の日。ドナルド・トランプ氏が当選した。

量子力学では、場と粒子は同じものである。しかしここで我々が主に扱うのは古典場の理論であり、場は場、粒子は粒子である。「両者相会うことなかるべし」[2]などと言うつもりはない。実際、このあとですぐに両者は出会うからだ。ただし量子力学と違って、場と粒子は同じものではない。本章の中心的な問いは以下のとおりである。

場が粒子に影響を与える場合、たとえば、場が粒子に力を発生させる場合、粒子が場に影響を与える必然性はあるか。

AがBに影響を与えるとき、なぜBはAに影響を与えなければならないのだろうか。我々は、「作用と反作用」と呼ばれる相互作用の双方向の性質が、ラグランジアンの作用原理に組み込まれていることをこの後の議論で目にする。簡単な例として、xとyの2つの座標と作用原理があるとする[3]。一般にラグランジアンはxとyに依存し、さらに$\dot{x}$と$\dot{y}$にも依存する。1つの可能性は、ラグランジアンが単純に2つの項の和で与えられる場合である。つまり、xと$\dot{x}$に関するラグランジアンと、yと$\dot{y}$に関する別のラグランジアンの和で与えられる場合である。

$$\mathcal{L} = \mathcal{L}_x(x, \dot{x}) + \mathcal{L}_y(y, \dot{y}) \tag{5.1}$$

ここで、右辺の2つのラグランジアンに添字を付け、それらが異なる可能性があることを表わした。xに関するオイラー・ラグランジュ方程式（運動方程式に相当する）を見てみよう。

$$\frac{d}{dt}\frac{\partial \mathcal{L}}{\partial \dot{x}} - \frac{\partial \mathcal{L}}{\partial x} = 0$$

2　訳者注：英国の詩人ラドヤード・キップリングの一節。

3　もちろん3つ以上の座標があってもよい。また、それらの座標がデカルト座標である必要もない。

$\mathcal{L}_y(y, \dot{y})$ は x にも $\dot{x}$ にもよらないので、$\mathcal{L}_y$ の項は消える。x 座標のオイラー・ラグランジュ方程式は次のようになる。

$$\frac{d}{dt}\frac{\partial \mathcal{L}_x}{\partial \dot{x}} - \frac{\partial \mathcal{L}_x}{\partial x} = 0$$

変数 y やその時間微分は、ここには現れてこない。同様に、変数 y の運動方程式は、x や $\dot{x}$ との関わりを持たない。その結果、x は y に影響を与えず、y は x に影響を与えない。もう１つの例を見てみよう。

$$\mathcal{L} = \frac{1}{2}(\dot{x})^2 + \frac{1}{2}(\dot{y})^2 - V_x(x) - V_y(y)$$

ここで、V_x と V_y の項はポテンシャルエネルギーである。この場合も、ラグランジアンの x と y の座標は完全に分離している。ラグランジアンは x だけが関与する項、あるいは y だけが関与する項の和であり、先ほどと同様の議論により x と y の座標は互いに影響しないことになる。

しかし、y が x に影響を与えることがわかったとする。そこからラグランジアンについて何がわかるだろうか。ラグランジアンはもっと複雑でなければならないのである。x と y の両方に何らかの影響を与えるものがラグランジアンの中にあるはずだ。そのようなラグランジアンを書き下すには、x と y の両方に何らかの形で影響を与え、両者を解きほぐすことができないような要素を入れる必要がある。たとえば、xy の項を追加すればよい。

$$\mathcal{L} = \frac{1}{2}(\dot{x})^2 + \frac{1}{2}(\dot{y})^2 - V_x(x) - V_y(y) + xy$$

このラグランジアンでは、x の運動方程式が y を含み、その逆も成り立つ。x と y がこのように結合してラグランジュに現れると、一方が他方に影響を与えずに他方が一方に影響を与えるということはありえない。簡単なことだ。BがAに影響を与えるなら、AはBに影響を与えなければならないのはそのためなのだ。

前の章では、簡単な場を見て、それが粒子にどのような影響を与えるかを考えた。その例を簡単に復習した後、逆の質問をしよう。粒子は場にどのような影響を与えるのだろうか。これは、電場と磁場が荷電粒子の運動に影響を与え、荷電粒子が電磁場を作り、それを変化させるという、電磁相互作用と類似したものである。荷電粒子が存在するだけで、クーロン場が形成される。これらの双方向の相互作用は、2つの独立したものではなく、同じラグランジアンに由来するものなのだ。

5.1 場が粒子に影響を与える（復習）

まず、tとxに依存するものとして与えられた場

$$\phi(t, x)$$

から始めよう。とりあえず、ϕが何らかの既知の関数であると仮定する。それは波であるかもしれないし、そうでないかもしれない。まだ、ϕのダイナミクスを問うつもりはない。まず、粒子のラグランジアンを見てみよう。以前の章（たとえば式(3.24)）で、このラグランジアンが次のようなものだったことを思い出してほしい。

$$\mathcal{L}_{粒子} = -m\sqrt{1-\dot{x}^2}$$

わかりやすいように$\mathcal{L}_{粒子}$と添字をつけた。係数の$-m$を除けば、$\mathcal{L}_{粒子}$の作用は、ある経路の各区間に沿ったすべての固有時の和に相当する。区間を小さくする極限では、その和は時間tでの積分となる。

$$\int \mathcal{L}_{粒子}\, dt = \int -m\sqrt{1-\dot{x}^2}\, dx$$

これは、軌道の一端から他端までの固有時$d\tau$の積分を$-m$倍したものと同じである。このラグランジアンには、場が粒子に影響を与えるようなものは含まれていない。簡単な方法で、mに場の値$\phi(t, x)$を加えて修正してみよう。

$$\int \mathcal{L}_{\text{粒子}}\, dt = \int -[m + \phi(t,x)]\sqrt{1-\dot{x}^2}\, dt$$

ここでオイラー・ラグランジュ方程式を計算すれば、$\phi(t, x)$が粒子の運動にどのような影響を与えるかを調べられる。相対論的な運動方程式をすべて解くのではなく、ここでは粒子が非常にゆっくり動く非相対論的な極限を見ることにする。これは光速を無限大とする極限であり、cが問題に登場する他のどの速度よりもはるかに大きくなる場合である。このことがどのように影響するかを見るには、方程式の中に定数cを復元するとよい。その結果、作用積分は

$$\int \mathcal{L}_{\text{粒子}}\, dt = \int -[mc^2 + g\phi(t,x)]\sqrt{1-\frac{\dot{x}^2}{c^2}}\, dt$$

と書ける。この式が正しいかは、次元の整合性を見ればよい。ラグランジアンはエネルギーの単位を持っており、$-mc^2$も同じである。$\phi(t, x)$に定数gを掛けたが、これは結合定数と呼ばれるものである。この定数は、場が粒子の運動に影響を与える強さを表すもので、$g \times \phi(t, x)$がエネルギーの単位を持つようにgの単位を選ぶことができる。今のところ、gは何でもよく、その値はわかっていない。平方根の中の項はどちらも次元を持たない数である。

では、近似式

$$(1-\varepsilon)^{\frac{1}{2}} \approx 1-\frac{\varepsilon}{2}$$

を使って平方根を展開しよう。ここで、εは小さな数である。平方根を

$\frac{1}{2}$の指数で書き直し、$\frac{\dot{x}^2}{c^2}$とεを等しいとおくと、次のようになる。

$$\sqrt{1-\frac{\dot{x}^2}{c^2}} = \left(1-\frac{\dot{x}^2}{c^2}\right)^{\frac{1}{2}} \approx 1 - \frac{\dot{x}^2}{2c^2}$$

高次の項は、比$\dot{x}^2/c^2$の高次のべきを含むため、はるかに小さくなる。この近似式を使って、作用積分の平方根を置き換えると、次のように書ける。

$$\int \mathcal{L}_{\text{粒子}}\, dt = \int -\left[mc^2 + g\phi(t,x)\right]\left(1-\frac{\dot{x}^2}{2c^2}\right)dt \qquad (5.2)$$

この積分を見て、一番大きな項、つまり光速が大きくなったときにもっとも重要になる項を探してみる。最初の項、mc^2は単なる数である。ラグランジアンを微分するとき、この項はただ「付き合いで参加している」だけで、運動方程式には何の影響も及ぼさない。無視することにしよう。次の項

$$(mc^2)\left(\frac{\dot{x}^2}{2c^2}\right) = \frac{m\dot{x}^2}{2}$$

では、光速が打ち消されている。したがって、この項は光速が無限大になっても生き残る。この項はとてもなじみ深いもので、我々の古い友人である非相対論的な運動エネルギーだ。

$$g\phi(t,x)\left(\frac{\dot{x}^2}{2c^2}\right)$$

という項は、分母にc^2があるため、cが大きい極限では0になる。無視しよう。最後に、$g\phi(t,x)$の項には光速が含まれていない。したがって、この項をラグランジアンに残しておくと、次のようになる。

$$\mathcal{L}_{\text{粒子}} = \frac{m\dot{x}^2}{2} - g\phi(t,x) \qquad (5.3)$$

粒子がゆっくり動くときのラグランジアンはこれだけだ。ここで昔ながら

の非相対論的なラグランジアン、すなわち運動エネルギーからポテンシャルエネルギーを引いた

$$T-V$$

と比較してみよう。式(5.3)の第1項は運動エネルギーなので、場における粒子のポテンシャルエネルギーが$g\phi(t, x)$と書けることがわかる。定数gは粒子と場の間の結合の強さを表す。たとえば、電磁気学では、場と粒子の結合の強さは、そのまま電荷になる。電荷が大きければ大きいほど、与えられた場の中で粒子にかかる力は大きくなる。この点については、また後ほど戻ってくることにする。

5.2 粒子が場に影響を与える

粒子は場にどのような影響を与えるのだろうか。理解すべき重要な点は、作用は1つしかなく、それは「全」作用であるということだ。全作用には、場の作用と粒子の作用がある。これはとても重要な点だ。我々が研究しているのは、a)「場」とb)「場の中を動く粒子」からなる複合系なのである。

図5.1は、我々が解こうとしている物理の問題を示している。この図には、時空を立方体で表した領域が描かれている[4]。この領域の中に、ある時空点から別の時空点へと移動する粒子がある。2つの点はその軌跡の端点である。また、この領域の内側には、場$\phi(t, x)$が存在する。この場は、粒子と同様に物理的なものであり、系の一部である。図をごちゃごちゃにすることなく、上手に絵に描く方法はないものか[5]。

4　もちろん次元をかなり減らしている。

5　レオナルドが作成したビデオでは、赤いマーカーペンを使って、この空間を赤いドロドロしたもので埋め尽くすように描いている。本書は色付きではないので、「想像上の赤いドロドロしたもの」で代用せざるをえない。大学のカフェテリアで一番嫌いなドロドロした食べ物を思い浮かべればよい。(アート・フリードマン)

図5.1　「赤いドロドロしたもの」（スカラー場$\phi(t, x)$）で満たされた時空領域を移動する粒子

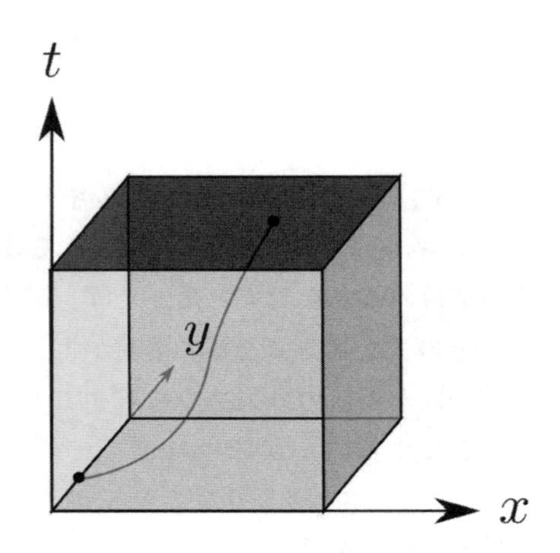

この場と粒子からなる系がどのように振る舞うかを知るには、ラグランジアンを知り、作用を最小化する必要がある。原理的にはこれは簡単である。問題のパラメータを変化させて、作用が最小になるようなパラメータを見つけるだけである。作用積分ができるだけ小さくなるまで、場をさまざまに動かし、粒子の軌道も2つの端点の間で動かしていく。そうすると、最小作用の原理を満たすような軌道と場が得られる。

場と粒子の両方を含む作用、すなわち全作用を書き出してみよう。まず、場の作用が必要である。

$$\text{作用}_{\text{場}} = \int \mathcal{L}_{\text{場}}\, d^4x$$

ここで、$\mathcal{L}_{\text{場}}$は「場のラグランジアン」という意味である。この作用積分は、時空間の全領域、t, x, y, z にわたってとられる。記号d^4xは$dt\ dx\ dy\ dz$を省略したものである。この例では、第4章で使ったラグランジアン（式(4.7)）を使って場のラグランジアンを作る。ここでは、空間のx方向のみに目を向け、ポテンシャル関数$V(\phi)$を持たない簡略化されたラグ

ランジアンを使う[6]。ラグランジアン

$$\mathcal{L}_{場} = \frac{1}{2}\left(\frac{\partial\phi}{\partial t}\right)^2 - \frac{1}{2}\left(\frac{\partial\phi}{\partial x}\right)^2$$

は次の作用積分を与える。

$$作用_{場} = \int \left[\frac{1}{2}\left(\frac{\partial\phi}{\partial t}\right)^2 - \frac{1}{2}\left(\frac{\partial\phi}{\partial x}\right)^2\right] dx \qquad (5.4)$$

これは場の作用であり、粒子にはまったく関係ない。では、粒子に対する作用（式(5.2)）を取り込もう。ただし光速を再び1とおく。粒子の作用は以下のように書ける。

$$作用_{粒子} = \int \mathcal{L}_{粒子}\, dt$$

または

$$作用_{粒子} = \int -[m + g\phi(t, x)]\left(1 - \frac{\dot{x}^2}{2}\right) dt \qquad (5.5)$$

作用$_{粒子}$は粒子の作用だが、場の作用にも依存する。これは重要なことで、場を変化させるとこの作用も変化する。そのため、作用$_{粒子}$を純粋に粒子の作用として考えるのは間違っているのだ。

$$g\phi(t, x)\left(1 - \frac{\dot{x}^2}{2}\right)$$

という項は、粒子が場の中でどのように動くかを示す相互作用項であるが、

6　あるいは$V(\phi)=0$としても同じである。

図5.2　仮想的な赤いドロドロしたもの（本書では黒インクで描いている）の中で静止している粒子

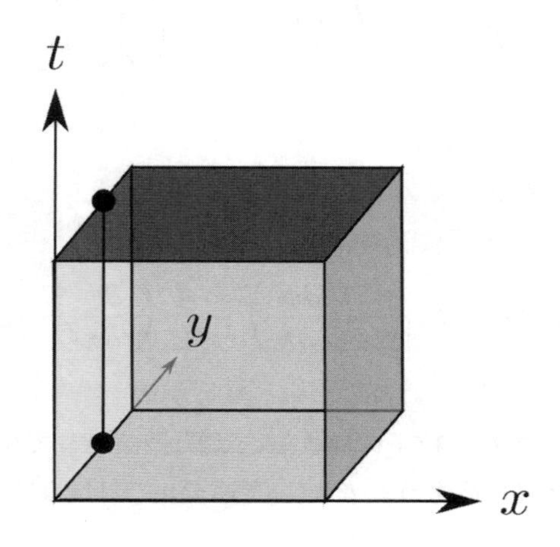

粒子があることで場がどのように変化するかも示している。今後、この項を$\mathcal{L}_{相互作用}$と書き、粒子だけに関係するものと考えるのはやめることにする。

ここでは、粒子が$x = 0$で静止している単純な特殊ケースを考える。粒子が静止している解があると仮定するのは合理的だ。図5.2は、静止している粒子の時空の軌跡を表している。これは単なる縦線である。

粒子が静止していることを示すために、式(5.5)をどのように修正すればよいだろうか。速度である$\dot{x}$を0にすればよいのだ。簡略化した作用積分は

$$\int \mathcal{L}_{相互作用}\, dt = \int [-g\phi(t, x)]\, dt$$

となる。粒子は固定位置$x = 0$に留まるため、$\phi(t, x)$を$\phi(t, 0)$に置き換え、次のように書く。

$$\int \mathcal{L}_{相互作用}\, dt = \int -g\phi(t, 0)\, dt$$

$$作用_{相互作用} = \int -g\phi(t, 0)\, dt \tag{5.6}$$

では、$\mathcal{L}_{相互作用}$をくわしく見てみよう。これは原点における場の値だけに依存することに注意してほしい。より一般的には、粒子の位置の場の値に依存する。それにもかかわらず、場が変化すると$\phi(t, 0)$が変化し、作用に影響を及ぼす。以後で明らかになるように、このことは場の運動方程式に影響を与える。

場の作用は通常、空間と時間に関する積分として書かれるが、式(5.6)は時間だけで積分している。そのことに何の問題もないが、空間と時間の積分として書き直すと便利である。そこで、「ソース関数」[7]の考え方を使う。$\rho(x)$を空間の関数とし、時間の関数ではないとする。(たとえば$\rho(x)$を電荷密度のようなものと考えてもよい。)粒子についてはとりあえず忘れ、次の$\mathcal{L}_{相互作用}$という形のラグランジアンの項で置き換えることにする。

$$\mathcal{L}_{相互作用} = -g\rho(x)\phi(t, x) \tag{5.7}$$

この場に対応する作用の項は、次式で与えられる。

$$作用_{相互作用} = -\int d^4x g\rho(x)\phi(t, x) \tag{5.8}$$

これは、式(5.2)の作用とはだいぶ異なる。両者を同じ形にするため、ディラックが発明したデルタ関数$\delta(x)$というトリックを使おう。デルタ関数は空間座標の関数であるが、特殊な性質を持っている。$x = 0$以外の場

7　訳者注：場を生み出す源を「ソース」と呼ぶ。たとえば電場は電荷がソースとなって生み出される。

所ではゼロであるにもかかわらず、積分値はゼロでない値を持つのだ。

$$\int \delta(x)dx = 1$$

デルタ関数をグラフに描くことを想像してみよう。この関数は、$x = 0$の近傍以外ではゼロの値を取る。しかし$x = 0$の近傍では大きな値を取り、全面積は1に等しい。非常に背が高く、幅の狭い関数なのだ。あまりに幅が狭いため、デルタ関数は原点だけでしか値を持たないと考えてよいが、原点における関数の値が非常に大きく、関数全体の面積は有限の値を取るのである。

そのような振る舞いをする現実の関数は存在しないが、ディラック関数は普通の関数ではない。それはまさに数学的なルールであると言ってよい。他の関数$F(x)$をディラック関数に掛けて積分すると、原点におけるFの値が積分値として出てくるのだ。その数学的な定義は次のとおりである。

$$\int F(x)\,\delta(x)dx = F(0) \tag{5.10}$$

ここで、$F(x)$は「任意の」関数である[8]。ある関数$F(x)$に対して上式のように積分すると、デルタ関数は$x = 0$における$F(x)$の値を取り出し、他のすべての値を隠してしてしまうのである。クロネッカーのデルタに似ているが、連続関数に対して作用するという点が異なる。$\delta(x)$は、xがゼロに極めて近いときを除いて、すべての範囲で値がゼロになる関数である。xがゼロに近づくと、$\delta(x)$は鋭いピークを形成する。今我々が扱っている問題に対しては、3次元版のδ関数が必要になる。これを$\delta^3(x, y, z)$と書く。$\delta^3(x, y, z)$は、1次元のδ関数を3つ掛け合わせたものである。

8　厳密には$F(x)$は任意ではない。ただし、幅広い種類の関数が候補となることから、ここでの目的においては、任意の関数と考えてよい。

$$\delta^3(x, y, z) = \delta(x)\,\delta(y)\,\delta(z)$$

簡単のため、xが3次元空間すべてを表すとして、$\delta^3(x)$と書くこともよくある。$\delta^3(x, y, z)$はどの位置でゼロでない値を取るのだろうか。それは、3つの掛け合わさった関数すべてがゼロでないところ、すなわち$x = 0$, $y = 0$, $z = 0$だけである。3次元空間のこの点においてのみ、$\delta^3(x, y, z)$は非常に大きな値を取るのだ。

相互作用項を積分として書く場合のトリックは、これでかなり明らかになっただろう。ソース関数ρとしてδ関数

$$\rho(x) = \delta^3(x) \tag{5.11}$$

を選び、粒子をこれで置き換えるのである。式(5.8)の作用は次の形になる。

$$作用_{相互作用} = \int -g\phi(t, x)\,\delta^3(x)\,d^4x \tag{5.12}$$

要は、これを空間座標上で積分すると、デルタ関数のルールにより単純に原点における$g\,\phi\,(x)$の値を取り出すと、以前見たことがあるような形が得られるのである。

$$作用_{相互作用} = -g\int \phi(t, 0)\,dt \tag{5.13}$$

さて、ここで場の作用と相互作用項を組み合わせよう。単純に2つの項を足し合わせるだけである。式(5.4)と式(5.1 2)の作用項を組み合わせると、次のようになる。

$$作用_{全体} = \int\left[\frac{1}{2}\left(\frac{\partial\phi}{\partial t}\right)^2 - \frac{1}{2}\left(\frac{\partial\phi}{\partial x}\right)^2 - g\rho\,(x)\,\phi\,(t, x)\right] d^4x$$

あるいは、ソース関数をデルタ関数に置き換えて、

$$\text{作用}_{\text{全体}} = \int \left[\frac{1}{2}\left(\frac{\partial \phi}{\partial t}\right)^2 - \frac{1}{2}\left(\frac{\partial \phi}{\partial x}\right)^2 - g\delta^3(x)\phi(t, x) \right] d^4x$$

となる。これが、空間と時間で積分した全作用である。大きなカギ括弧の中の式はラグランジアンである。わかりやすい場に対するラグランジアンと同様に、場の作用（ここでは偏微分で表現）と、粒子が場に与える影響を表すデルタ関数の項がある。このデルタ関数は、粒子が静止しているという特殊な状況を表している。しかし、粒子が動くような「音楽」をかけることもできる。デルタ関数を時間と共に移動させるのだ。しかし、それは今重要なことではないので、代わりにラグランジアン

$$\mathcal{L}_{\text{全体}} = \left[\frac{1}{2}\left(\frac{\partial \phi}{\partial t}\right)^2 - \frac{1}{2}\left(\frac{\partial \phi}{\partial x}\right)^2 - g\rho(x)\phi(t, x) \right] \tag{5.14}$$

に基づいて運動方程式を計算しよう。

5.2.1 運動方程式

式(4.5)のオイラー・ラグランジュ方程式をここにもう一度書いておこう。

$$\sum_{\mu} \frac{\partial}{\partial X^{\mu}} \frac{\partial \mathcal{L}}{\partial\left(\frac{\partial \phi}{\partial X^{\mu}}\right)} - \frac{\partial \mathcal{L}}{\partial \phi} = 0 \tag{5.15}$$

式(5.15)は、運動方程式を求めるために$\mathcal{L}_{\text{全体}}$をどうすればよいかを教えてくれている。添字μは0、1、2、3という値を取る。最初の値は0であり、これは時間成分である。したがって、最初のステップは微分

$$\frac{\partial}{\partial t} \frac{\partial \mathcal{L}_{\text{全体}}}{\partial\left(\frac{\partial \phi}{\partial t}\right)}$$

を計算することである。この計算を段階を追って見ていく。まず、$\mathcal{L}_{全体}$の$\dfrac{\partial\phi}{\partial t}$による偏微分とは何か。$\mathcal{L}_{全体}$には、$\dfrac{\partial\phi}{\partial t}$を含む項は1つしかない。そのまま微分すると、

$$\frac{\partial\mathcal{L}_{全体}}{\partial\left(\dfrac{\partial\phi}{\partial t}\right)}=\frac{\partial\phi}{\partial t}$$

という結果になる。両辺に$\dfrac{\partial}{\partial t}$を適用すると、

$$\frac{\partial}{\partial t}\frac{\partial\mathcal{L}}{\partial\left(\dfrac{\partial\phi}{\partial t}\right)}=\frac{\partial^2\phi}{\partial t^2}$$

となる。これが運動方程式の最初の項だ。加速を表す項にそっくりである。我々は$\dot{\phi}^2$に相当する運動エネルギー項から始め、これを微分することでϕの加速度のようなものが出てきた、というわけである。

次にμは値1を取るので、第一空間成分を計算する。この項の形は、負符号を除けば時間成分の形とまったく同じである。つまり運動方程式の最初の2項は

$$\frac{\partial^2\phi}{\partial t^2}-\frac{\partial^2\phi}{\partial x^2}$$

と書ける。y成分とz成分はx成分と同じ形式であるため、同様に追加することができる。

$$\frac{\partial^2\phi}{\partial t^2}-\frac{\partial^2\phi}{\partial x^2}-\frac{\partial^2\phi}{\partial y^2}-\frac{\partial^2\phi}{\partial z^2}$$

もし、これらの項だけであれば、この式をゼロとおき、ϕに対する古き良き波動方程式が得られることになる。しかし、ラグランジアンには相互作用項があるため、ϕへの依存の仕方が変わる。最終的な運動方程式は

$$\frac{\partial^2\phi}{\partial t^2}-\frac{\partial^2\phi}{\partial x^2}-\frac{\partial^2\phi}{\partial y^2}-\frac{\partial^2\phi}{\partial z^2}=\frac{\partial\mathcal{L}_{全体}}{\partial\phi}$$

であり、最後の項が

$$\frac{\partial\mathcal{L}_{全体}}{\partial\phi}=-g\rho(x)$$

となることはすぐにわかる。この最後の項を運動方程式に加えると、次のようになる。

$$\frac{\partial^2\phi}{\partial t^2}-\frac{\partial^2\phi}{\partial x^2}-\frac{\partial^2\phi}{\partial y^2}-\frac{\partial^2\phi}{\partial z^2}=-g\rho(x) \tag{5.16}$$

このように、ϕの場の方程式に、波動方程式に追加する項としてソース関数が現れることがわかる。このソース項がなければ$\phi=0$が正しい解となるが、ソース項があるとそうはいかない。ソース関数は文字通り、単純な解である$\phi=0$が本当の解にならないようにする場のソースなのである。

実際のソースが静止している粒子の場合、$\rho(x)$はデルタ関数に置き換えることができる。

$$\frac{\partial^2\phi}{\partial t^2}-\frac{\partial^2\phi}{\partial x^2}-\frac{\partial^2\phi}{\partial y^2}-\frac{\partial^2\phi}{\partial z^2}=-g\delta^3(x) \tag{5.17}$$

ここで、式(5.16)の静的な解を探してみよう。粒子が静止しているため、場そのものも時間とともに変化しない解が存在するかもしれない。静止している粒子は、静止している場、つまり、時間とともに変化しない場を作ることができるというのは、もっともに聞こえる。それではϕが時間に依存しない解を探す。このとき、式(5.16)の$\frac{\partial^2\phi}{\partial t^2}$の項はゼロになる。そこで、残りの項の符号をプラスに変えて、次のように書く。

$$\frac{\partial^2\phi}{\partial x^2} + \frac{\partial^2\phi}{\partial y^2} + \frac{\partial^2\phi}{\partial z^2} = +g\delta^3(x)$$

これがポアソン方程式と呼ばれるものであることにお気づきかもしれない。この式は、とくに点状粒子の静電ポテンシャルを記述するものであり、$\nabla^2\phi$を右辺のソース（電荷密度）と等しいとおいた形で書かれることが多い[9]。今扱っている例の場合、電荷密度は単なるデルタ関数、つまり細くて背の高いパルス状の形をしている。

$$\nabla^2\phi = g\delta^3(x) \tag{5.18}$$

もちろん、今回の例は電場でも磁場でもない。電気力学ではベクトル場、スカラー場が扱われるからだ。しかし、その類似性は驚くほど高い。

ラグランジアン（式(5.14)）の第3項がすべてを結びつけている。これは、ポテンシャルエネルギー$-g\phi(t, x)$が存在するかのように粒子が運動していることを意味する。言い換えれば、この項は粒子に力を与えている。この同じ項をϕの場の運動方程式に用いると、ϕ場にソースがあることを意味することになる。

これらは独立したものではない。場が粒子に影響を与えるということは、粒子が場に影響を与えることを意味する。静的な場の中で静止している粒子に関して、式(5.18)はその影響がどのようなものであるかを正確に教えてくれる。パラメータgは、粒子が場に与える影響の強さを決めている。また、同じパラメータによって、場が粒子に与える影響の強さもわかる。このことから、両者のよい関係が浮かび上がる。場と粒子はラグランジアンの共通の項によって互いに影響し合っているのだ。

9　$\nabla^2\phi$という記号は、$\frac{\partial^2\phi}{\partial x^2} + \frac{\partial^2\phi}{\partial y^2} + \frac{\partial^2\phi}{\partial z^2}$を省略して書いたものである。付録Bに、$\vec{\nabla}$や他のベクトル記号の意味について簡単にまとめてある。また、本シリーズ第一巻の第11章も参考にするとよい。そのほかにも参考になる本は数多くある。

5.2.2 時間依存性

では、粒子が動き、場が時間変化するようにしたら、結果はどうなるだろう。ここでは、1次元空間に限定して考えることにする。式(5.18)は次のようになる。

$$\nabla^2 \phi = g\delta(x)$$

1次元では、この式の左辺はϕのxによる2階微分にすぎない。この粒子を別の場所に置くとする。原点に置くのではなく、$x = a$に置くのだ。この場合は、前の式のxを$x - a$に変えるだけであり、次式の形になる。

$$\nabla^2 \phi = g\delta(x - a)$$

デルタ関数$\delta(x - a)$はxがaに等しいところでピークを持つ。さらに、粒子が動いていて、その位置が時間の関数$a(t)$であるとする。この場合は次のように書ける。

$$\nabla^2 \phi = g\delta(x - a(t))$$

この式は、「場にはソースがあり、そのソースは動いている」ことを示している。任意の時刻において、ソースは位置$a(t)$にある。このように、我々は動く粒子についても扱うことができる。ただし、まだ小さな問題が残っている。粒子が動いている場合、場が時間とともに変化しないとは思えない。粒子が動き回るなら、場も時間に依存しなければならない。運動方程式(式(5.16))でゼロにした項$\frac{\partial^2 \phi}{\partial t^2}$を覚えているだろうか。時間に依存する場では、その項を元に戻す必要があり、その結果

$$-\frac{\partial^2 \phi}{\partial t^2} + \nabla^2 \phi = g\delta(x - a(t))$$

となる。右辺が時間に依存する場合、ϕの解も時間に依存せざるを得ない。つまり、整合性のある解を得るには、時間を含む項を式の中に戻すしかないのだ。

動く粒子（たとえば加速する粒子や振動する粒子）は、場に時間依存性を与えることになる。その結果何が起きるかは、皆さんはご存じかもしれない。波が生じるのだ。しかし今のところ、波動方程式は解かない。その代わり、相対性理論の表記法について少し話をしよう。

5.3 上付きと下付きの添字

記号の使い方は、多くの人が思っているよりもはるかに重要なものである。それは我々の言語の一部となり、良くも悪くも我々の思考方法を形成している。記号などどうでもよいと思うなら、今度税金を払うときにローマ数字を使ってみてほしい。

ここで紹介する数学的表記法は、方程式を簡単で美しいものにする。また、方程式を書くときにいちいち[10]

$$\frac{\partial^2\phi}{\partial t^2}-\frac{\partial^2\phi}{\partial x^2}-\frac{\partial^2\phi}{\partial y^2}-\frac{\partial^2\phi}{\partial z^2}$$

のような表記をする必要がない。前章では、相対論的なベクトル、4元ベクトル、スカラーの標準的な表記法について少し触れた。その内容を簡単に再確認し、さらに簡略化した表記法を説明する。

X^μという記号は、時空の4つの座標を表し、次のように書ける。

$$X^\mu = (t, x, y, z)$$

10 「いちいち」以外にも、あなたの好きな否定的な言葉を入れてよい。

ここで、添字μは、0から3までの4つの値を取る。さて、この添字を置く場所について注目しよう。ここでは添字を右上に置いている。今のところそのことに意味はないが、やがて意味を持つようになる。

X^μは、原点からの変位と考えれば、4元ベクトルである。4元ベクトルはローレンツ変換下での振る舞いに関連した名称であり、tやxと同じように変換される4つ量の集合体はどれも4元ベクトルである。

4元ベクトルのうち3つの空間成分が、あなたの基準座標系でゼロになることがある。そのときあなたの座標系においては、この変位は純粋に時間的なものである、と言える。しかし、これは不変な表現ではない。私の座標系では、空間成分はすべてゼロにはならないので、物体は空間内で移動していると言える。しかし、もし変位を表す4元ベクトルの4つの成分があなたの座標系でゼロであれば、私の座標系でも他のすべての座標系でもゼロである。4元ベクトルの4成分がすべてゼロであるというのは、不変な表現なのである。

4元ベクトルの差分も4元ベクトルである。次のような微小変位（全微分）も同様だ。

$$dX^\mu$$

4元ベクトルから出発して、スカラー、つまりどの座標系でも同じである量を作ることができる。たとえば、変位から固有時（の2乗）$d\tau^2$を作れる。その形はもう皆さんがご存じのものだ。

$$(d\tau)^2 = dt^2 - dx^2 - dy^2 - dz^2$$

という量と、それに対応する

$$(ds)^2 = -dt^2 + dx^2 + dy^2 + dz^2$$

は、どの基準座標系でも同じである。これらはスカラーであり、成分は1つだけである。あるスカラーがある基準座標系でゼロになるなら、どの基準座標系でもゼロである。実際、これがスカラーの定義である。スカラーは、どの座標系でも同じなのだ。

dX^μの成分を組み合わせて時空間隔ds^2（そして固有時$d\tau$）の形にするプロセスは、非常に一般的なものである。これはあらゆる4元ベクトルA^μに適用でき、その結果はつねにスカラーになる。この形は何度も使うが、

$$-(A^t)^2 + (A^x)^2 + (A^y)^2 + (A^z)^2$$

という長い式を必要になるたびに毎回書くのは面倒だ。そこで、新しい表記法を作って簡単化しよう。この新しい表記法には、「計量」と呼ばれる行列が大きく関わってくる。特殊相対性理論では、計量はη（ギリシャ文字のイータ）と呼ばれることが多く、2つの添字μとνを持つ。これは単純な行列である。実際、単位行列とほとんど同じである。ただし、単位行列と同様に3つの対角要素が1であるが、4つ目の対角要素は－1である。この要素は時間に対応している。すなわち、この行列全体は次のように書ける。

$$\eta_{\mu\nu} = \begin{pmatrix} -1 & 0 & 0 & 0 \\ 0 & 1 & 0 & 0 \\ 0 & 0 & 1 & 0 \\ 0 & 0 & 0 & 1 \end{pmatrix}$$

この表記では、4元ベクトルを列ベクトルで表す。たとえば、4元ベクトルA^νは次のように表わされる。

$$A^\nu = \begin{pmatrix} A^t \\ A^x \\ A^y \\ A^z \end{pmatrix}$$

行列$\eta_{\mu\nu}$をベクトルA^νと掛け合わせよう（νは0から3の値を取る）。すると、和の記号を使って次のように書ける。

$$\sum_\nu \eta_{\mu\nu} A^\nu = \eta_{\mu 0}A^0 + \eta_{\mu 1}A^1 + \eta_{\mu 2}A^2 + \eta_{\mu 3}A^3$$

これは新しい種類の量なので、下付き添字を持つ「A_μ」と書くことにする。

$$A_\mu = \sum_\nu \eta_{\mu\nu} A^\nu$$

この新しい量「下付き添字を持つA」が何であるかを考えてみよう。それは、元の4ベクトルA^νではない。もしηが恒等行列なら、ベクトルにηを掛けるとまったく同じベクトルになるはずだが、ηは恒等式行列ではない。対角線に-1が入っているのは、積$\sum_\nu \eta_{\mu\nu} A^\nu$を作るときに、第1成分である$A^t$の符号を反転させ、それ以外は同じにするためだ。そのためA_νは次のように書ける。

$$A_\nu = \begin{pmatrix} -A^t \\ A^x \\ A^y \\ A^z \end{pmatrix}$$

つまりこの操作をすると、時間成分の符号が変わるだけなのだ。一般相対性理論では、計量はより深い幾何学的な意味を持つ。しかし、我々の目的からすれば、便利な表記法に過ぎないのである[11]。

11　A_νを行行列（1つの行しか持たない行列）で表した方がよいかもしれない。しかし、次節で紹介する縮約記法により、行列を成分で書く必要はほとんどなくなる。

5.4 アインシュタインの縮約記法

必要が発明の母であるなら、怠惰は父である。アインシュタインの縮約記法は、この二人の幸せな結婚の産物だ。第4.4.2節で紹介したが、今回はその使い方をもう少しくわしく見てみよう。

1つの項の中で、下付き添字と上付き添字の両方に同じ文字がある場合、自動的にその添字に関する和が取られる。和は暗黙のうちに取り、和の記号を書く必要はない。たとえば、

$$A^{\mu} A_{\mu} \tag{5.19}$$

という項は、

$$A^0 A_0 + A^1 A_1 + A^2 A_2 + A^3 A_3$$

を意味する。なぜなら、同じ項の中に同じ添字μが上にも下にも出てくるからである。一方、

$$A_{\nu} A^{\mu}$$

という項は、上下の添字が同じではないので、和を意味しない。同様に

$$A_{\nu} A_{\nu}$$

は同じ添字νが繰り返されているが、両方とも下付きであるため、和を意味しない。

3.4.3節のいくつかの式で、空間成分の2乗和を表すときに$(\dot{X}^i)^2$という記号を使ったのを覚えているだろうか。この和は、下付きと上付きの添字を使えば以下のように書くことができる。

$$\dot{X}^i \dot{X}_i$$

こちらのほうがより洗練されていて正確である[12]。

式(5.19)の操作は、時間成分の符号を変える効果がある。ただしこの負符号の配置を(＋1, －1, －1, －1)と書く人もいるため、注意が必要である。私個人は、一般相対性理論を研究している人がよく使う、(－1, 1, 1, 1)の方が好きだ。

次の例のνのように、縮約記法を実行させる添字は特定の値を持たない。これは、和の添字またはダミーインデックスと呼ばれ、和を取るための添字である。これに対し、和を取らない添字を自由な添字またはフリーインデックスと呼ぶ。たとえば

$$A_\mu = \eta_{\mu\nu} A^\nu \tag{5.20}$$

という量は、μ(自由な添字)には依存するが、和の添字νには依存しない。νについて和を取るため、最終結果にνという記号が残らないからである。νを他のギリシャ文字に置き換えても、上記の表現はまったく同じ意味になる。なお、上付き添字と下付き添字には正式な名前がある。上付き添字は「反変」、下付き添字を「共変」という。私はもっと簡単な上付きや下付きという言葉をよく使うが、正式名称も覚えておくとよいだろう。上付き(反変)添字を持つAと下付き(共変)添字を持つAがあるとき、行列ηを使って一方を他方に変換できる。一方の添字を他方の添字に変換することを、添字を上げる、添字を下げると言う。

練習問題5.1　$A^\nu A_\nu$は$A^\mu A_\mu$と同じ意味であることを示せ。

12　訳者注：この場合の添字はギリシャ文字ではなくローマ字なので、空間成分(i = 1, 2, 3)のみ取ることから、空間成分のみの和を意味する。

練習問題5.2　式(5.20)でηをかけて下付き添字にした操作を元に戻す式を書け。どうすれば上付き添字に逆戻りできるだろうか。

式(5.19)

$$A^{\mu}A_{\mu}$$

をもう一度見てみよう。この式は、上付きと下付きの繰り返しの添字を含んでいるため、和が取られる。前回は、0から3までの添字を使って展開した。同じ式をt, x, y, zというラベルを使って書くこともできる。

$$A^{\mu}A_{\mu} = A^tA_t + A^xA_x + A^yA_y + A^zA_z$$

3つの空間成分については、共変でも反変でもまったく同じである。1つ目の空間成分は$(A^x)^2$であり、添字を上に置いても下に置いても変わらない。y成分とz成分についても同様だ。しかし、時間成分は$-(A^t)^2$になる。

$$A^{\mu}A_{\mu} = -(A^t)^2 + (A^x)^2 + (A^y)^2 + (A^z)^2$$

時間成分は、その添字を下げたり上げたりする操作で符号が変わるため、負の符号になるのである。反変の時間成分と共変の時間成分は符号が逆で、A^tとA_tの掛け算は$-(A^t)^2$となる。一方、反変の空間成分と共変の空間成分は同じ符号を持つ。

$A^{\mu}A_{\mu}$という量は、まさに我々が考えているスカラーである。この量は時間成分の2乗と空間成分の2乗の差である。A^{μ}がdX^{μ}のような変位であれば、$A^{\mu}A_{\mu}$はτ^2という量と同じ大きさであるが、全体としてマイナス記号が付く。つまり、$-\tau^2$である。しかし符号が何であれ、この量がスカラーであることは明らかである。

この処理を添字の縮約といい、一般的なものである。A^{μ}が4元ベクトルであれば、$A^{\mu}A_{\mu}$という量はスカラーである。どんな4元ベクトルでも、その添字を縮約することでスカラーにできるのだ。また、式(5.20)を参考にしてA_{μ}を$\eta_{\mu\nu}A^{\nu}$に置き換えることで、$A^{\mu}A_{\mu}$を次のように少し違う形に書くことができる。

$$A^{\mu}A_{\mu} = A^{\mu}\eta_{\mu\nu}A^{\nu} \tag{5.21}$$

右辺は、計量ηを用いてμとνについて和をとる。式(5.21)は両辺とも同じスカラーを表している。次に、2つの異なる4元ベクトルAとBを含む例を見てみよう。

$$A^{\mu}B_{\mu}$$

これはスカラーだろうか。確かにそのようだ。見かけは添字があるが、どれも和が取られるため、実際には添字がないのだ。

スカラーであることを証明するためには、スカラーの和と差もスカラーであるという事実を使う必要がある。2つのスカラー量があれば、基準座標系が異なっていても、あなたと私はその2つの値について同意する。しかし、2つの値について同意するのであれば、それらの和と差の値についても同意しなければならない。ということは、2つのスカラーの和もスカラーであり、2つのスカラーの差もまたスカラーである。このことに注意すれば、証明は簡単である。2つの4元ベクトルA^{μ}とB^{μ}を使って次の式を書けばよい。

$$(A+B)^{\mu}(A+B)_{\mu}$$

この式はスカラーでなければならない。なぜだろうか。A^{μ}とB^{μ}はともに4元ベクトルだから、その和$(A+B)^{\mu}$も4元ベクトルである。そしていかなる4元ベクトルも、それ自身と縮約すると結果はスカラーになる。ここで、この式を修正して、$(A-B)^{\mu}(A-B)_{\mu}$を引き算してみよう。これは次のようになる。

$$(A+B)^{\mu}(A+B)_{\mu}-(A-B)^{\mu}(A-B)_{\mu} \tag{5.22}$$

この修正された式は、2つのスカラーの差であるため、やはりスカラーである。この式を展開すると、$A^{\mu}A_{\mu}$の項はキャンセルされ、$B^{\mu}B_{\mu}$の項もキャンセルされることがわかる。残る項は$A^{\mu}B_{\mu}$と$A_{\mu}B^{\mu}$のみとなり、結果は

$$2\left[A^{\mu}B_{\mu}+A_{\mu}B^{\mu}\right] \tag{5.23}$$

である。一方、次式が成り立つことを読者への練習問題として残しておこう。

$$A^{\mu}B_{\mu}=A_{\mu}B^{\mu}$$

上付きを下にして下付きを上にしても、結果は同じだ。したがって、上式は次のように書ける。

$$(A+B)^{\mu}(A+B)_{\mu}-(A-B)^{\mu}(A-B)_{\mu}=4\left[A^{\mu}B_{\mu}\right]$$

元の式(5.22)がスカラーであることはわかっているので、結果として得られた$A^{\mu}B_{\mu}$もスカラーになるはずである。

$A^{\mu}B_{\mu}$という式は、2つの空間ベクトルの通常の内積とよく似ていることにお気づきだろうか。$A^{\mu}B_{\mu}$はローレンツ版あるいはミンコスキー版の内積と考えることができる。内積との唯一の違いは、時間成分の符号が変わっていることであり、これは計量ηによるものである。

5.5 スカラー場の記法

次に、スカラー場$\phi(x)$について、いくつかの決まりごとを設けておく。ここでxは時間を含む時空の4つの要素をすべて表す。本題に入る前に、1つの定理を述べておく必要がある。証明は難しくないので、練習問題として残しておこう。

既知の4元ベクトルA_μがあるとする。A_μが4元ベクトルであるというのは、単に4つの成分を持つということだけではなく、A_μがローレンツ変換のもとで、ある特定の規則にしたがって変形することを意味する。また、別の量B^μがあるとする。B^μが4元ベクトルかどうかはわからない。ただし、

$$A_\mu B^\mu$$

という形がスカラー量になることはわかっているとする。これらの条件から、B^μは4元ベクトルでなければならないことが証明できる。この結果を踏まえて、隣り合う2点間の$\phi(x)$の値の変化について考えてみよう。$\phi(x)$がスカラーであれば、隣り合う2点でのϕの値について、あなたと私の主張が一致する。したがって、この2点での値の差についても主張が一致することになる。$\phi(x)$がスカラーなら、隣り合う2点間の$\phi(x)$の違いもスカラーだからだ。

隣り合う2つの点が無限小だけ離れている場合はどうだろうか。この隣接点間の$\phi(x)$の値の差はどのように表現するのだろう。答えは、基本的な微積分学から得られる。$\phi(x)$を各座標に対して微分し、その微分にその座標の差分を掛ける。

$$d\phi(x) = \frac{\partial \phi(x)}{\partial X^\mu}\, dX^\mu \tag{5.24}$$

縮約記法にしたがうと、右辺は$\phi(x)$のtについての微分をdt倍したものに、$\phi(x)$のxについての微分をdx倍したものを足していったものである。

これは、1つの点から別の点に行くときの$\phi(x)$の小さな変化を表わしている。$\phi(x)$、$d\phi(x)$ともにスカラーであることはわかっている。明らかに、dX^{μ}自体は4元ベクトルである。実際これは、4元ベクトルの基本形である。まとめると、式(5.24)の左辺がスカラーであること、右辺のdX^{μ}が4元ベクトルであることがわかった。では、右辺の偏微分はどうか。先ほどの定理によれば、それは4元ベクトルでなければならない。これは次の4つの量の集合体を表している。

$$\frac{\partial\phi(x)}{\partial X^{\mu}} = \left(\frac{\partial\phi}{\partial t}, \frac{\partial\phi}{\partial x}, \frac{\partial\phi}{\partial y}, \frac{\partial\phi}{\partial z}\right)$$

式(5.24)が積として意味を持つためには、全微分のdX^{μ}は反変なので、$\frac{\partial\phi(x)}{\partial X^{\mu}}$は共変ベクトルに対応していなければならない。スカラー量である$\phi(x)$の座標に関する微分が、4元ベクトルの共変成分A_{μ}であることがわかったのだ。これは強調しておきたい点である。スカラーのX^{μ}による微分は、共変ベクトルを形成するのだ。これらは、$\partial_{\mu}\phi$という略記号で書かれることがあり、その定義は以下のとおりである。

$$\partial_{\mu}\phi = \frac{\partial\phi(x)}{\partial X^{\mu}}$$

$\partial_{\mu}\phi$という記号は、その成分が共変であることを示すため、添字が下付きになっている。この記号の反変版はあるだろうか。あるのだ。時間成分が逆符号であることを除けば、共変とほぼ同じ意味を持つ。明示的に書くと、次のとおりである。

$$\partial_{\mu}\phi \Longleftrightarrow \left(\frac{\partial\phi}{\partial t}, \frac{\partial\phi}{\partial x}, \frac{\partial\phi}{\partial y}, \frac{\partial\phi}{\partial z}\right)$$

$$\partial^{\mu}\phi \Longleftrightarrow \left(-\frac{\partial\phi}{\partial t}, \frac{\partial\phi}{\partial x}, \frac{\partial\phi}{\partial y}, \frac{\partial\phi}{\partial z}\right)$$

5.6 新たなスカラー

これで、新しいスカラーを作るのに必要な道具が揃った。新しいスカラーは

$$\partial^\mu \phi \, \partial_\mu \phi$$

である。これを縮約記法で展開すると、次のようになる。

$$\partial^\mu \phi \, \partial_\mu \phi = -\left(\frac{\partial \phi}{\partial t}\right)^2 + \left(\frac{\partial \phi}{\partial x}\right)^2 + \left(\frac{\partial \phi}{\partial y}\right)^2 + \left(\frac{\partial \phi}{\partial z}\right)^2$$

これは何を表しているのだろうか。以前書いた場のラグランジアンに似ている。式(4.7)には、符号を逆にしただけの同じ式が含まれている[13]。我々の新しい記法では、ラグランジアンは

$$\mathcal{L} = -\frac{1}{2}\,\partial^\mu \phi \, \partial_\mu \phi$$

と書ける。このように書くと、スカラー場のラグランジアンは、それ自体がスカラーであることが容易にわかる。前に説明したように、スカラー量のラグランジアンを持つことは非常に重要だ。不変なラグランジアンからは、形が変わらない運動方程式が導かれるからである。場の理論の多くは、不変量のラグランジアンを構築することにある。今までは、スカラーと4元ベクトルが主な材料だったが、今後はスカラーラグランジアンを他のもの、たとえばスピノルやテンソルから構成する必要がある。ここで開発した表記法は、この作業をより簡単にするものである。

13　式(4.7)にはポテンシャル項$-V(\phi)$も含まれているが、ここでは無視する。

5.7 共変成分の変換

よく知られたローレンツ変換の式は、その形からわかるように、反変成分に対して適用される。共変成分の場合は、方程式が少し異なる。その点を見ていこう。tとxに対するおなじみの反変成分に対する変換は次のようになる。

$$(A')^t = \frac{A^t - vA^x}{\sqrt{1-v^2}}$$

$$(A')^x = \frac{A^x - vA^t}{\sqrt{1-v^2}}$$

共変成分も時間成分を除いて同じである。つまり、A^xをA_xに、$(A')^x$を$(A')_x$に置き換えればよい。しかし、共変の時間成分A_tは、反変時間成分の符号を反転させたものである。そのため、A^tを$-(A)_t$に、$(A')^t$を$-(A')_t$に置き換える必要がある。これらを最初の式に代入すると、

$$-(A')_t = \frac{-A_t - vA_x}{\sqrt{1-v^2}}$$

となり、次のように簡略化される。

$$(A')_t = \frac{A_t + vA_x}{\sqrt{1-v^2}}$$

これを2番目の式に当てはめると、次のようになる。

$$(A')_x = \frac{A_x + vA_t}{\sqrt{1-v^2}}$$

これらの式は、vの符号が逆になっていることを除けば、反変の場合とほとんど同じである。

5.8 一休みして数学の話：指数関数を使って波動方程式を解く

オイラー・ラグランジュ方程式は、既知のラグランジアンから出発して、運動方程式を書き下すひな形を与えてくれる。運動方程式はそれ自体が微分方程式である。目的によっては、これらの方程式の形がわかれば十分である。しかし時には微分方程式を解きたいこともある。

微分方程式の解を求めるというのは、きわめて大きなテーマである。とはいえ、本質だけを取り出せば、基本的な考え方は次のようにまとめられる。

1. 微分方程式を満たすような関数を提案する（推測でもOK）。
2. その関数を微分方程式に代入する。その関数が方程式を満たしていれば、それで終わり。そうでなければ、ステップ1に戻る。

解の導出に頭を悩ませるのではなく、たまたまうまくいったものを紹介しよう。次の形の指数関数が波動方程式の主要な構成要素であることがわかる。

$$\phi(x) = e^{i(kx - \omega t)}$$

この問題では、ϕは実数値のスカラー場であると仮定しているのに、解として複素数の関数を選んでいることに戸惑うかもしれない。これを理解するため、次のことを思い出してほしい。

$$e^{i(kx - \omega t)} = \cos(kx - \omega t) + i\sin(kx - \omega t) \tag{5.25}$$

ここで、$kx - \omega t$は実数である。式(5.25)は、複素関数は、実関数に別の実関数のi（虚数単位）倍を足したものであるという事実を書いているだけである。$e^{i(kx - \omega t)}$という解が得られたら、そこに含まれる2つの実関数は2つの解として扱い、iについては無視する。このことは、複素関数をゼロと置くとわかりやすい。その場合、実部と虚部がそれぞれゼロに等しいことになり、2つの解が出てくる[14]。式(5.25)において、

$$\cos(kx-\omega t)$$

は実部であり

$$\sin(kx-\omega t)$$

は虚部(iを除いて)である。

最終的に実関数を解として取り出すのであれば、なぜわざわざ複素関数を使う必要があるのだろうか。それは、指数関数の微分が簡単に扱えるからである。

5.9 波

波動方程式に目を向け、解くことにしよう。ϕに対するラグランジアンはすでに手にしている。

$$\mathcal{L}=\frac{1}{2}\left[\left(\frac{\partial\phi}{\partial t}\right)^2-\left(\frac{\partial\phi}{\partial x}\right)^2-\left(\frac{\partial\phi}{\partial y}\right)^2-\left(\frac{\partial\phi}{\partial z}\right)^2\right]$$

しかし、もう1つ項を追加して、少し拡張したい。追加項$-\frac{1}{2}\mu^2\phi^2$もスカラーである。これはϕの単純な関数で、微分を含まない。パラメータμ^2は定数である。我々の修正した場のラグランジアンは

14　ややこしいが、複素関数の虚部は実関数にiを掛けたものである。

$$\mathcal{L} = \frac{1}{2}\left[\left(\frac{\partial\phi}{\partial t}\right)^2 - \left(\frac{\partial\phi}{\partial x}\right)^2 - \left(\frac{\partial\phi}{\partial y}\right)^2 - \left(\frac{\partial\phi}{\partial z}\right)^2 - \mu^2\phi^2\right] \quad (5.26)$$

と書ける。この場の理論のラグランジアンは、調和振動子に類似したものである。我々が調和振動子を議論していたとし、その振動子の座標をϕと書いたとすると、運動エネルギーは

$$\frac{\dot{\phi}^2}{2}$$

となる。ポテンシャルエネルギーは$\frac{1}{2}\mu^2\phi^2$であり、ここでμ^2はバネ定数を表す。そのためラグランジアンは次のようになる。

$$\frac{\dot{\phi}^2}{2} - \frac{\mu^2\phi^2}{2}$$

このラグランジアンは、古き良き調和振動子を表している。式(5.26)の場のラグランジアンに似ているが、唯一の違いは、場のラグランジアンには空間微分があることである。式(5.26)に対応する運動方程式を計算し、解いてみよう。まず、時間成分から始める。式(5.26)に対するオイラー・ラグランジュの方程式は、次の計算を行うように指示している。

$$\frac{d}{dt}\frac{\partial\mathcal{L}}{\partial\left(\frac{\partial\phi}{\partial t}\right)}$$

その結果、次のようになることは容易にわかるだろう。

$$\frac{d}{dt}\frac{\partial\mathcal{L}}{\partial\left(\frac{\partial\phi}{\partial t}\right)} = \frac{\partial^2\phi}{\partial t^2}$$

これは調和振動子の加速度項に似たものである。また、式(5.26)の空間成分を微分することにより、追加の項を得る。これらの項を加えると、運動方程式の左辺は次のように書ける。

$$\frac{\partial^2\phi}{\partial t^2}-\frac{\partial^2\phi}{\partial x^2}-\frac{\partial^2\phi}{\partial y^2}-\frac{\partial^2\phi}{\partial z^2}$$

右辺を求めるために、$\frac{\partial\mathcal{L}}{\partial\phi}$ を計算する。その計算結果は

$$\frac{\partial\mathcal{L}}{\partial\phi}=-\mu^2\phi$$

である。オイラー・ラグランジュ方程式の左辺と右辺の結果を集めると、ϕの運動方程式は次式になる。

$$\frac{\partial^2\phi}{\partial t^2}-\frac{\partial^2\phi}{\partial x^2}-\frac{\partial^2\phi}{\partial y^2}-\frac{\partial^2\phi}{\partial z^2}=-\mu^2\phi$$

すべて左辺に集めると、

$$\frac{\partial^2\phi}{\partial t^2}-\frac{\partial^2\phi}{\partial x^2}-\frac{\partial^2\phi}{\partial y^2}-\frac{\partial^2\phi}{\partial z^2}+\mu^2\phi=0 \tag{5.27}$$

となる。シンプルな方程式だが、見たことがあるだろうか。これはクライン・ゴルドン方程式だ。シュレディンガー方程式に先行するもので、量子力学的な粒子を記述しようとした式である。シュレディンガー方程式も似たようなものだ[15]。クラインとゴルドンは、相対論的であろうとしたのが間違いだったのである。もし、相対論に固執しなければ、彼らはシュレディンガー方程式を書き、非常に有名になっていただろう。しかし、彼らは相対論的な方程式を書いたために、あまり有名ではなくなってしまった。クライン・ゴルドン方程式と量子力学の関係は今は重要ではないが、我々

15　シュレディンガー方程式は、時間による1階微分だけを持ち、虚数単位iを含んでいる。

はこの方程式を解きたいのである。

多くの解があり、それらはすべて平面波から作り上げられたものである。振動系を扱うときは、座標が複素数であるかのように扱うのが有効である。ただし、計算の最後に実部を見て、iを無視するのである。この考え方は、先の「一休みして数学の話」で説明した。

我々が興味を持つのは、時間とともに振動し、次のような形の成分を持つ解である。

$$e^{-i\omega t}$$

この関数は振動数ωで振動するが、我々が興味を持つのは空間においても振動する解であり、e^{ikx}という形をしている。３次元では、次のように書ける。

$$e^{i(k_x x + k_y y + k_z z)}$$

ここで、3つの数k_x, k_y, k_zは波数と呼ばれる[16]。これらの2つの関数の積

$$\phi = e^{-i\omega t}e^{i(k_x x + k_y y + k_z z)} \tag{5.28}$$

は、空間的そして時間的に振動する関数である。この形の解を探すことにしよう。

ちなみに、式(5.28)の右辺を表現するのによい方法がある。これは次のように書ける。

$$e^{-i\omega t}e^{i(k_x x + k_y y + k_z z)} = e^{i(k_\mu X^\mu)} \tag{5.29}$$

16　これらは波数ベクトルの3成分として考えることができる。ここで$\vec{k}\cdot\vec{x} = k_x x + k_y y + k_z z$である。

この式はどこから来ているのだろうか。kを4元ベクトルと考え、その成分を$(-\omega, k_x, k_y, k_z)$とすると、右辺の$k_\mu X^\mu$は$-\omega t+k_x x+k_y y+k_z z$となる[17]。この表記は洗練されているが、ここでは元の形にこだわることにしよう。

ここで、提案した解（式(5.28)）を運動方程式（式(5.27)）に代入するとどうなるかを見てみる。ϕの微分をいろいろと取ることになる。式(5.27)は、どの微分を取るべきかを教えてくれる。まず、ϕの時間に対する2階微分を取る。式(5.28)を時間で2度微分すると、次のようになる。

$$\frac{\partial^2\phi}{\partial t^2}=-\omega^2\phi$$

xで2度微分すると、次の形になる。

$$\frac{\partial^2\phi}{\partial x^2}=-{k_x}^2\phi$$

yとzに関して微分しても同様の結果が得られる。これまでのところ、クライン・ゴルドン方程式からは

$$(-\omega^2+{k_x}^2+{k_y}^2+{k_z}^2)\phi$$

が得られた。しかし、まだ終わってはいない。式(5.27)には$+\mu^2\phi$の項も含まれている。これを他の項と足し合わせなければならない。その結果

$$(-\omega^2+{k_x}^2+{k_y}^2+{k_z}^2+\mu^2)\phi=0$$

17　$(-\omega, k_x, k_y, k_z)$が本当に4元ベクトルであることはわかっているが、ここでは証明は省略する。

となる。ここまでくると、解を求めるのは簡単だ。カッコの中をゼロとすると、次式が得られる。

$$\omega = \pm \sqrt{{k_x}^2 + {k_y}^2 + {k_z}^2 + \mu^2} \tag{5.30}$$

これは、振動数を波数の関数として表している。$+\omega$と$-\omega$のいずれもこの方程式を満たす。また、平方根の中の各項はそれ自体が2乗であることにも注意しよう。したがって、(たとえば)k_xのある特定の値が解の一部であるならば、その符号を反転させたものも解の一部になる。

これらの解と、第3章のエネルギー方程式(式(3.43))

$$E = \sqrt{P^2 + m^2}$$

が同じような形をしていることに注目してほしい。式(5.30)は、質量μ、エネルギーω、運動量kを持つ量子力学的な粒子を記述する方程式の古典場バージョンである[18]。この点については、今後繰り返し立ち返る。

18　この式には本来プランク定数も含まれているが、ここではそれを無視している。

一休み
クレージーな単位

「やあ、アート。単位について話してもいいかな。」

「電磁気の単位？　うーん、ワームホールの方がいいな。単位の話をしなければだめ？」

「それじゃあ好きな方を選んでくれ。単位のディナーとワームホールのディナーだ。」

「わかったよ、レニー。君の勝ちだ。単位の話にしよう。」

私が物理学を学び始めた頃、気になることがあった。自然界の定数と呼ばれる数字には、なぜ大きいものがあったり小さいものがあったりするのだろう。ニュートンの重力定数は6.7×10^{-11}、アボガドロ数は6.02×10^{23}、光の速度は3×10^{8}、プランク定数は6.6×10^{-34}、原子の大きさは10^{-10}である。私が数学を習っていた頃は、こんなことはなかった。実際、πは3.14159程度であり、eは2.718くらいだ。これらの数学上の数は、大きくもなく小さくもなく、超越的な奇異さはあるものの、自分の知っている数学でその値を計算することができた。生物学には厄介な数字が出てくるのは理解できる。複雑な世界だからだ。しかし、物理学はどうだ。自然界の基本法則の中に、なぜこのような不格好な数字が出てくるのだろうか。

I.1 単位とスケール

その答えは、自然界の定数と呼ばれるものの数値は、じつは物理学よりも生物学と関係が深いというものであった[1]。たとえば、原子の大きさは10^{-10}メートルである。しかし、なぜ我々はメートルで測るのだろうか。メートルという単位はどこから来たのか。そしてなぜメートルは原子よりずっと大きいのか。

このように問うと、答えが見えてくる。メートルというのは、普通の人間の尺度の長さを測るのに便利な単位にすぎない。ロープや布を測る単位として生まれたのがメートルであり、人の鼻（王様の鼻と思われる）から伸ばした指先までの距離を測っただけのことらしい。

しかし、ここで疑問が生じる。なぜ人間の腕は、原子半径の10^{10}倍もあるのだろう。それは、ロープの長さを測ることができる知的生物を作るには、たくさんの原子が必要だからだ。原子の小ささは、物理学ではなく、

1　本シリーズの第二巻「量子力学」を読まれた方は、この話を聞いたことがあるだろう。興味深いのは、スケールの問題が単位の選択に影響を与えるだけでなく、私たちが量子効果を直接感覚で捉える能力も制限していることである。

生物学の問題なのだ。話についてきているかい、アート。

また、光の速度はどうだろう。なぜこれほどまでに速いのだろう。ここでもまた、その答えは物理学というよりも、生命に関係しているのかもしれない。宇宙には、たとえ巨大なものであっても、光速に近い速さで相対的に移動する場所が確かに存在する。つい最近も、2つのブラックホールが光速の何分の一かの速度で互いを周回していることが発見された。しかし、そのような高速で動くことは危険なことである。光速で飛び交う環境は、我々の柔らかい体にとって致命的なのだ。そのため、光の速度が人間の体感速度より速いというのは、生物学的な側面もあるのである。我々は、ある程度の質量を持つものがゆっくりと動く場所でしか生きられないのである。

アボガドロ数はどうか。繰り返しになるが、知的な生物は必然的に分子スケールで見ると大きく、ビーカーや試験管など、我々が簡単に扱える対象も大きくなる。ビーカーに充満する気体や液体の量が(分子の数として)大きいのは、大きくて体の柔らかい自分たちにとって都合が良いからだ。

物理の基本原理を理解するために、もっと良い単位があるだろうか。教科書には「長さ」「質量」「時間」の3つの基本単位があると書かれていることを思い出してみよう。たとえば、長さを人間の腕の長さではなく、水素原子の半径の単位で測るとしたら、原子物理学や化学の方程式に極端に大きかったり小さかったりする定数は存在しないことになる。

しかし、原子の半径に普遍性はない。核物理学者は陽子はもっと小さく、クォークはさらに小さいから、原子半径を基準にするのは値として大きすぎる、と文句を言うかもしれない。そこで、クォークの半径を長さの標準とすることが考えられる。そうなると、今度は量子重力の理論家が文句を言うだろう。「クォークの半径を長さの単位にしただけでは、私の方程式はまだ美しく見えない。プランクの長さは、あなたの愚かな核物理学の単位で測ると10^{-19}だ。小さすぎる。プランク長はクォークの大きさよりもずっと基本的なものにもかかわらず、だ。」

I.2 プランク単位系

いろいろな本に書かれているように、長さ、質量、時間の3つの単位がある。もっとも自然な単位の集合はあるのだろうか。言い換えれば、非常に基本的で普遍的な3つの現象が存在し、それを使ってもっとも基本的な単位の選択を定義できるだろうか。私はできると考えているし、1900年のプランクもそう考えていた。このアイデアは、物理学の中で完全に普遍的なもの、つまり、すべての物理系に等しく適用されるものを選ぶということである。少し歴史を歪曲すると、プランクの推論は以下のとおりである。

まず、普遍的な事実として、すべての物質が守らなければならない速度制限がある。光子であろうとボーリング玉であろうと、光速を超える物体は存在しないのである。このことは、光速に対し、音速や他の速度にはない普遍的な側面を与えている。そこでプランクは、「光の速度が1になるようにもっとも基本的な単位を選ぼう。$c=1$だ」と言った。

次にプランクは、重力は普遍的なもの、つまりニュートンの万有引力の法則を提供してくれると言った。宇宙のあらゆる物体は、ニュートン定数×質量÷距離の2乗に等しい力で他の物体を引き寄せる。例外はなく、重力を受けないものはない。ここでもプランクは、重力には、他の力にはない普遍的なものがあると考えた。そして、「もっとも基本的な単位の選択は、ニュートンの重力定数が1であるように定義されるべきだ。つまり$G=1$とすべきである」と結論づけた。

最後に、自然界に存在する第三の普遍的な事実として、1900年当時プランクが十分に理解できなかったハイゼンベルグの不確定性原理を紹介しよう。簡単に言えば、この原理は、自然界のすべての物体は、測定精度に対して共通の制限を受けるということである。すなわち、位置の不確かさと運動量の不確かさの積は、プランク定数を2で割った値あるいはそれ以上の大きさである。

$$\Delta x \Delta p \geq \frac{\hbar}{2} \qquad \text{(I.1)}$$

これもまた、人間、原子、クォーク、その他すべての物体の大小に関係なく適用される普遍的な性質である。そのためプランクは、「もっとも基本的な単位は、プランク定数 $\hbar$ を1とするようなものでなければならない」と結論づけた。以上により、長さ、質量、時間の３つの基本単位を定めるのに十分な基礎が得られた。現在では、このようにしてできた単位系をプランク単位系と呼んでいる。

では、なぜすべての物理学者がプランク単位系を使うに至っていないのだろうか。これにより物理学の基本法則がもっとも簡単に表現できることは間違いない。実際、多くの理論物理学者がプランク単位系を使って研究している。しかし普通の生活で使うにはとても不便なのだ。日常生活でプランク単位系を使ったらどうなるか。たとえば高速道路の標識には

図I.1　プランク単位系での速度標識

速度制限

3×10^{-7}

と書かれることになる。次の出口までの距離は10^{38}、1日の時間は8.6×10^{46}となる。おそらく物理にとってより重要な点は、実験室で日常的に使っている単位量に、不都合なほどに大きな数値や小さな数値が出てくると

いうことだ。我々は、便利の良さを優先させて、生物学的な限界に合わせた単位で生活しているのである。(ところで、米国ではいまだにインチ、フィート、ヤード、スラグ、パイント、クオート、ティースプーンなどの単位で測っているという信じられない事実がある。これは物理学の議論では説明がつかない。)

I.3 電磁気単位系

アート：「なるほど、レニー、君の言いたいことはわかる。でも、電磁気の単位系はどうだろう。電磁気の単位系はとくに厄介に思える。すべての方程式に含まれるε_0というのは、教科書では真空の誘電率と呼ばれているが、これは何なのだろうか[2]。真空の誘電率って、なんで8.85×10^{-12}という値を取るんだろう。とても不思議に思えるよ。」

アートが言うように、電磁気の単位はそれ自体厄介なものである。真空を誘電体として考えるのは、古典物理学では意味をなさないというのもそのとおりだ。この言葉は、古いエーテル理論の名残なのだ。

問題は、なぜ電荷を表す新しい単位、いわゆるクーロンを導入する必要があったのか、ということである。この歴史は興味深く、実際にいくつかの物理的な事実に基づいているが、おそらく皆さんが想像しているようなものではない。そこで、私が当時の科学者であるとして、私がどのように単位系を設定したか、そしてそれが失敗に至った理由をお話ししよう。

まず、植物の茎でできた玉(ピスボールという)を2つ用意し、それを猫の毛皮でこすって帯電させ、2つの電荷間の力を正確に測定することから始める。その結果、おそらく、その力はクーロンの法則

$$F = \frac{q_1 q_2}{r^2} \tag{I.2}$$

2　自由空間の誘電率と呼ばれることもある。

にしたがうことがわかったはずだ。つぎに私は、単位電荷（$q = 1$となる電荷）は、1メートル離れた2つの電荷の間に1ニュートンの力が働くものである、と定義しただろう。（ニュートンとは、1キログラムの質量を秒速1メートル加速するのに必要な力の単位である。）そうすれば、新しい独立した電荷の単位は必要なく、クーロンの法則も上に書いたように単純なものになる。

さらに私がとくに賢くて先見の明があれば、クーロンの法則の分母に4πの係数を入れていたかもしれない。

$$F = \frac{q_1 q_2}{4\pi r^2} \tag{I.3}$$

ただしこれは細かすぎる話だ。

さて、このような単位の決め方は失敗に終わる。少なくとも、精度の面で問題があった。その理由は、電荷を扱うのが難しいからである。電荷をコントロールするのが難しいのだ。電子は反発し、ピスボールから飛び出す傾向があるため、ピスボールに適切な量の電荷をとどめておくことが難しい。そのため、単位電荷を定めるのが実験的に困難であることから、歴史的には別の戦略がとられてきた。

電荷とは対照的に、電線に流れる電流を扱うのは簡単である。電流は動いている電荷であるが、電線の中で動いている電子の負電荷は、原子核の正電荷によって保持されているため、簡単に制御できるのだ。そこで、2つの静電荷の間の力を測定する代わりに、電流を流す2本の電線の間の力を測定することにする。図I.2と図I.3は、このような装置がどのように機能するかを示している。まず、電池とスイッチ、そして2本の平行な長い電線を、一定の距離をおいて引き伸ばした回路を考える。簡単のため、距離は1メートルとするが、実際にはもっと間隔を短くしてもよい。

ここで、スイッチを閉じて電流を流してみよう。電線は、後で説明する理由により、互いに反発し合う。このとき、2本の電線はその力によって

図I.2　平行なワイヤ。スイッチが開いているので電流は流れない。

図I.3　平行なワイヤと反対向きに流れる電流。スイッチは閉じている。

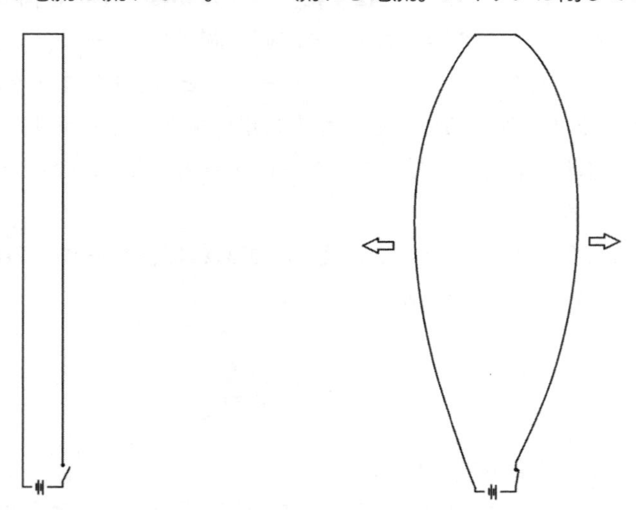

左右に膨らむ。そして、この膨らみ具合で（単位長さあたりの）力を測ることができるのである。この実験により、電流の単位である「アンペア」を次のように定義することができる。

1アンペアとは、1メートル離れた平行線を、長さ1メートルあたり1ニュートンの力で反発させるのに必要な電流である。

ここでは電荷の単位ではなく、電流の単位を定義していることに注意してほしい。電流は、単位時間あたりに回路上の任意の点を通過する電荷の量に相当する。たとえば、1秒間に電池を通過する電荷の量が電流である。

アート：「でも待って、レニー。電荷の単位を定義することもできるでしょう。電荷の単位を1クーロンと呼ぶとして、電流が1アンペアだとすると、1秒間に電池を通過する電荷の量を1クーロンと呼ぶことはできないだろうか。」

レニー：「すばらしい！　まさにそのとおりだ。もう一度言おう。クーロンは、電流が1アンペアのとき、つまり電線にかかる力が単位長さあたり1ニュートン（電線が1メートル離れていると仮定）のとき、1秒間に回路を通過する電荷の量と定義されているのだ。」

この決め方の欠点は、クーロンの定義が間接的である点である。利点は、実験がとても簡単で、私でも実験室で行えるというところにある。しかし問題は、この方法で定義された電荷の単位は、静電荷間の力を測定した場合に生じる単位とは異なるということだ。

単位を比較するとどうか。その答えとして、2つのバケツに1クーロンの電荷をそれぞれ集めて、その間の力を測ってみる。そんなことが可能なら、この実験はものすごく危険だ。1クーロンというのは非常に大きな電荷量だからだ。バケツが爆発して、電荷がバラバラになってしまうだろう。では、1ニュートンという小さな力を発生させるのに、なぜこれほど大量の電荷が電線に流れる必要があるのだろうか。

アート：「なぜ電線の間には力があるのかな。電線には動いている電子がいるのに、電線内の正味の電荷はゼロだ。そうすると、なぜ力が生まれるのだろう。」

レニー：「正味の電荷がゼロであるというのは、そのとおりだ。そのため電線間の力は静電気によるものではない。力は電荷の運動による磁場が原因なのだ。正電荷をもつ原子核は静止しているので磁場は発生させないが、動いている電子は磁場を発生させる。」

アート：「わかったよ。でも、なぜ電線の間に1ニュートンの力を発生させるのに大量の電荷が必要なのか、まだ教えてくれていないね。何か見落としているのかな。」

レニー：「ひとつだけ。電荷の動きはとてもゆっくりなのだ。」

電流を流す電線の中の電子は、確かにゆっくり動いている。電子は非常に速く跳ね回るが、酔っ払った船乗りのように、ほとんど同じところを行き来している。平均して、電子が電線に沿って1メートル移動するのに約1時間かかるのだ。これは遅いようだが、何に比べて遅いと言えるのか。その答えは、電子の動きは、物理的な速度の唯一の自然な単位である光速に比べると非常に遅いということだ。そのため、大きな力を発生させるには、電線を伝わる膨大な量の電荷が必要なのである。

電荷の標準単位であるクーロンがとてつもなく大きな電荷であることがわかったところで、クーロンの法則に戻ろう。クーロン程度の電荷2つに働く力は巨大である。これを説明するために、力の法則に巨大な定数を入れなければならない。

$$F = \frac{q_1 q_2}{4\pi r^2}$$

の代わりに

$$F = \frac{q_1 q_2}{4\pi \varepsilon_0 r^2} \tag{I.4}$$

とするのだ。ここでε_0は8.85×10^{-12}という小さな数である。

アート：「真空の奇妙な誘電率は、誘電体とは何の関係もないんだね。むしろ、金属線の中の電子がゆっくりとしたハチミツのような動きをすることと関係があるというわけか。いっそのこと、ε_0をなくして、これを1とする単位系にしたらどうだろう。」

レニー：「いい考えだね、アート。これからはそうしよう。しかしそうなると、電荷の単位が約30万分の1クーロンになることを忘れてはいけない。変換係数を忘れると、とんでもない爆発につながるかもしれないからね。」

第6章
ローレンツ力の法則[1]

アート：「レニー、あそこにいる、ひげを生やしてワイヤーフレームの眼鏡をかけた威厳のある紳士は誰？」

レニー：「ああ、オランダ人のおじさんね。ヘンドリックだよ。会ってみるかい。」

アート：「もちろん。君の友人？」

レニー：「アート、みんな僕の友達なんだ。さあ、紹介するよ。アート・フリードマン、こちらは友人のヘンドリック・ローレンツだ。」

かわいそうなアートは、まだ心の準備ができていなかった。

アート：「ローレンツ？　ローレンツって言った？　なんてことだ！　あなたは、あなたは本当に、本当に…。」

ローレンツは、いつもながら堂々とした態度で、深々とお辞儀をしている。

ローレンツ：「ヘンドリック・アントーン・ローレンツです。ご用件は何でしょう。」

後日、感激したアートは、レニーにこっそり尋ねた。「あれは本当にローレンツなのか。ローレンツ変換を発見した人だよね。」

レニー：「確かにそうだし、それ以上のこともしている。ナプキンとペンを持ってきてくれれば、彼の力の法則について話をするよ。」

1　ここでの会話は別の宇宙で行われたものなので、アートはローレンツに初めて出会っている。ただしローレンツのことは本の中ですでに知っていたが。

自然界には数多くの基本的な力が存在するが、1930年代以前に知られていたものはわずかしかない。多くがミクロの量子世界に深く隠されており、現代の素粒子物理学の登場によって初めて観測可能になった。基本的な力のほとんどは、物理学者が「短距離力」と呼ぶものである。つまり、非常に小さな距離だけ離れた物体間にのみ作用する。短距離力の影響は、物体が離れると急速に減少するため、ほとんどの場合、通常の世界では気づかれることがない。たとえば、核子(陽子と中性子)間のいわゆる「核力」がそれに当たる。核力は、核子を結び付けて原子核にする役割を持つ強力な力である。しかし、これほど強力でありながら、普段はその存在に気づかない。なぜなら、核子同士が10^{-15}メートル以上離れると、力の効果は指数関数的に小さくなるからである。そのため、我々が気が付けるのは、力の効果が距離とともに徐々に弱まるような「長距離力」である。

自然界に存在する力のうち、古代人が知っていたのは、電気、磁気、重力の3つだけであった。ミレトスのタレス(紀元前600年)は、猫の毛皮をこすりつけた琥珀で羽毛を動かしたと言われている。また、同じ頃、自然界に存在する磁性体であるロードストーンに言及している。さらに、後の時代のアリストテレスは、(まったく間違ってはいるが)重力に関する理論を作った。1930年代まで、この3つの力しか知られていなかったのである。

これらの簡単に観測できる力が特別なのは、それが長距離力だからである。長距離力は、距離とともにゆっくりと弱まっていき、十分に離れた物体同士の間でも観測することができる。

重力は、この3つの中でもとくにわかりやすい。しかし意外にも、重力は電磁力よりずっと弱い。その理由は興味深く、少し脱線してお話しする価値があるだろう。それは、ニュートンの万有引力の法則にさかのぼる。すべてのものは他のものを引き寄せる。あなたの体の中のすべての素粒子は、地球の中のすべての素粒子に引き寄せられる。つまり、たくさんの粒子が互いに引き合い、その結果、体感できるような強い引力が生じている。

しかし実際には、個々の粒子間の引力は小さすぎて測定できないのである。
荷電粒子間の電気力は、重力よりも何桁も強い。ただし重力とは異なり、電気力には引力（正と負の電荷の間）と斥力（正電荷の間、または負電荷の間）がある。あなたも地球も、同じ数の正の電荷（陽子）と負の電荷（電子）で構成されており、その結果、力は打ち消されている。もし、あなたと地球の電子をすべて取り除いてしまったら、重力は電気的な反発力に簡単に負けてしまい、あなたは地表から吹き飛ばされてしまうだろう。それどころか、地球もあなたも木っ端微塵になるくらいだ。
いずれにしても、重力は本章の対象ではないので、ここで扱う長距離力は電磁気力だけである。電気力と磁気力は互いに密接な関係にあり、ある意味で1つのものであり、それを統一的に結びつけるのが相対論である。以下で見るように、ある基準座標系における電気力が別の基準座標系では磁気力になり、その逆も起こりうる。言い換えれば、電気力と磁気力はローレンツ変換によって互いに変換し合うのだ。以後の章では、電磁気力を説明し、それが相対性理論によってどのように1つの現象に統合されるかについて講義する。（架空の）パウリはホイーラーの（実際の）スローガン[2]を次のように言い換えた。

場は電荷に動き方を伝え、電荷は場に変化の仕方を伝える。

まず、このスローガンの前半、すなわち電荷の動き方を伝える「場」の話から始めよう。より専門的に言うならば、場は電荷を持つ粒子に働く力を決めているのだ。
身近な例として、電場$\vec{E}$がある。前回のスカラー場とは異なり、電場はベクトル場、正確には3元ベクトルである。3つの成分を持ち、空間のある方向を指している。電場は、次式にしたがって、荷電粒子に働く電気力を生む。

2　訳者注：ホイーラーのスローガンは、第5章の冒頭の会話を参照。

$$F = e\vec{E}$$

この式で、記号eは粒子の電荷を表している。eが正の場合は電場と同じ方向の力、負の場合は電場と反対方向の力を表わし、中性原子のように力がゼロの場合もある。

磁力は、磁石やロードストーンに作用することから発見されたが、荷電粒子に対しても、その粒子が運動していれば作用する。磁力を表わす式では、磁場$\vec{B}$(これも3元ベクトル)、電荷e、粒子の速度$\vec{v}$が関係する。後で作用原理から導くが、先に言っておくと、磁場によって荷電粒子に働く力は

$$F = e\vec{v} \times \vec{B}$$

と書ける。×という記号はベクトル代数の通常の外積を表わしており、すでに皆さんご存じのことと思う[3]。磁力の面白い性質は、静止している粒子に対しては消滅し、粒子の速度が大きくなると強くなることである。たまたま電場と磁場の両方が存在している場合、合計の力は次の和になる。

$$F = e\left(\vec{E} + \vec{v} \times \vec{B}\right) \tag{6.1}$$

式(6.1)はローレンツが発見したもので、ローレンツ力の法則と呼ばれている。

スカラー場とそれが粒子とどのように相互作用するかについてはすでに説明した。我々はこれまで、ラグランジアンは粒子への影響の与え方を場に教えているが、それと同じラグランジアン(および作用)が、場への影響の与え方を粒子に教えていることを示してきた。これからは、荷電粒子

3　付録Bで簡単に振り返る。

と電磁場について同じことを行う。しかし、その前に、今までの表記法を簡単に復習し、新しい記法である「テンソル」を含むように拡張しておきたい。テンソルはベクトルとスカラーを一般化したもので、これらを特殊な場合として含んでいる。以下で見ていくように、電場と磁場は別々のものではなく、一緒になって相対論的なテンソルを形成しているのである。

6.1 表記法の拡張

基本的な構成要素は、上付きと下付きの添字を持つ4元ベクトルである。特殊相対性理論では、この2種類の添字にほとんど差がない。唯一の違いは、4元ベクトルの時間成分（添字が0の成分）にある。ある4元ベクトルに対して、上付き添字を持つ時間成分は、下付き添字を持つ時間成分と逆の符号を持つ。記号で書くと

$$A^0 = -A_0$$

である。時間成分の符号の変化を追跡することだけを目的とした表記法を定義するのは、やりすぎのように思えるかもしれない。しかし、この単純な関係は、計量テンソルに基づくより広範な幾何学的関係の特殊なケースである。一般相対性理論を研究する際には、上下の添字の関係はより興味深いものになる。今のところ、上下の添字は単に便利で洗練されていてコンパクトな方程式の書き方を提供するものである。

6.1.1 4元ベクトルの概要

ここで、第5章で学んだ概念を簡単にまとめる。

4元ベクトルは、3つの空間成分と1つの時間成分を持っている。μのようなギリシャ文字の添字は、これらの成分のいずれか、またはすべてを指し、値 (0, 1, 2, 3) を取ることができる。これらのうち最初の成分（0の成分）は、時間成分である。成分1、2、3は、空間のx、y、z方向に対応する。

たとえば、A^0は4元ベクトルAの時間成分を表し、A^2はy方向の空間成分を表す。4元ベクトルの3つの空間成分だけに着目するときは、mやpといったローマ字の添字をつける。ローマ字の添字は(1,2,3)の値をとれるが、0はとれない。記号的に書くと

$$A^{\mu} \longrightarrow A^0, A^m$$

である。これまで、4元ベクトルに上付き、つまり反変の添字をつけてきた。慣例上、反変の添字は、X^{μ}のような座標そのものや、dX^{μ}のような座標変位につけるものである。座標や変位と同じように変換されるものは、上付き添字を持つ。

A^{μ}に対応する共変の量は、A_{μ}という下付き添字で書かれる。これは同じ4元ベクトルを別の表記で記述したものである。反変量表記から共変量表記に切り替えるには、4×4計量を使う。

$$\eta_{\mu\nu} = \begin{pmatrix} -1 & 0 & 0 & 0 \\ 0 & 1 & 0 & 0 \\ 0 & 0 & 1 & 0 \\ 0 & 0 & 0 & 1 \end{pmatrix}$$

以下の式

$$A_{\mu} = \eta_{\mu\nu} A^{\nu} \tag{6.2}$$

は、上付き添字を下付き添字に変換している。右辺の繰り返し添字νは、和を取る添字であるため、式(6.2)は次式を省略して書いたものである。

$$A_{\mu} = \eta_{\mu 0} A^0 + \eta_{\mu 1} A^1 + \eta_{\mu 2} A^2 + \eta_{\mu 3} A^3$$

任意の4元ベクトルAの共変量成分と反変量成分は、時間成分を除いてま

ったく同じである。これに対し、上付きと下付きの時間成分は、符号が逆である。そのため式(6.2)は、次の2つの式と等価である。

$$A_0 = -A^0$$

$$A_m = A^m$$

式(6.2)が上の2つの式と同じ結果になるのは、$\eta_{\mu\nu}$の左上の成分に−1があるためである。

6.1.2 スカラー量の生成

任意の2つの4元ベクトルA、Bについて、一方の上付き成分ともう一方の下付き成分を使って積$A_\nu B^\nu$を作れる[4]。その結果はスカラーであり、どの基準座標系でも同じ値を持つことを意味する。記号で書くと

$$A_\nu B^\nu = \text{スカラー}$$

となる。繰り返される添字νは4つの値に対する総和を示す。この式を略さないと、

$$A_0B^0 + A_1B^1 + A_2B^2 + A_3B^3 = \text{スカラー}$$

と書ける。

6.1.3 微分

座標とその変位は、反変(上付き)成分の典型である。同様に、微分は共変(下付き)成分の典型である。記号∂_μは

4　AとBが同じベクトルであってもよい。

$$\frac{\partial}{\partial X^{\mu}}$$

を意味する。第5章で、なぜこの4つの微分が4元ベクトルの共変成分なのかを説明した。これもまた、反変量としても書くことができる。まとめると、以下となる。

共変成分：

$$\partial_{\mu} \Longrightarrow \left(\frac{\partial}{\partial X^{0}}, \frac{\partial}{\partial X^{1}}, \frac{\partial}{\partial X^{2}}, \frac{\partial}{\partial X^{3}}\right)$$

反変成分：

$$\partial^{\mu} \Longrightarrow \left(-\frac{\partial}{\partial X^{0}}, \frac{\partial}{\partial X^{1}}, \frac{\partial}{\partial X^{2}}, \frac{\partial}{\partial X^{3}}\right)$$

例によって、両者の違いは、時間成分の符号だけである。

記号∂_{μ}はそれ自体ではあまり意味がなく、何らかの対象物に作用する必要がある。実際に作用させると、その対象物に新しい添字μが追加される。たとえば、∂_{μ}がスカラーに作用すると、共変添字μを持つ新しい量が生まれる。スカラー場ϕを具体例として、次のように書くことができる。

$$\partial_{\mu}\phi = \frac{\partial\phi}{\partial X^{\mu}}$$

右辺は導関数の集まりで、共変ベクトル

$$\left(\frac{\partial\phi}{\partial X^{0}}, \frac{\partial\phi}{\partial X^{1}}, \frac{\partial\phi}{\partial X^{2}}, \frac{\partial\phi}{\partial X^{3}}\right)$$

を形成する。また、∂_{μ}という記号は、ベクトルからスカラーを構成する新しい方法を提供する。たとえば、時間と位置に依存する4元ベクトル$B^{\mu}(t, x)$があるとする。つまり、Bは4元ベクトル場である。Bが微分可能なら、

$$\partial_\mu B^\mu (t, x)$$

という量を考えることに意味がある。和の規則によれば、この式はB^μを時空の4成分それぞれで微分し、その結果を足し合わせることを意味する。

$$\partial_\mu B^\mu (t, x) = \frac{\partial B^0}{\partial X^0} + \frac{\partial B^1}{\partial X^1} + \frac{\partial B^2}{\partial X^2} + \frac{\partial B^3}{\partial X^3}$$

その結果はスカラーである。

ここで説明した和は、非常に一般的なもので、「添字の縮約」と呼ばれるものである。添字の縮約は、1つの項の中に上付き添字と同じ下付き添字があれば、その添字で和をとることを意味する。

6.1.4 一般的なローレンツ変換

第1章で、一般的なローレンツ変換を紹介した。ここでは、その考え方に戻り、いくつかの詳細を説明しよう。

ローレンツ変換は、x軸方向と同じようにy軸方向やz軸方向にも使える。確かに、x方向もそれ以外の方向も特別なものではない。第1章で、ローレンツ変換にはもう1つの変換、すなわち空間の回転があることを説明した。空間の回転は、時間成分には何の影響も与えない。

このローレンツ不変の幅広い定義を受け入れれば、y軸方向のローレンツ変換は、x軸方向のローレンツ変換を回転させたものであると言える。回転と通常のローレンツ変換を組み合わせると、任意の方向のローレンツ変換や任意の軸の回転を作ることができる。これが物理を不変に保つ変換の一般的な集合である。この結果の証明は、今、我々にとって重要ではない。重要なのは、物理学は単純なローレンツ変換だけでなく、空間の回転を含むより広い範囲の変換の下でも不変であるということである。

ローレンツ変換を添字を用いた表記法に組み入れるにはどうしたらよいだろうか。反変量ベクトル

$$A^{\mu}$$

の変換を考えてみよう。定義によれば、このベクトルは反変変位ベクトルX^{μ}と同じように変換される。たとえば、時間成分A^0の変換式は次のようになる。

$$(A')^0 = \frac{A^0 - \upsilon A^1}{\sqrt{1-\upsilon^2}}$$

これは、時間成分をA^0と呼び、x成分をA^1と呼んだ以外は、x軸に沿ったおなじみのローレンツ変換である。このような変換は、つねにベクトル成分に作用する行列の形で書ける。たとえば、私の基準座標系における4元ベクトルA^{μ}の成分を次のように書くことができる。

$$(A')^{\mu}$$

これらの成分をあなたの座標系での成分の関数として表現するため、上付き添字μ、下付き添字νの行列$L^{\mu}{}_{\nu}$を定義する。

$$(A')^{\mu} = L^{\mu}{}_{\nu} A^{\nu} \tag{6.3}$$

$L^{\mu}{}_{\nu}$は2つの添字を持つため、行列である。すなわち、4元ベクトルA^{ν}に掛け算するための4×4行列である[5]。

式(6.3)が正しく成り立つことを確認しよう。左辺には自由な添字(和

5　この式では、表記上の慣例との若干に食い違いがあることがわかる。ギリシャ文字の添字は0から3までの値で表記するのが通例である。一方、標準的な行列表記では、添字の値は1から4であるとされている。ここでは4元ベクトルの表記(0から3)を優先させよう。どちらにしても、(t, x, y, z)の順序を守るかぎり、違いはない。

を取らない添字）μがあり、これは(0, 1, 2, 3)のいずれかの値を取れる。右辺にはμとνという2つの添字がある。和を取る添字νは、式の中で変数になっていない。そのため右辺の自由な添字はμだけである。言い換えると、方程式の両辺は、自由な反変の添字μを持っている。したがって、この方程式は正しく書かれており、左辺と右辺で同じ数の自由な添字を持ち、それらの反変の文字（μ）は一致している。

式(6.4)は、$L^{\mu}{}_{\nu}$の実際の使い方の一例である。ここではx軸に沿ったローレンツ変換に対応する行列要素を記入している[6]。

$$\begin{pmatrix} t' \\ x' \\ y' \\ z' \end{pmatrix} = \begin{pmatrix} \frac{1}{\sqrt{1-v^2}} & \frac{-v}{\sqrt{1-v^2}} & 0 & 0 \\ \frac{-v}{\sqrt{1-v^2}} & \frac{1}{\sqrt{1-v^2}} & 0 & 0 \\ 0 & 0 & 1 & 0 \\ 0 & 0 & 0 & 1 \end{pmatrix} \begin{pmatrix} t \\ x \\ y \\ z \end{pmatrix} \tag{6.4}$$

この式は何を意味しているのか。行列の掛け算の規則にしたがうと、式(6.4)は4つの簡単な方程式と等価である。最初の式は、左辺のベクトルの最初の要素であるt'の値を定めるものである。t'は、行列の最初の行と右辺の列ベクトルの内積に等しいので、次のように書ける。

$$t' = \frac{t}{\sqrt{1-v^2}} - \frac{vx}{\sqrt{1-v^2}} + 0y + 0z$$

または単に

6　列ベクトルの成分を(t, x, y, z)の代わりに(A^0, A^1, A^2, A^3)とラベル付けし、ダッシュ記号付き成分のベクトルも同様にラベル付けすることもできた。どちらもラベルが違うだけで同じ量を表している。

$$t' = \frac{t}{\sqrt{1-v^2}} - \frac{vx}{\sqrt{1-v^2}}$$

となる。同じ作業を$L^{\mu}{}_{\nu}$の2行目にも行うと、x'の方程式が得られる。

$$x' = \frac{-vt}{\sqrt{1-v^2}} + \frac{x}{\sqrt{1-v^2}}$$

3行目と4行目からは、次のような式が得られる。

$$y' = y$$

$$z' = z$$

これらの方程式は、x軸に沿った標準的なローレンツ変換であることは簡単にわかる。y軸に沿った変換を行いたい場合は、これらの行列要素を混ぜ合わせればよいのだ。その方法を考えるのは、あなたにお任せしよう。

今度は別の操作、y, z平面での回転を考えてみよう。ここでは変数tとxはまったく関係ない。回転は行列で表すこともできるが、その要素は先ほどの例とは異なる。まず、全体の変換行列のうち、左上に位置する成分は、2×2の単位行列のようになる。これは、tとxが変換の影響を受けないことを保証している。右下の4成分はどうか。答えはおわかりだろう。座標を角度θだけ回転させる場合、行列の要素は式(6.5)に示されるサインとコサインになる。

$$\begin{pmatrix} t' \\ x' \\ y' \\ z' \end{pmatrix} = \begin{pmatrix} 1 & 0 & 0 & 0 \\ 0 & 1 & 0 & 0 \\ 0 & 0 & \cos(\theta) & \sin(\theta) \\ 0 & 0 & -\sin(\theta) & \cos(\theta) \end{pmatrix} \begin{pmatrix} t \\ x \\ y \\ z \end{pmatrix} \tag{6.5}$$

行列の掛け算の規則により、式(6.5)は次の4つの式と等価である。

$$
\begin{aligned}
t' &= t \\
x' &= x \\
y' &= y\cos(\theta) + z\sin(\theta) \\
z' &= -y\sin(\theta) + z\cos(\theta)
\end{aligned}
\tag{6.6}
$$

同様に、これらの行列要素を行列内の異なる位置にシャッフルすることで、x, y または x, z 平面の回転を表す行列を書くこともできる。

単純な直線運動と空間回転の変換行列を定義しておけば、これらの行列を掛け合わせて、より複雑な変換を行うことができる。このように、1つの行列を使うだけで、複雑な変換を表現できるのだ。ここに示した単純な変換行列と、それに対応する y 方向と z 方向の変換行列が、基本的な道具となる。

6.1.5 共変変換

これまで、4元ベクトルを反変(上付き)添字で変換する方法を説明してきた。では、共変(下付き)添字を持つ4元ベクトルはどのように変換すればよいのだろうか。

共変成分を持つ4元ベクトルがあるとする。あなたは、これらの成分があなたの座標系でどのように見えるかを知っていて、私の座標系でそれらがどのように見えるかを知りたいとする。このとき、次のような新しい行列 $M_\mu{}^\nu$ を定義する必要がある。

$$(A')_\mu = M_\mu{}^\nu A_\nu \tag{6.7}$$

この新しい行列は、結果として得られる左辺の4元ベクトルが下付き添字 μ を持つため、下付き添字 μ を持つ必要がある。

M は、我々の反変変換行列 L と同じローレンツ変換を表しており、この

2つの行列は座標系間の同じ物理変換を表す。したがって、MとLには関連性があるはずだ。それは次の簡単な式で与えられる。

$$M = \eta L \eta$$

この式は各自で証明してほしい。Mはあまり使わないが、あるローレンツ変換に対してLとMがどのようにつながっているかを知っておくと便利である。

単位行列がそれ自身の逆行列であるように、ηはそれ自身の逆行列であることがわかる。記号で書けば

$$\eta^{-1} = \eta$$

である。これが成り立つのは、各対角成分がそれ自身の逆数だからだ。1の逆数は1であり、−1の逆数は−1なのである。

練習問題6.1　ある4元ベクトルの反変成分A^νの変換式（式(6.3)）が与えられたとする。ここで$L^\mu{}_\nu$はローレンツ変換である。このとき、Aの共変成分に対するローレンツ変換が

$$(A')_\mu = M_\mu{}^\nu A_\nu$$

であることを示せ。ただし、

$$M = \eta L \eta$$

である。

6.2 テンソル

テンソルはスカラーとベクトルの概念を一般化した数学的なものであり、実際、スカラーやベクトルはテンソルの一例である。我々は今後、テンソルを多用することになる。

6.2.1 2階のテンソル

テンソルとは、「いくつかの添字を持つもの」と考えるのがわかりやすいだろう。テンソルの持つ添字の数、すなわちテンソルの階数は、重要な特性である。たとえば、スカラーは0階（添字が0個）のテンソルであり、4元ベクトルは1階のテンソルである。そして2階のテンソルは、2つの添字を持つものである。

簡単な例を見てみよう。前に見たように、2つの4元ベクトルA、Bは、縮約$A_\mu B^\mu$によって積を作ることができ、その結果はスカラーになる。しかしここでは、より一般的な積、つまり、結果がμとνという2つの添字を持つ積を考える。まずは反変量から始めよう。各μとνに対してA^μとB^νを掛け合わせるだけである。

$$A^\mu B^\nu$$

この量の構成要素はいくつあるだろうか。それぞれの添字は4つの異なる値をとるので、$A^\mu B^\nu$は4×4、つまり16種類の値をとれる。具体的には、$A^0B^0, A^0B^1, A^0B^2, A^0B^3, A^1B^0, \cdots$といった具合だ。$A^\mu B^\nu$という記号は、16通りの数の集まりを表している。$A$の$\mu$成分と$B$の$\nu$成分を掛け合わせた数の集合に過ぎない。この量は2階のテンソルである。ここではテンソルの総称としてTというラベルを使うことにすると、

$$T^{\mu\nu} = A^\mu B^\nu$$

と書ける。すべてのテンソルがこのように2つのベクトルから構成されるわけではないが、2つのベクトルはつねにテンソルを定義することができる。$T^{\mu\nu}$はどのように変換されるだろうか。Aがどのように変換されるか、Bがどのように変換されるか(どちらも同じように変換される)がわかれば、$A^{\mu}B^{\nu}$の変換後の成分もわかる。これを

$$(T')^{\mu\nu} = (A')^{\mu}(B')^{\nu}$$

と書こう。もちろん、我々はAとBがどのように変換されるかを知っている。式(6.3)を右辺に代入すると、A'とB'の両方について、次の結果が得られる。

$$(T')^{\mu\nu} = L^{\mu}{}_{\sigma}A^{\sigma}L^{\nu}{}_{\tau}B^{\tau}$$

これには若干の説明が必要である。式(6.3)では、繰り返しの添字をνと呼んでいた。しかし上の式では、Aについてはνをσに、Bについてはτに置き換えている。これらは和を取る添字であり、ルールに一貫性があれば添字の記号は何でもよい。混乱を避けるために、和を取る添字は取らない添字と区別し、和を取る添字同士も互いに区別しておこう。

右辺の4つの記号は、それぞれ数字を表している。したがって、並べ替えが許される。行列の要素をまとめよう。

$$(T')^{\mu\nu} = L^{\mu}{}_{\sigma}L^{\nu}{}_{\tau}A^{\sigma}B^{\tau} \tag{6.8}$$

右辺の$A^{\sigma}B^{\tau}$を変換前のテンソル要素$T^{\sigma\tau}$と思うと、

$$(T')^{\mu\nu} = L^{\mu}{}_{\sigma}L^{\nu}{}_{\tau}T^{\sigma\tau} \tag{6.9}$$

と書き直すことができることに注意してほしい。式(6.9)は、2つの添字

を持つ新しい量に関する新しい変換規則を与えている。$T^{\mu\nu}$は、それぞれの添字に対してローレンツ行列を作用させることで変換されるのだ。

6.2.2 高階のテンソル

もっと複雑なテンソル、たとえば次のような3つの添字を持つテンソルを考えることもできる。

$$T^{\mu\nu\lambda}$$

これはどのように変換されるのだろうか。これは、μ、ν、λの3つの添字を持つ4元ベクトルの積と考えることができる。

$$(T')^{\mu\nu\lambda} = L^{\mu}{}_{\sigma}L^{\nu}{}_{\tau}L^{\lambda}{}_{\kappa}T^{\sigma\tau\kappa}$$

それぞれの添字に対応する変換行列があり、このパターンを任意の数の添字に一般化することができる。

冒頭で、テンソルとは、いくつかの添字を持つものであると言った。しかし、それがすべてではない。いくつかの添字を持つすべてのものがテンソルとみなされるわけではない。テンソルとして認められるためには、添字を持った量が、これまで示した例のように変換されなければならないのだ。変換の式は、添字の数が違う場合や、共変の添字に対応する場合などのために修正されるかもしれないが、いずれにしてもこの一般的なパターンにしたがわなければならないのである。

テンソルはこのような変換の性質によって定義されるが、すべてのテンソルが2つの4元ベクトルの積で構成されるとはかぎらない。たとえば、CとDという2つの4元ベクトルがあるとすると、積$A^{\mu}B^{\nu}$を作って、積$C^{\mu}D^{\nu}$に足すことができる。

$$A^{\mu}B^{\nu} + C^{\mu}D^{\nu}$$

テンソルの足し算は別のテンソルを生み出すので、上の式は確かにテンソルである。しかし、上の式は一般に2つの4元ベクトルの積として書くことはできない。テンソルの性質はその変換特性によって決まるのであって、一組の4元ベクトルから構成されるかどうかによって決まるのではないのだ。

6.2.3 テンソル方程式の不変性

テンソル表記は洗練されていてコンパクトである。しかし、その背後にある本当の力は、テンソル方程式が座標系不変であることである。ある座標系で2つのテンソルが等しければ、その2つはどの座標系においても等しい。このことは簡単に証明できるが、2つのテンソルが等しいためには、対応するすべての成分が等しくなければならないことに注意してほしい。あるテンソルのすべての成分が他のテンソルの対応する成分と等しいなら、それらは同じテンソルである。

別の言い方をすれば、ある基準座標系でテンソルのすべての成分がゼロであれば、すべての座標系においてゼロである。ある座標系で1つの成分がゼロであっても、別の座標系ではその成分がゼロにならないことがある。しかし、すべての成分がゼロであれば、あらゆる座標系でゼロでなければならない。

6.2.4 添字を上げる、添字を下げる

これまで、すべての添字が上側にあるテンソル（反変成分）の変換方法を説明してきた。上下の添字が混在するテンソルの変換のルールを書くこともできる。しかし、あるテンソルがどのように変換されるかがわかれば、そのテンソルの他の形のものがどのように変換されるかはすぐに推測できる。他の形とは、同じテンソル、つまり同じ幾何学的な量でありながら、上付きの添字が下付きの添字になったり、逆に下付きの添字が上付きの添字になったりしているテンソルを意味する。たとえば、次のようなテンソ

ルを考えてみよう。

$$T^{\mu}{}_{\nu} = A^{\mu} B_{\nu}$$

これは上に1つ、下に1つの添字を持つテンソルである。これはどのように変換されるのだろうか。簡単だ。なぜなら、$T^{\mu\sigma}$（両方の添字が上付き）の変換はすでに知っている上、行列ηを使って添字の上げ下げをすることも知っているからだ。

$$T^{\mu}{}_{\nu} = T^{\mu\sigma} \eta_{\sigma\nu}$$

という関係を思い出してほしい。テンソルの添字の下げ方は、4元ベクトルの添字の下げ方とまったく同じである。上のようにηを掛け、和の法則を使うだけだ。その結果得られるものが$T^{\mu}{}_{\nu}$である。

しかし、もっと簡単な考え方がある。すべての添字が上付きであるテンソルがあったとして、そのうちのいくつかを下付きに下げるにはどうしたらよいか。簡単なことだ。下付きにしたい添字が時間成分なら－1倍し、空間成分であれば、何もしない。それがηの役割だ。たとえば、テンソル成分T^{00}は、2つの時間成分を下げることで、T_{00}とまったく同じになる。

$$T^{00} = T_{00}$$

である。時間成分を2つ下げるということは、成分に－1を2回掛けるからである。これは、

$$A^0 B^0$$

と

$$A_0 B_0$$

の関係に似ている。A^0からA_0へ、B^0からB_0へ行く過程で、2つのマイナス記号がつく。添字が下がるごとにマイナス記号が導入され、$A^0 B^0$は$A_0 B_0$と等しくなるのだ。しかし、

$$A^0 B^1$$

は

$$A_0 B_1$$

とどのように比べればよいのか。B^1とB_1は、添字1が空間成分を指すので、同じ値である。これに対しA^0とA_0は、添字0が時間成分を指すので、符号が逆である。テンソル成分T^{01}とT_{01}の間にも同じ関係がある。

$$T^{01} = -T_{01}$$

これは時間成分が1つだけ下がったからである。時間成分を下げたり上げたりすると、必ず符号が変わる。それだけのことである。

6.2.5 対称テンソルと反対称テンソル

一般に、テンソル成分

$$T^{\mu\nu}$$

は、μとνが入れ替わった

$$T^{\nu\mu}$$

と同じではない。添字の順序が変わると、違いが生じる。これを説明するために、2つの4元ベクトルAとBの積を考えてみると、

$$A^{\mu}B^{\nu} \neq A^{\nu}B^{\mu}$$

となることは明らかだろう。たとえば、0や1といった特定の成分を選ぶと、次のようになる。

$$A^{0}B^{1} \neq A^{1}B^{0}$$

明らかに両者が一致するとはかぎらない。AとBは異なる4元ベクトルであり、成分A^{0}、A^{1}、B^{0}、B^{1}のどれかが一致する理由はない。

一般にテンソルは添字の順序を変えると値が変わってしまうが、特殊な状況では不変となる場合もある。このような特殊な性質を持つテンソルを対称テンソルと呼ぶ。記号で表すと、対称テンソルは次のような性質を満たす。

$$T^{\mu\nu} = T^{\nu\mu}$$

対称テンソルを1つ作ってみよう。AとBを4元ベクトルとすると

$$A^{\mu}B^{\nu} + A^{\nu}B^{\mu}$$

は対称テンソルである。添字μとνを入れ替えても、この式の値は変わらない。皆さん自身で試してほしい。第1項で添字を入れ換えると、元の第2項と同じになり、第2項で添字を入れ換えると、元の第1項と同じになる。そのため書き換えた項の和は、元の項の和と一致する。任意の2階のテンソルに対して、ここで行ったことを使えば、つねに対称テンソルを作るこ

とができるのだ。

対称テンソルは一般相対性理論で特別な位置を占めている。特殊相対性理論ではあまり重要視されないが、使われることはある。特殊相対論では、反対称テンソルがより重要である。反対称テンソルには、次のような性質がある。

$$F^{\mu\nu} = - F^{\nu\mu}$$

つまり、添字を逆にすると、各成分の絶対値は同じだが符号が変わる。2つの4元ベクトルから反対称テンソルを構成するには、次のように書けばよい。

$$A^{\mu} B^{\nu} - A^{\nu} B^{\mu}$$

これは対称テンソルを作る方法とほとんど同じだが、2つの項の間にプラス記号の代わりにマイナス記号を入れる点が異なる。その結果、μとνを入れ替えると構成要素の符号が変わるテンソルができあがる。皆さんも確認してほしい。

反対称テンソルは対称テンソルに比べて独立成分の数が少ない。対角成分がゼロでなければならないからである[7]。$F^{\mu\nu}$が反対称のとき、それぞれの対角成分はそれ自身にマイナス符号をつけたものと等しい必要がある。それが成り立つためには、対角成分がゼロでなければならないのだ。たとえば

$$F^{00} = -F^{00} = 0$$

である。2つの添字が等しく(これが対角成分を意味する)、ゼロはそれ自

7 対角成分とは、2つの添字が一致する成分である。たとえば、A^{00}、A^{11}、A^{22}、A^{33}は対角成分である。

身にマイナス符号をつけたものに等しい唯一の数である。2階のテンソルを行列（2次元の配列）と考えると、反対称テンソルを表す行列は対角線に沿って要素がすべてゼロになる。

6.2.6 ある反対称テンソル

以前、電場と磁場が組み合わさってテンソルを構成していると述べたが、さらにくわしく言えば、この2つは反対称テンソルを構成している。いずれ、$\vec{E}$と$\vec{B}$のテンソル性を導出するが、とりあえず今はそのまま受け入れることにしよう。

この反対称テンソルの要素が示すものは示唆に富んでいるが、とりあえず深く立ち入らないことにする。反対称テンソルなので、対角要素はすべてゼロである。このテンソルを$F^{\mu\nu}$と書くことにする。下付き添字（共変）の成分$F_{\mu\nu}$を書き出しておくと便利であろう。

$$F_{\mu\nu} = \begin{pmatrix} 0 & -E_1 & -E_2 & -E_3 \\ +E_1 & 0 & +B_3 & -B_2 \\ +E_2 & -B_3 & 0 & +B_1 \\ +E_3 & +B_2 & -B_1 & 0 \end{pmatrix} \tag{6.11}$$

このテンソルは電磁気学で重要な役割を担っており、$\vec{E}$は電場、$\vec{B}$は磁場を表している。電場と磁場が組み合わさって、反対称のテンソルを形成していることがわかる。$\vec{E}$と$\vec{B}$の場は互いに独立ではない。ローレンツ変換によってxとtが混ざり合うように、$\vec{E}$と$\vec{B}$も混ざり合うことがあるからだ。あなたから見て純粋な電場であっても、私から見ればそこに磁場成分が含まれていることもある。この点については今後説明していく。電気力と磁力は互いに変換し合うということを以前話したが、それはここに書いたような意味だったのだ。

6.3 電磁場

物理をやってみよう！　まず、電磁場を支配する運動方程式であるマクスウェル方程式の勉強から始めることもできるが、それは第8章に先延ばしする。ここでは、電磁場の中の荷電粒子の運動を勉強する。この運動を支配する方程式は、ローレンツ力の法則と呼ばれている。後ほど、この法則を作用原理と相対論的な考え方の組み合わせから導出する。ローレンツ力の法則の非相対論的（低速度）バージョンは、次のように書ける。

$$m\vec{a} = e\left[\vec{E} + \vec{v} \times \vec{B}\right] \tag{6.12}$$

ここでeは粒子の電荷、記号$\vec{a}$, $\vec{E}$, $\vec{v}$, $\vec{B}$は通常の3元ベクトルである[8]。左辺は質量×加速度の次元を持つため、右辺は力の次元を持たなければならない。力には電気と磁気の2つの寄与があり、どちらの項も電荷eに比例している。

第1項は、粒子の電荷eを電場$\vec{E}$に掛けたものである。もう1つの項は磁力で、これは粒子の速度$\vec{v}$と周囲の磁場$\vec{B}$との外積に電荷を掛けたものである。外積を知らない人は、少し時間をかけて勉強してほしい。付録には、このシリーズの最初の本である「力学（第11章）」と同様に、簡単な定義が書かれている。その他にも多くの参考文献がある。

ここでは、通常の3元ベクトルで多くの作業を行い[9]、その結果を4元ベクトルに拡張して本格的な相対論的ローレンツ力の法則を導こう。式(6.12)の右辺にある2つの項は、ローレンツ不変の形で書かれたとき、実際には同じ項の一部であることが今後明らかになる。

8　式(6.12)は、光速を明示的に書くことが多い。そのため、$\vec{v}$ではなく、$\vec{v}/c$を使って書かれていることがある。ただし、ここでは光速を1とする単位を使う。

9　しかし、4元ベクトルポテンシャルA_μは早めに紹介する。

6.3.1 作用積分とベクトルポテンシャル

第4章で、スカラー場中を動く粒子のローレンツ不変の作用（式（4.28））の作り方を紹介した。その手順を簡単に再確認しよう。第4章では、自由な粒子に対する作用（式（4.27））

$$\text{自由粒子の作用} = -\int m d\tau$$

から始め、粒子に対する場の影響を表す項

$$\text{新しい項} = -\int \phi(t, x)\, d\tau$$

を加えた。これは、スカラー場と相互作用する粒子の理論としては正しいが、電磁場中の粒子の理論にはならない。この相互作用を、ローレンツ力の法則が得られるようなものに置き換えるには、どうすればよいだろうか。それがこの章の後半の目標である。すなわち、ローレンツ不変な作用の作用原理からローレンツ力の法則、式（6.12）を導き出す。

このラグランジアンをどのように修正すれば、電磁場の効果を記述できるだろうか。じつは、ここには若干の驚きが潜んでいる。そもそも私たちが構築すべきラグランジアンはどのような形をしているだろうか。それは粒子の座標と速度の成分を含み、スカラー場中の粒子の作用と同様に$\vec{E}$場と$\vec{B}$場に依存する形をしていると思うのが普通だ。そして、そのラグランジアンが構築できれば、そこから得られるオイラー・ラグランジュの運動方程式は、ローレンツ力の法則で与えられる力を含んでいることになると想像できる。ところが意外なことに、そのようなラグランジアンを構築することは不可能であることがわかっている。電場や磁場ではなく、ベクトルポテンシャルと呼ばれる別の場を導入する必要があるのだ。電場や磁場は、ある意味で、より基本的なベクトルポテンシャル（$A_\mu(t, x)$と書かれる4元ベクトル）から構成される派生量なのである。なぜ4元ベクトルが必要なのか。その答えは少しお待ちいただきたい。いずれ、「結果さえよければ手段は選ばない」ということがわかるだろう。

$A_\mu(t, x)$を使って電磁場中の粒子の作用を構成するにはどうしたらよいだろうか。場$A_\mu(t, x)$は下付き添字の4元ベクトルである。そこで、軌道上の小さな区間として4元ベクトルdX^μを取り出し、$A_\mu(t, x)$と組み合わせて、その小区間に関連する無限小のスカラー量を作ってみるのも自然だろう。それぞれの軌道の小区間に対して

$$dX^\mu A_\mu(t, x)$$

という量を考えるのだ。これらを軌道に沿って足し上げていく。一方の端から他方の端まで、すなわち点aから点bまで、これを積分する。

$$\int_a^b dX^\mu A_\mu(t, x)$$

$dX^\mu A_\mu(t, x)$という量はスカラーなので、軌道上のそれぞれの小さな区間において、すべての観測者が同じ値を観測する。我々全員が同じ値だと認識する量を足し上げていけば(積分していけば)、それらについても同じ値であると誰もが同意し、作用についても同じ答えが得られるだろう。標準的な慣習にしたがって、この作用に定数eを掛ける。

$$e\int_a^b dX^\mu A_\mu(t, x)$$

eが電荷であることは、もうおわかりだろう。これは、電磁場中を動く粒子の作用のもう1つの項である。作用積分の両方の部分を集めて書くと次のようになる。

$$\text{作用} = \int_a^b -m\sqrt{1-\dot{x}^2}\,dt + e\int_a^b dX^\mu A_\mu(t, x) \tag{6.13}$$

6.3.2 ラグランジアン

式(6.13)の両項は、ローレンツ不変な構成として導出したものであり、第1項は軌道に沿った固有時に比例し、第2項は不変量$dX^{\mu} A_{\mu}$から構成されている。この作用から導かれるものは、(たとえ明白ではないとしても)ローレンツ不変であるはずである。

最初の項は、我々がよく知っている自由粒子のラグランジアン

$$-m\sqrt{1-\dot{x}^2}$$

に対応している。第２項は新しい項であり、首尾よくいけばローレンツ力の法則を生み出すことになるが、今のところまったく関係がないように見える。この

$$e\int_a^b dX^{\mu} A_{\mu}(t, x)$$

という項は、現在はラグランジアンで表現されていない。なぜなら、座標時間dtの積分になっていないからである。これは簡単に解決できる。dtを掛けて割って、次のように書き直せばよい。

$$e\int_a^b \frac{dX^{\mu}}{dt} A_{\mu}(t, x)\, dt \tag{6.14}$$

この形式では、新しい項はラグランジアンの積分となる。被積分関数を$\mathcal{L}_{int}$と呼ぶとすると(intは相互作用を表す)、ラグランジアンは次のようになる。

$$\mathcal{L}_{int} = e\,\frac{dX^{\mu}}{dt} A_{\mu}(t, x) \tag{6.15}$$

ここに含まれる

$$\frac{dX^\mu}{dt}$$

という量は、2種類の量を含んでいることに注意しよう。1つは、

$$\frac{dX^0}{dt}$$

である。X^0とtが同じものであることを思い出すと、

$$\frac{dX^0}{dt} = 1$$

と書ける。もう1つは、添字μが$(1, 2, 3)$の値のいずれかを取る、すなわち3つの空間方向のいずれかを取る場合である。その場合、ローマ文字のpを添字とした

$$\frac{dX^p}{dt}$$

という量は、通常の速度の一成分を表わす。

$$\frac{dX^p}{dt} = \upsilon_p$$

これら2種類の項を組み合わせると、相互作用のラグランジアンは

$$\mathcal{L}_{int} = e\dot{X}^p A_p(t, x) + eA_0(t, x) \tag{6.16}$$

と書ける。ここで繰り返しのローマ文字の添字pは、$p = 1$から$p = 3$までの和を取ることを意味している。$\dot{X}^p$という量は速度成分υ_pを表わしているので、$\dot{X}^p A_p(t, x)$は速度とベクトルポテンシャルの空間成分との内積である。したがって、式(6.16)をよりなじみのある形に書き直せる。

$$\mathcal{L}_{int} = e\vec{v} \cdot \vec{A} + eA_0$$

以上の結果をすべてまとめると、荷電粒子の作用積分は次式の形となる。

$$作用 = \int_a^b -m\sqrt{1-\dot{x}^2}\,dt + e\int_a^b \left[A_0(t, x) + \dot{X}^p A_p(t, x)\right]dt \tag{6.17}$$

これをよりなじみのある形にすると、

$$作用 = \int_a^b -m\sqrt{1-v^2}\,dt + e\int_a^b \left(A_0(t, x) + \vec{v} \cdot \vec{A}(t, x)\right)dt$$

と書ける。作用全体が座標時間dtの積分として表現されているので、ラグランジアンは簡単に次の形であることがわかる。

$$\mathcal{L} = -m\sqrt{1-\dot{x}^2} + eA_0(t, x) + e\dot{X}^p A_p(t, x) \tag{6.18}$$

スカラー場のときとまったく同じように、A_pがtとxの既知の関数であるとし、その既知の場における粒子の運動を探ろう。式(6.18)をどうすればよいだろうか。もちろん、オイラー・ラグランジュ方程式を書けばよいのだ。

6.3.3 オイラー・ラグランジュ方程式

ここでもう一度、わかりやすいように粒子のオイラー・ラグランジュ方程式を示しておく。

$$\frac{d}{dt}\frac{\partial \mathcal{L}}{\partial \dot{X}^p} = \frac{\partial \mathcal{L}}{\partial X^p} \tag{6.19}$$

これは3つの方程式の省略形であり、pの値ごとに1つの方程式がある[10]。式(6.18)をもとにオイラー・ラグランジュ方程式を書き、それがローレンツ力の法則のように見えることを示すのが我々の目的である。これは、式(6.18)の$\mathcal{L}$を式(6.19)に代入することに相当する。スカラー場の場合よりも少し計算が長くなる。1つずつ順を追って説明しよう。まず

$$\frac{\partial \mathcal{L}}{\partial \dot{X}^p}$$

を評価するところから始める。これは正準運動量とも呼ばれる量である。式(6.18)の第1項には$\dot{x}$が含まれているので、この項が上式に寄与しているはずである。じつは、この微分は第3章ですでに評価している。式(3.30)がその結果である(そこでは変数名が違っており、単位も従来のものである)。相対論的な単位では、式(3.30)の右辺は次のようになる。

$$m\frac{\dot{X}^p}{\sqrt{1-\dot{x}^2}}$$

これは$\mathcal{L}$の第1項(式(6.18))を速度のp番目の成分で微分したものである。$\mathcal{L}$の第2項は$\dot{x}$をあらわに含まないので、$\dot{x}$に関する微分はゼロである。しかし第3項には$\dot{x}$が含まれており、その偏微分は

$$eA_p(t, x)$$

となる。これらの項をまとめると、正準運動量は

$$\frac{\partial \mathcal{L}}{\partial \dot{X}^p} = m\frac{\dot{X}_p}{\sqrt{1-\dot{x}^2}} + eA_p(t, x) \tag{6.20}$$

10　微分の分母に上付き添字があると、その微分の結果に下付き添字が付く。式の中にローマ文字の添字があるときは、いつでもその添字を上にも下にも移動させることができる。それは、ローマ文字の添字が空間成分を表すからである。

となる。式(6.20)では、$\dot{X}^p$の代わりに$\dot{X}_p$と書くことで、表記を少し変えている。これは、pのような空間成分は、添字を上付きにしても下付にしても値に変わりはないからである。右辺の下付きの添字は左辺の添字の位置と矛盾しないので、以下では便宜上、下付きの添字を使う。式(6.19)は時間微分をとるように指示しているので、これを実施すると、

$$\frac{d}{dt}\frac{\partial \mathcal{L}}{\partial \dot{X}^p} = \frac{d}{dt}\left[m\frac{\dot{X}_p}{\sqrt{1-\dot{x}^2}} + eA_p(t, x)\right]$$

となる。これでオイラー・ラグランジュ方程式の左辺はすべて揃った。右辺はどうだろう。右辺は

$$\frac{\partial \mathcal{L}}{\partial X^p}$$

である。$\mathcal{L}$はどのようにX_pに依存するだろうか。第2項、$eA_0(t, x)$は明らかにX_pに依存している。その微分は

$$e\frac{\partial A_0}{\partial X^p}$$

である。さらにもう1つ考慮すべき項がある。$e\dot{X}^p A_p(t, x)$である。この項は、速度と位置の両方に依存しているが、オイラー・ラグランジュの方程式の左辺における速度依存性はすでに計算に考慮した。そこで、右辺において、X^pに関する偏微分を行おう。

$$e\dot{X}^n\frac{\partial A_n}{\partial X^p}$$

これで、オイラー・ラグランジュ方程式の右辺がすべて書き下せるようになった。

$$\frac{\partial \mathcal{L}}{\partial X^p} = e\frac{\partial A_0}{\partial X^p} + e\dot{X}^n\frac{\partial A_n}{\partial X^p}$$

これを左辺と等しいと置くと、次のような結果が得られる。

$$\frac{d}{dt}\left[m\frac{\dot{X}_p}{\sqrt{1-\dot{x}^2}} + eA_p(t, x)\right] = e\frac{\partial A_0}{\partial X^p} + e\dot{X}^n\frac{\partial A_n}{\partial X^p} \qquad (6.21)$$

この式に見覚えはないだろうか。左辺の第1項は、分母に平方根があることを除けば、質量に加速度をかけたものに似ている。速度が小さいかぎりは、平方根は1に非常に近い値となり、この項は文字通り質量に加速度をかけたものになる。第2項の$\frac{d}{dt}eA_p(t, x)$については、後ほどくわしく説明しよう。

式(6.21)の右辺の第1項は見覚えがないかもしれないが、じつは多くの人が知っているものだ。しかし、それを見るためには別の表記法を用いなければならない。歴史的には、ベクトルポテンシャルの時間成分$A_0(t, x)$は$-\phi(t, x)$と書かれ、ϕを静電ポテンシャルと呼んでいた。そのため、次のように書ける。

$$e\frac{\partial A_0}{\partial X^p} = -e\frac{\partial \phi}{\partial X^p}$$

式(6.21)の対応する項は、電荷にマイナス記号を付けたものに静電ポテンシャルの勾配(*grad*)を掛けたものにすぎない。電磁気学の初歩的な計算によると、ϕの勾配にマイナス記号を付けたものは電場である。

式(6.21)の構造をおさらいしておこう。左辺には自由な(和をとらない)共変の添字pがあり、右辺にも自由な共変の添字pと和を取る添字nがある。これは位置の各成分X^1、X^2、X^3に対するオイラー・ラグランジュ方程式である。まだ見覚えのある形になっていないようだが、すぐにわかるだろう。

次は、左辺の時間微分を評価する。最初の項は簡単で、微分の外側にm

を移動させるだけで、次のようになる。

$$m\frac{d}{dt}\frac{\dot{X}_p}{\sqrt{1-\dot{x}^2}}$$

第2項の$eA_p(t, x)$を時間微分するにはどうしたらよいか。これは少し難しい。もちろん、$A_p(t, x)$は明示的に時間に依存するかもしれないが、そうでなくても時間によって変わらないとは言えない。粒子は動いているため、粒子の位置が時間とともに変わるからである。$A_p(t, x)$が明示的に時間に依存しないとしても、$A_p(t, x)$が粒子の運動にしたがうことで時間とともに変化する。その結果、微分には2つの項が生じる。1つはA_pの明示的な時間微分である。

$$e\frac{\partial A_p(t, x)}{\partial t}$$

ここで、定数eは単なる添え物である。2つ目は$A_p(t, x)$が暗に時間に依存していることを考慮したものである。この項は、X^nが変化したときの$A_p(t, x)$の変化に$\dot{X}^n$を掛けたものである。これらの項をまとめると

$$e\frac{\partial A_p(t, x)}{\partial t} + e\frac{\partial A_p(t, x)}{\partial X^n}\dot{X}^n$$

となる。時間微分の3つの項をすべて集めると、式(6.21)の左辺は次式になる。

$$m\frac{d}{dt}\frac{\dot{X}_p}{\sqrt{1-\dot{x}^2}} + e\frac{\partial A_p(t, x)}{\partial t} + e\frac{\partial A_p(t, x)}{\partial X^n}\dot{X}^n$$

こうしてオイラー・ラグランジュの方程式は、次のように書き換えられる。

$$m\frac{d}{dt}\frac{\dot{X}_p}{\sqrt{1-\dot{x}^2}} + e\frac{\partial A_p}{\partial t} + e\frac{\partial A_p}{\partial X^n}\dot{X}^n$$

$$= e\frac{\partial A_0}{\partial X^p} + e\dot{X}^n\frac{\partial A_n}{\partial X^p} \tag{6.22}$$

ここでは、$A_p(t, x)$の代わりにA_pと表記することにした。ただし、Aのすべての成分は4つの時空座標すべてに依存することを忘れてはいけない。両辺ともに和の添字nと自由な共変の添字pを持っていることから、この方程式は一貫性が保たれている[11]。

消化不良になりそうだ。一息ついて、今までの内容を振り返ってみよう。式(6.22)の第1項は、「質量×加速度」を相対論的に一般化したものである。この項は左辺に置いておくことにする。他の項をすべて右辺に移動させると、次のようになる。

$$m\frac{d}{dt}\frac{\dot{X}_p}{\sqrt{1-\dot{x}^2}} = -e\frac{\partial A_p}{\partial t} - e\frac{\partial A_p}{\partial X^n}\dot{X}^n + e\frac{\partial A_0}{\partial X^p} + e\dot{X}^n\frac{\partial A_n}{\partial X^p} \tag{6.23}$$

左辺が「質量×加速度」の相対論的一般化だとすると、右辺は粒子にかかる相対論的な力でしかありえない。

右辺の項には、速度に比例する項($\dot{X}^n$を係数として含む)と、そうでない項の2種類がある。右辺の似たような項をまとめると、次のようになる。

$$m\frac{d}{dt}\frac{\dot{X}_p}{\sqrt{1-\dot{x}^2}} = e\left(\frac{\partial A_0}{\partial X^p} - \frac{\partial A_p}{\partial t}\right) + e\dot{X}^n\left(\frac{\partial A_n}{\partial X^p} - \frac{\partial A_p}{\partial X^n}\right) \tag{6.24}$$

アート：「もう頭が痛い。何ひとつわからない。ローレンツ力の法則がわかるって言ってたよね。それって

$$\vec{F} = e\vec{E} + e\vec{v} \times \vec{B}$$

11　使われている和の添字は、右辺と左辺で違っていても構わない。

というふうに書けると思うけど、式(6.24)と共通しているのは、電荷eだけだ。」
レニー：「まあ待ちなさい。今そこに向かっているところだよ。」

式(6.24)の左辺を見よう。分母の平方根を1とみなせるほど、速度が小さいとする。そうすると、左辺は質量×加速度であり、ニュートンが力と呼んでいるものになる。これで、$\vec{F}$が得られた。

右側には2つの項があり、1つは速度$\dot{X}^n$ (υ_nと呼べる)を含むものである。もう1つの項は速度に依存しない。

アート：「光が見えた気がする、レニー！　速度が含まれない項は$e\vec{E}$？」
レニー：「いいぞ、アート。では、速度を含んだ項は何だろう。」
アート：「すごい！　それはきっと… そうだ！　それは$e\vec{\upsilon} \times \vec{B}$に違いない。」

アートの言うとおりだ。速度に依存しない項、すなわち

$$e\left(\frac{\partial A_0}{\partial X^p} - \frac{\partial A_p}{\partial t} \right)$$

を考えよう。電場成分E_pを

$$E_p = \left(\frac{\partial A_0}{\partial X^p} - \frac{\partial A_p}{\partial t} \right) \tag{6.25}$$

と定義すると、ローレンツの法則の第一項、$e\vec{E}$が得られるのだ。

速度に依存する項は、「外積」の達人でなければちょっと難しい。外積の計算が得意であれば、これが$e\vec{\upsilon} \times \vec{B}$を成分の形で書いたものであることがわかるだろう。外積が得意でない人のために、以下で順を追って説明

していく[12]。

まず、$\vec{v} \times \vec{B}$のz成分

$$(\vec{v} \times \vec{B})_z = v_x B_y - v_y B_x \tag{6.26}$$

について考える。これを

$$\dot{X}^n \left(\frac{\partial A_n}{\partial X^p} - \frac{\partial A_p}{\partial X^n} \right) \tag{6.27}$$

のz成分と比較したい。ただし添字pがzに等しいとする。添字nは和を取る添字なので、(1, 2, 3) つまり (x, y, z) を代入し、その結果を足し合わせればよい。近道はないので、これらの値を地道に代入していくと

$$v_x \left(\frac{\partial A_x}{\partial z} - \frac{\partial A_z}{\partial x} \right) + v_y \left(\frac{\partial A_y}{\partial z} - \frac{\partial A_z}{\partial y} \right) \tag{6.28}$$

となる。

練習問題6.2　式 (6.28) は、添字pを空間のz成分に等しいとし、nについては値 (1, 2, 3) にわたって和を取ることで得られたものである。なぜ式 (6.28) にはv_zの項がないのだろうか。

あとは式 (6.28) と式 (6.26) の右辺を一致させるだけだ。これを行うには、

$$B_y = \frac{\partial A_x}{\partial z} - \frac{\partial A_z}{\partial x}$$

12　付録Bに3元ベクトルの演算子をまとめてある。この節の残りの部分を理解する上で、付録Bが役立つはずだ。

と

$$B_x = -\left(\frac{\partial A_y}{\partial z} - \frac{\partial A_z}{\partial y}\right)$$

が成り立つ必要がある。2つ目の式のマイナス記号は、式(6.26)の第2項にマイナス記号があるためである。他の成分についてもまったく同じことをすれば、次のようになる。

$$B_x = \frac{\partial A_z}{\partial y} - \frac{\partial A_y}{\partial z}$$

$$B_y = \frac{\partial A_x}{\partial z} - \frac{\partial A_z}{\partial x}$$

$$B_z = \frac{\partial A_y}{\partial x} - \frac{\partial A_x}{\partial y} \tag{6.29}$$

これらの式には略記法があるので、よく理解しておくとよい[13]。式(6.29)を要約すると、$\vec{B}$は$\vec{A}$の回転(*rot*)である、ということになる。

$$\vec{B} = \vec{\nabla} \times \vec{A} \tag{6.30}$$

式(6.25)、(6.30)はどのように考えればよいのだろうか。1つは、電磁場を定義する基本量がベクトルポテンシャルであり、式(6.25)、(6.30)は我々が電場、磁場と認識する派生物を定義しているということである。しかし、実験室で直接測定されるような物理量はEとBであり、ベクトルポテンシャルはそれを記述するためのトリックに過ぎない、と答える人もいるかもしれない。鶏が先か、卵が先かの問題と同じく、どちらでもよい。Aと(E, B)のどちらが先かはともかく、荷電粒子がローレンツ力の法則

13　付録Bに説明がある。

にしたがって動くことは実験事実である。実際、式(6.24)は完全に相対論的に不変な形で書くことができる。

$$m\frac{d}{dt}\frac{\dot{X}_p}{\sqrt{1-\dot{x}^2}} = e(\vec{E} + \vec{v} \times \vec{B})_p \tag{6.31}$$

6.3.4 ローレンツ不変な方程式

式(6.31)は荷電粒子の運動方程式のローレンツ不変形式であり、左辺は質量×加速度、右辺はローレンツ力の法則を相対論的な形式で書いたものある。この式がローレンツ不変であることは、ラグランジアンの定義からわかっている。しかし、不変であることは明示的ではない。つまり、その不変性は式の構造から明らかにわかることではない。物理学者が「ある方程式がローレンツ変換に対して明らかに不変である」と言う場合、それは「上付きと下付きの添字が正しく一致した4次元の形式で書かれている」ことを意味する。つまり、「両辺が同じように変換されるテンソル方程式として書かれている」必要があるのだ。これを示すことが、この章の最後の目標である。

ここで簡単のため、前の形のオイラー・ラグランジュ方程式(式(6.24))に戻り、ここにもう一度書いてみよう。

$$m\frac{d}{dt}\frac{\dot{X}_p}{\sqrt{1-\dot{x}^2}} = e\left(\frac{\partial A_0}{\partial X^p} - \frac{\partial A_p}{\partial t}\right) + e\dot{X}^n\left(\frac{\partial A_n}{\partial X^p} - \frac{\partial A_p}{\partial X^n}\right)$$

第2章、第3章において(式(2.16)、式(3.9)参照)、

$$\frac{\dot{X}_p}{\sqrt{1-\dot{x}^2}}$$

という量は速度の4元ベクトルの空間成分を表わすことがわかった。つまり

$$\frac{\dot{X}^p}{\sqrt{1-\dot{x}^2}} = \frac{dX^p}{d\tau}$$

である。pはローマ文字の添字なので、

$$\frac{\dot{X}_p}{\sqrt{1-\dot{x}^2}} = \frac{dX_p}{d\tau} \tag{6.32}$$

とも書ける。したがって（因子mをとりあえず無視すると）、式(6.24)の左辺は

$$\frac{d}{dt}\left(\frac{dX^p}{d\tau}\right)$$

と書ける。これは4元ベクトルの成分の形にはなっていない。しかし$dt/d\tau$を掛けると、4元ベクトルの形にできる。

$$\frac{dt}{d\tau} \cdot \frac{d}{dt}\frac{dX^p}{d\tau} = \frac{d^2X^p}{d\tau^2}$$

これは相対論的加速度を表わす4元ベクトルの空間成分である。4元ベクトル

$$\frac{d^2X^\mu}{d\tau^2}$$

は4つの成分を持つ。そこで、式(6.24)の両辺に$dt/d\tau$を掛けよう。tをX^0と書き、$dt/d\tau$の代わりに$dX^0/d\tau$と書くと、

$$m\,\frac{d^2X_p}{d\tau^2} = e\,\frac{dX^0}{d\tau}\left(\frac{\partial A_0}{\partial X^p} - \frac{\partial A_p}{\partial X^0}\right) + e\,\frac{dX^n}{d\tau}\left(\frac{\partial A_n}{\partial X^p} - \frac{\partial A_p}{\partial X^n}\right)$$

となる。この式の右辺において、ローマ文字の添字を、0から4までの値を取るギリシャ文字の添字に置き換えて、1つの項として書き直すことが

できる。

$$m\frac{d^2X_p}{d\tau^2} = e\frac{dX^\nu}{d\tau}\left(\frac{\partial A_\nu}{\partial X^\mu} - \frac{\partial A_\mu}{\partial X^\nu}\right)$$

しかし、これでは問題が生じてしまう。方程式の両辺は下付きの自由な（和を取らない）添字を持つことになるが、この点は問題ない。ところが、左辺はローマ文字の自由な添字pを持ち、右辺はギリシャ文字の自由な添字μを持っている。もちろん添字の名前は変えられるが、ローマ文字の自由な添字とギリシャ文字の自由な添字は、取りうる値の範囲が違うため、等しいものとして扱うことはできない。この式を正しく書くには、左辺のX_pをX_μに置き換える必要があるのだ。正しく書かれた式は

$$m\frac{d^2X_\mu}{d\tau^2} = e\frac{dX^\nu}{d\tau}\left(\frac{\partial A_\nu}{\partial X^\mu} - \frac{\partial A_\mu}{\partial X^\nu}\right) \tag{6.33}$$

である。添字μを空間を表わす添字pとすると、式(6.33)は式(6.24)を再現している。実際、式(6.33)は荷電粒子に対する明示的な不変性を持つ運動方程式なのだ。式中のものがすべて4元ベクトルであり、繰り返される添字がすべて適切に縮約されているため、明白な不変性を持っている。

ここで、1つ重要な注意点がある。式(6.24)は、pという添字で示された空間成分について3つの方程式を表しているだけだが、添字μがミンコフスキー空間の4方向すべてに及ぶようにすると、式(6.33)は時間成分について1つ余計な方程式を与える。

しかし、この新しい式（第0成分の式）は正しいのだろうか。作用がスカラーであることを最初に確認しておけば、運動方程式がローレンツ不変であることが保証される。ローレンツ不変が成り立つ場合、ある4元ベクトルの3つの空間成分と別の4元ベクトルの3つの空間成分が一致すれば、その0番目の成分（時間成分）も一致することが自動的にわかる。空間の方程式が正しいローレンツ不変の理論を構築したのだから、時間の方程式も正しいに違いないのだ。

この論理は現代物理学のすべてを貫いている。すなわち、ラグランジアンが考えるべき対称性を満たしていることを確認する必要があるのだ。その考えるべき対称性がローレンツ対称性であれば、ラグランジアンはローレンツ不変でなければならない。そうすれば、運動方程式がローレンツ不変であることが保証されるのである。

6.3.5 4元速度を使った方程式

式 (6.33) を、後で便利になるように少し違う形に変えておく。

$$U^{\mu} = \frac{dX^{\mu}}{d\tau}$$

で定義される4元ベクトル U^{μ} は、4元速度と呼ばれる。式 (6.33) にこれを代入すると (左辺の μ の添字を下付きにして)、次のようになる。

$$m\frac{dU_{\mu}}{d\tau} = e\left(\frac{\partial A_{\nu}}{\partial X^{\mu}} - \frac{\partial A_{\mu}}{\partial X^{\nu}}\right)U^{\nu} \tag{6.34}$$

左辺の微分

$$\frac{dU_{\mu}}{d\tau}$$

は、4元加速度と呼ばれる。この式の空間部分を U で表すと

$$m\frac{dU_{p}}{d\tau} = e\left(\frac{\partial A_{0}}{\partial X^{p}} - \frac{\partial A_{p}}{dX^{0}}\right)U^{0} + e\left(\frac{\partial A_{n}}{\partial X^{p}} - \frac{\partial A_{p}}{\partial X^{n}}\right)U^{n} \tag{6.35}$$

となる。

6.3.6 A_{μ} の $\vec{E}$ や $\vec{B}$ との関係

ベクトルポテンシャル A_{μ} と、おなじみの電場、磁場 $\vec{E}$、$\vec{B}$ の関係を整

理しておこう。

歴史的には、$\vec{E}$と$\vec{B}$は電荷と電流（電流は電荷が運動しているだけである）の実験によって発見されたものである。この発見は、ローレンツによる「ローレンツ力の法則」の構築に結実した。しかし、$\vec{E}$と$\vec{B}$を使って定式化しても、荷電粒子の運動を作用原理として表現することはできない。その表現には、ベクトルポテンシャルが不可欠である。オイラー・ラグランジュ方程式を書き下し、ローレンツ力の法則と照らし合わせると、$\vec{E}$と$\vec{B}$の場とA_μの関係式が得られる。

$$E_x = \frac{\partial A_0}{\partial x} - \frac{\partial A_x}{\partial t}$$

$$E_y = \frac{\partial A_0}{\partial y} - \frac{\partial A_y}{\partial t}$$

$$E_z = \frac{\partial A_0}{\partial z} - \frac{\partial A_z}{\partial t}$$

$$B_x = \frac{\partial A_z}{\partial y} - \frac{\partial A_y}{\partial z}$$

$$B_y = \frac{\partial A_x}{\partial z} - \frac{\partial A_z}{\partial x}$$

$$B_z = \frac{\partial A_y}{\partial x} - \frac{\partial A_x}{\partial y} \tag{6.36}$$

これらの方程式はある種の対称性を持っており、テンソル形式で書くことが求められる。それは次章で行う。

6.3.7 U^{μ}の意味

この講義を終えようとしたとき、ある学生が手を挙げて、次のように発言した。「式(6.34)に至るまで、数学的な式展開をずいぶん長くしてきましたね。でも、ここでもう一度、相対論的4元速度U^{μ}の意味について説明してもらえませんか。とくに、0番目の式、相対論的加速度の時間成分の式はどうですか。」

わかった、その説明をしよう。まずは、式(6.35)に示す空間成分だ。左辺は、質量×加速度の相対論的な一般化、つまりニュートンの運動方程式$F = ma$にある「ma」である。粒子がゆっくり動いているのなら、まさにその結果となる。しかしこの式は、粒子が速く動いている場合にも有効だ。右辺は相対論的ローレンツ力であり、第1項は電気力、第2項は移動する電荷に作用する磁力である。説明が必要なのは第0成分の式だ。次式に書き下す。

$$m\,\frac{dU_0}{d\tau} = e\left(\frac{\partial A_n}{\partial X^0} - \frac{\partial A_0}{\partial X^n}\right)\frac{dX^n}{d\tau} \tag{6.37}$$

右辺の第1項($\mu = 0$)を省略したのは、

$$\left(\frac{\partial A_0}{\partial X^0} - \frac{\partial A_0}{\partial X^0}\right) = 0$$

だからである。まず、式(6.37)の左辺から見ていく。これは、相対論的加速度の時間成分という、やや見慣れないものである。これを解釈するために、相対論的な運動エネルギーが、式(3.36)と式(3.37)から

$$mU^0 = \frac{m}{\sqrt{1 - v^2}}$$

であることを思い出そう。光速を明示するため、従来の単位を用いると次のようになる。

$$mU^0 = \frac{mc^2}{\sqrt{1 - v^2/c^2}}$$

このとき、時間の添字を下付きにすると符号が変わってしまうので、帳尻を合わせるために、mU_0は運動エネルギーにマイナス記号をつけたものでなければならない。したがって、マイナス記号を除けば、式(6.37)の左辺は運動エネルギーの時間変化率である。どんな力が作用している場合でも、運動エネルギーの変化率は、単位時間あたりに粒子に対して行われる仕事に相当する。

つぎに式(6.37)の右辺を考える。これは次の形をしている。

$$-e\vec{E} \cdot \vec{v}$$

$e\vec{E}$が粒子にかかる電気力であることから、式の右辺を次のように表すことができる。

$$-\vec{F} \cdot \vec{v}$$

初等力学では、力と速度の内積は、動いている物体に力が与える(単位時間あたりの)仕事である。つまり、第0成分の式は、運動エネルギーの変化が系に与える仕事であることを表現したエネルギー収支の式にすぎないことがわかる。

磁力はどうなったのか。なぜ、磁力は計算に入れなくてもよかったのだろうか。高校で習ったであろう、ひとつの答えがこれだ。

磁力は仕事をしない。

しかし、これには簡単な理由がある。磁力はつねに速度に対して垂直なので、$\vec{F} \cdot \vec{v}$には寄与しないのである。

6.4 場のテンソルに関する余談

現代の物理学者が新しい量に対して抱く最初の疑問は、それがどのように変換されるのか、ということである。とくに、ローレンツ変換のもとでどのように変換されるのだろうか。通常の答えは、「新しい量(それが何であろうと)は、多くの上付き添字と多くの下付き添字を持つテンソルである」というものである。電場や磁場も例外ではない。

アート:「レニー、わからないことがあるんだ。電場は空間成分が3つで時間成分はない。それなのに、どうして4次元のテンソルなのだろう。磁場についてもそうだ。」
レニー:「忘れているね、アート。3+3 = 6だ。」
アート:「6つの成分を持つテンソルがあるということ？　4元ベクトルには4つの成分があり、2つの添字を持つテンソルは4×4 = 16個の成分がある。6つの成分とはどういうこと？」

アートの質問に対する答えは、2つの添字を持つテンソルは16個の成分を持つが、反対称テンソルは6個の独立成分しか持たない、というものだ。ここで、反対称テンソルの考え方をおさらいしておこう。

2つの4元ベクトルCとBがあるとすると、それらを組み合わせた2つの添字を持つテンソルを作る方法が2通りある。$C_\mu B_\nu$と$B_\mu C_\nu$である。この2つを足したり引いたりすることで、対称テンソル、反対称テンソルを作ることができる。

$$S_{\mu\nu} = C_\mu B_\nu + B_\mu C_\nu$$

と

$$A_{\mu\nu} = C_\mu B_\nu - B_\mu C_\nu$$

である。反対称テンソルの独立成分の数を数えてみよう。まず、対角成分はすべて消失する(ゼロである)。つまり16成分のうち、12成分しか生き残らない。

しかしさらに制約があり、非対角要素は符号だけが異なり絶対値が同じ値の対を形成している。たとえば、$A_{02} = -A_{20}$である。12個のうち半分だけが独立なので、残った独立の成分は6個だ。そう、アート、独立成分が6個しかないテンソルもあるのだ。

ここで式(6.36)を見てみよう。右辺はすべて次のような形になる。

$$F_{\mu\nu} = \frac{\partial A_\nu}{\partial X^\mu} - \frac{\partial A_\mu}{\partial X^\nu} \tag{6.38}$$

または、

$$F_{\mu\nu} = \partial_\mu A_\nu - \partial_\nu A_\mu \tag{6.39}$$

と書いてもよい。$F_{\mu\nu}$は明らかにテンソルであり、しかも反対称である。これは6つの独立な成分を持ち、それらはまさに$\vec{E}$と$\vec{B}$の成分である。式(6.36)と比較すると、正の成分を列挙することができる。

$$\begin{aligned} F_{10} &= E_x & F_{12} &= B_z \\ F_{20} &= E_y & F_{23} &= B_x \\ F_{30} &= E_z & F_{31} &= B_y \end{aligned} \tag{6.40}$$

反対称性を利用すれば、他の成分を埋めることもできる。これで式(6.11)がどこから来たのかがわかっただろう。ここでもう一度、上付きと下付きの添字を使った形式をすべて書き下しておこう。

$$F_{\mu\nu} = \begin{pmatrix} 0 & -E_x & -E_y & -E_z \\ +E_x & 0 & +B_z & -B_y \\ +E_y & -B_z & 0 & +B_x \\ +E_z & +B_y & -B_x & 0 \end{pmatrix} \tag{6.41}$$

$$F^{\mu\nu} = \begin{pmatrix} 0 & +E_x & +E_y & +E_z \\ -E_x & 0 & +B_z & -B_y \\ -E_y & -B_z & 0 & +B_x \\ -E_z & +B_y & -B_x & 0 \end{pmatrix} \tag{6.42}$$

$$F^{\mu}{}_{\nu} = \begin{pmatrix} 0 & +E_x & +E_y & +E_z \\ +E_x & 0 & +B_z & -B_y \\ +E_y & -B_z & 0 & +B_x \\ +E_z & +B_y & -B_x & 0 \end{pmatrix} \tag{6.43}$$

$$F_{\mu}{}^{\nu} = \begin{pmatrix} 0 & -E_x & -E_y & -E_z \\ -E_x & 0 & +B_z & -B_y \\ -E_y & -B_z & 0 & +B_x \\ -E_z & +B_y & -B_x & 0 \end{pmatrix} \tag{6.44}$$

これらの行列の行は、添字μでラベル付けされ、μの値$(0, 1, 2, 3)$が左端に沿って上から下へと並んでいると考えることができる。同様に、列は添字νでラベル付けされ、上端に沿って左から右へ並んでいる。

$F_{\mu\nu}$の一番上の行を見てほしい。そこにある要素は$F_{0\nu}$と考えることができる。なぜなら、それぞれ$\mu = 0$である一方、νはその全範囲で値をとるからだ。これらは電場成分である。添字の1つが時間の添字、残りが空間の添字なので、時間と空間の「混合」成分として考えることができる。

同じ理由により、左端の列も同様だ。

ここで、一番上の行と一番左の列を除いた3×3の部分行列に目を向けよう。この部分行列には、磁場成分が含まれている。

電場と磁場を1つのテンソルにまとめることで、何が達成できたのだろうか。それはたくさんある。我々は次のような問いに答える術を知っている。レニーが移動する列車に乗った状態で、ある電場と磁場を見たとする。鉄道の駅の座標系にいるアートからは、その電場と磁場はどのように見えるだろうか。電車の中で静止している電荷は、レニーの座標系ではおなじみの電場(クーロン場)を持っているはずである。アートの視点からは、その電荷は動いている。そのためアートが見ている場を計算するためには、場のテンソルをローレンツ変換すればよいことになる。この考え方は8.1.1節でさらにくわしく説明する。

第7章
基本原理とゲージ不変性

アート：「物理学者はどうして基本原理に注意を向けるのだろう。たとえば最小作用の原理、局所性、ローレンツ不変性、そして…ほかに何があったっけ。」

レニー：「ゲージ不変性だ。基本原理は新しい理論の構築を助けてくれる。基本原理を破る理論はおそらく正しくない。ただし、我々は基本原理が意味するところをときには再考する必要がある。」

アート：「わかった。高速で走る電車はローレンツ不変だし、線路に沿って走ることが電車が行う動作[1]だ（それ以外に電車にはすることがないからね）。各駅に停車するから、ローカル電車[2]でもある。」

レニー：「えーと。」

アート：「さらにゲージ不変でもある。そうでないと脱線してしまうから[3]。」

レニー：「君自身が脱線しているよ。少し落ち着いて考えてみよう。」

---

1 訳者注：電車の *action*（作用）を *action*（動作）と読み替えている。

2 訳者注：ローカル電車と局所性（*local*）のある電車とをかけている。

3 訳者注：ゲージ不変性を線路の幅（ゲージ）が変わらないこととかけている。

ある理論物理学者が、新しく発見された現象を説明する理論を構築しようとしたとする。この新しい理論は、ある法則、あるいは基本原理を満たしていることが期待される。すべての物理法則を支配していると思われる原則が4つある。簡単に言えば、以下の4つである。

- 作用原理
- 局所性
- ローレンツ不変性
- ゲージ不変性

これらの原理は、物理学全体に浸透している。一般相対性理論、量子電気力学、素粒子物理学の標準モデル、ヤン・ミルズ理論など、既知の理論はすべてこの原則に則っている。最初の3つの原理はよく知られているが、ゲージ不変性は新しいもので、これまで説明していなかった。この章の主な目的は、この新しい考え方を紹介することである。まず、4つの基本原理をすべて要約しよう。

7.1 基本原理のまとめ

作用原理

最初のルールは、物理現象は作用原理で記述されるということである。このことに例外はない。たとえば、エネルギー保存の概念は、すべて作用原理によって導かれる。運動量保存もそうだし、保存則と対称性の関係も一般にそうである。運動方程式を書くだけでも意味は成すが、それが作用原理から導かれないと、エネルギー保存や運動量保存が保証されないことになる。とくにエネルギー保存は、作用原理と、時間を一定量ずらしても不変という仮定(時間並進対称性)により成り立っている。

以上が1つ目の原理だ。つまり、実験室で発見された現象を運動方程式で記述できるような作用を探せ、という原理である。本書では2種類の作

用を見てきた。粒子の運動に対する作用は

$$\text{作用}_{\text{粒子}} = \int dt \mathcal{L}(X, \dot{X})$$

であった。ここで$\mathcal{L}$はラグランジアンを表している。場の理論の作用では、

$$\text{作用}_{\text{場}} = \int d^4x \mathcal{L}(\phi, \phi_\mu)$$

である。このときの$\mathcal{L}$はラグランジアン密度を表す。密度というのは、空間と時間にわたって積分される量を表す。我々は、この2つの場合について、オイラー・ラグランジュ方程式の役割を見てきた。

局所性

局所性とは、ある場所で起きていることは、空間的および時間的に近くにある状況にしか直接影響を与えないということである。ある系を時空間のある点で叩くと、そのすぐ近くのものにしか直接的な影響がない。たとえば、バイオリンの弦の端を叩くと、それに隣接した部分だけがすぐに影響を感じる。もちろん、隣りの動きは隣りに影響を与え、さらにその隣りへと連鎖していき、やがてその影響は弦の全長にわたって現れる。しかし、短時間の効果は局所的なものである。

ある理論が局所性を守ることをどのように保証するのか。先ほどと同じことを言うことになるが、それは作用を通して保証される。たとえば、我々がある粒子について話をしているとしよう。この場合、作用は粒子の軌道に沿った時間(dt)に対する積分である。局所性を保証するためには、被積分関数(ラグランジアン)が系の座標にのみ依存する必要がある。粒子の場合、粒子の位置を表わす空間成分とその1階の時間微分がこれにあたる。隣接する時間の点どうしは、時間微分によって関連付けられる。微分とは、近傍にあるもの同士の関係を把握するためのものなのだ。しかし、

高階の微分は、1階微分よりも「局所的でない」ため、除外される[4]。

場の理論は、空間と時間の体積に含まれる場を記述するものである（図4.2と図5.1）。そのため作用は、時間だけでなく、空間（dx^4）にもわたって積分した量である。この場合、ラグランジアンが場ϕとそのX^μでの微分に依存することを「局所性」と表現する。これらの微分をϕ_μと書く。これにより、物事がその近くのものにのみ直接影響を与えることが保証される。

ある場所で何かを叩くと、他の遠く離れた場所にも瞬時に影響を与えるような世界を想像してみよう。その場合、ラグランジアンは微分を通じて近傍にあるものだけに依存するのではなく、「離れた場所での作用」を実現するような複雑なものにも依存することになる。局所性はこれを禁じているのだ。

量子力学について簡単に説明する。量子力学は本書の範囲外であるが、多くの読者は局所性の原理が量子力学にどのように適用されるのか、あるいはそもそも適用されるのか、疑問に思うかもしれない。しかし、はっきり言おう。局所性の原理は適用されるのだ。

量子力学の「もつれ」は、非局所性と誤解されることがある。しかし、量子もつれと非局所性は同じではない。この点については、前著『量子力学』でくわしく解説している。量子もつれとは、ある場所から別の場所へ瞬時に信号を送れるという意味ではない。局所性は基本原理なのだ。

ローレンツ不変性

理論はローレンツ不変でなければならない。言い換えれば、運動方程式はどの基準座標系でも同じでなければならない。これがどのように機能するかは、すでに見てきたとおりである。ラグランジアンがスカラーであることを確認すれば、理論がローレンツ不変であることが保証される。記号で表すと

4　高階の微分は、多くの理論的・実験的な結果からも否定されている。

$$\mathcal{L} = \text{スカラー}$$

である。ローレンツ不変性には、空間の回転に対して不変であるという考え方も含まれる[5]。

ゲージ不変性

最後のルールはやや謎めいていて、完全に理解するのに時間がかかる。簡単に説明すると、ゲージ不変性とは、物理に影響を与えることなくベクトルポテンシャルを変更できることと関係がある。この章の残りを使って、この点について説明しよう。

7.2 ゲージ不変性

不変性とは、対称性とも呼ばれ、作用や運動方程式に影響を与えない系の変化のことである。身近な例を見てみよう。

7.2.1 対称性の例

運動方程式でもっともよく知られているのは$F = m\vec{a}$という式であろう。座標の原点をある点から別の点に移動させても、この式はまったく同じ形になる。座標を回転させても同じである。この法則は平行移動と回転に対して不変なのだ。

別の例として、第4章で学んだ基本的な場の理論を考える。この理論のラグランジアン（式(4.7)）は、次のようなものだった。

5　一般相対性理論（本書では扱わない）では、任意の座標変換に対して不変であることが要求される。ローレンツ変換は特殊なケースである。一般相対性理論でも不変性の原理は似たようなものであり、$\mathcal{L}$がスカラーであることを要求する代わりに、一般相対性理論ではスカラー密度であることを要求している。

$$\mathcal{L} = \frac{1}{2}\left[\left(\frac{\partial\phi}{\partial t}\right)^2 - \left(\frac{\partial\phi}{\partial x}\right)^2 - \left(\frac{\partial\phi}{\partial y}\right)^2 - \left(\frac{\partial\phi}{\partial z}\right)^2\right] - V(\phi)$$

これは

$$-\frac{1}{2}\left[\ \partial_\mu\phi\,\partial^\mu\phi\ \right] - V(\phi)$$

とも書ける。とりあえず、$V(\phi)$をゼロにして、すべての空間座標を1つの変数xに絞り込んだ簡易版を考えてみる。

$$\mathcal{L} = \frac{1}{2}\left[\left(\frac{\partial\phi}{\partial t}\right)^2 - \left(\frac{\partial\phi}{\partial x}\right)^2\right]$$

このラグランジアンから導いた運動方程式（式(4.10)）は、（ここでは少し簡略化して）

$$\frac{\partial^2\phi}{\partial t^2} - \frac{\partial^2\phi}{\partial x^2} = 0$$

と書ける。第１項の$\frac{1}{c^2}$はこの例では重要ではないので無視した。この式は、ローレンツ不変をはじめとするいくつかの不変性を持っている。新しい不変性を発見するためには、方程式の内容や意味を変えることなく変化させられるものを探せばよい。たとえば、背景の「場」に定数を追加してみる。

$$\phi \longrightarrow \phi + c$$

つまり、すでに運動方程式の解になっている場ϕに、ただ定数を加えただけである。それでも運動方程式を満たすだろうか。定数の微分はゼロだから、もちろん満たす。ϕが運動方程式を満たすことがわかっていれば、

$(\phi + c)$も運動方程式を満たすのだ。

$$\frac{\partial^2(\phi + c)}{\partial t^2} - \frac{\partial^2(\phi + c)}{\partial x^2} = 0$$

このことは、ラグランジアン

$$-\partial_\mu \phi \partial^\mu \phi$$

においても見ることができる。ここでも簡単のために$\frac{1}{2}$という因数を無視した。このラグランジアンは、ϕに定数を加えるとどうなるのだろうか。何も起こらない。定数の微分はゼロだからだ。ある作用と、その作用を最小化する場の配置があれば、場に定数を加えても、作用が最小化されることに違いはないのである。つまり、場に定数を加えるという操作は、対称性あるいは不変性なのだ。今まで見てきたものとは少し違う種類の不変性だが、不変性であることに変わりはない。

ここで、この理論の少し複雑にしたものとして、$V(\phi)$の項が0でない場合を思い出そう。第4章では、

$$V(\phi) = \frac{\mu^2}{2}\phi^2$$

という形を考えた。これをϕで微分したものは

$$\frac{\partial V(\phi)}{\partial \phi} = \mu^2 \phi$$

である。この変更により、ラグランジアンは次のようになる。

$$\mathcal{L} = \frac{1}{2}\left[\left(\frac{\partial \phi}{\partial t}\right)^2 - \left(\frac{\partial \phi}{\partial x}\right)^2\right] - \frac{\mu^2}{2}\phi^2 \qquad (7.2)$$

また運動方程式は

$$\frac{\partial^2 \phi}{\partial t^2} - \frac{\partial^2 \phi}{\partial \boldsymbol{x}^2} + \mu^2 \phi = 0 \tag{7.3}$$

となる。ϕに定数を加えると式(7.3)はどうなるか。ϕが解なら、$(\phi + c)$はやはり解なのだろうか。今度はそうではない。ϕに定数を加えても最初の2項には変化はないが、第3項は明らかに変化する。ラグランジアンである式(7.2)はどうだろう。ϕに定数を加えても、カギ括弧の中の項には何の影響もない。しかし、最後の項には影響がある。ϕ^2は$(\phi + c)^2$と同じではない。ラグランジアンに

$$-\frac{\mu^2}{2}\phi^2$$

という余分な項がある場合、ϕに定数を加えたときに不変にはならないのだ。

7.2.2 新しい種類の不変性

作用積分

$$e\int_a^b A_\mu dX^\mu$$

に立ち返ろう。これは第6章で紹介したものである。A_μにスカラー量Sの4次元勾配を加える。記号で書くと

$$A_\mu \longrightarrow A_\mu + \frac{\partial S}{\partial X^\mu}$$

である。この和では、2つの項がどちらも共変の添字μを持っているという点では一貫性は崩れていない。しかし、この置き換えによって運動方程式が変わるのだろうか。粒子がたどる軌道が変わるのだろうか。これによ

って粒子の運動が変わるのだろうか。確かにこの置き換えによって作用は直接的に変化する。

$$作用_{変化前} = e\int_a^b A_\mu dX^\mu \tag{7.4}$$

が

$$作用_{変化後} = e\int_a^b A_\mu dX^\mu + e\int_a^b \frac{\partial S}{\partial X^\mu}\, dX^\mu \tag{7.5}$$

になるのだ。新しく加わった積分（式(7.5)の右端の積分）は何を表しているのだろうか。図7.1では、粒子の軌道はいつものように小さな区間に分割されている。この小区間の1つに沿ったSの変化を考える。単純な計算から、

$$\frac{\partial S}{\partial X^\mu}\, dX^\mu$$

が小区間の端から端まで行くときのSの変化を表わす。この変化をすべての区間について足し上げる（あるいは積分する）と、軌道の始点から終点までのSの変化が得られる。それは、終点bで評価したSから始点aで評価したSを差し引いたものに等しい。記号で書くと

$$\int_a^b \frac{\partial S}{\partial X^\mu}\, dX^\mu = S(b) - S(a)$$

となる。S自体は任意のスカラー関数である。この新しい項をベクトルポテンシャルに加えることで、粒子の動的性質は変化するだろうか[6]。

我々は軌道の2つの端点にのみ依存する形で作用を変化させた。しかし、

6　ヒント：答えはノーだ。

図7.1　時空の軌道。実線は停留作用の軌道。破線は、端点を固定したまま変化させた軌道である。

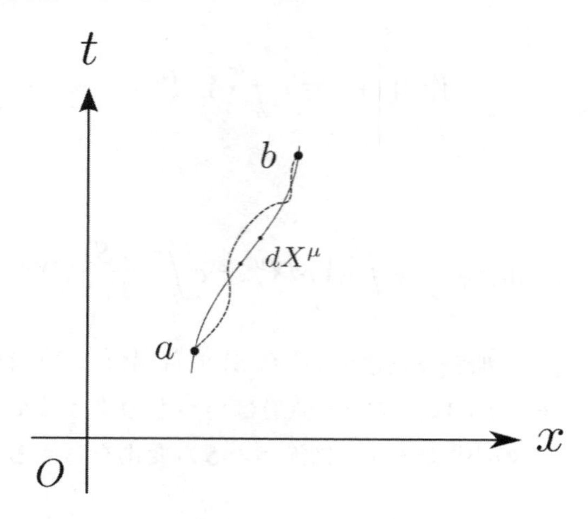

作用原理は、端点が固定されているという制約のもとで、軌道をくねらせながら最小の作用を探すように指示している。端点が固定されているので、$S(b)-S(a)$の項は、作用が停留値を取っている軌道も含めて、どの軌道でも等しい値になる。したがって、作用が停留値を取っている軌道の場合、ベクトルポテンシャルをこのように変化させても停留値を取ったままである。スカラー量の4次元勾配を加えても、端点での作用にしか影響しないので、粒子の運動には何の影響も与えない。実際、どのような微分を加えても、何も変わらない。このことはスカラー関数であるSが何であろうと成り立つのだ。

これがゲージ不変性という概念である。ベクトルポテンシャルをある方法で変化させても、荷電粒子の振る舞いに影響を与えないということである。ベクトルポテンシャルに$\frac{\partial S}{\partial X^{\mu}}$を加えることをゲージ変換という。ゲージという言葉は歴史的な産物であり、この概念とはあまり関係がない。

7.2.3 運動方程式

ゲージ不変性は次の大胆な主張をしている。

任意のスカラー関数を作り、その勾配（微分）をベクトルポテンシャルに加えても、運動方程式はまったく変わらない。

それは確かなのだろうか。それを知るには、運動方程式すなわち式(6.33)のローレンツ力の法則に立ち戻ればよい。

$$m\frac{d^2X_\mu}{d\tau^2} = e\frac{dX^\nu}{d\tau}\left(\frac{\partial A_\nu}{\partial X^\mu} - \frac{\partial A_\mu}{\partial X^\nu}\right)$$

これは

$$m\frac{d^2X_\mu}{d\tau^2} = eF_{\mu\nu}U^\nu$$

と書き換えられる。ここで

$$F_{\mu\nu} = \frac{\partial A_\nu}{\partial X^\mu} - \frac{\partial A_\mu}{\partial X^\nu} \tag{7.6}$$

であり、4元速度U^νは

$$U^\nu = \frac{dX^\nu}{d\tau}$$

である。運動方程式にはベクトルポテンシャルは直接含まれず、電場と磁場成分を要素とする場のテンソル$F_{\mu\nu}$が含まれる。ベクトルポテンシャルが変化しても、$F_{\mu\nu}$が変化しないかぎり、粒子の運動は変化しない。そのため我々が行うべきことは、場のテンソル$F_{\mu\nu}$がゲージ不変であることを確認することである。そこで式(7.6)のベクトルポテンシャルにスカラー量の勾配(*grad*)を加えるとどうなるか見てみよう。

$$F_{\mu\nu} = \frac{\partial\left(A_\nu + \frac{\partial S}{\partial X^\nu}\right)}{\partial X^\mu} - \frac{\partial\left(A_\mu + \frac{\partial S}{\partial X^\mu}\right)}{\partial X^\nu} \tag{7.7}$$

これは複雑そうに見えるが、非常に簡単に簡略化できる。和の微分は微分の和なので、

$$F_{\mu\nu} = \frac{\partial A_\nu}{\partial X^\mu} + \frac{\partial\left(\frac{\partial S}{\partial X^\nu}\right)}{\partial X^\mu} - \frac{\partial A_\mu}{\partial X^\nu} - \frac{\partial\left(\frac{\partial S}{\partial X^\mu}\right)}{\partial X^\nu}$$

あるいは

$$F_{\mu\nu} = \frac{\partial A_\nu}{\partial X^\mu} + \frac{\partial^2 S}{\partial X^\mu \partial X^\nu} - \frac{\partial A_\mu}{\partial X^\nu} - \frac{\partial^2 S}{\partial X^\nu \partial X^\mu} \tag{7.8}$$

と書ける。ただし偏微分を取る順番は関係ないことがわかっている。つまり

$$\frac{\partial^2 S}{\partial X^\nu \partial X^\mu} = \frac{\partial^2 S}{\partial X^\mu \partial X^\nu}$$

が成り立つ。したがって式(7.8)の2階微分は等しく、互いに相殺される[7]。結果は

$$F_{\mu\nu} = \frac{\partial A_\nu}{\partial X^\mu} - \frac{\partial A_\mu}{\partial X^\nu} \tag{7.9}$$

となり、式(7.6)と正確に一致する。これで話は完結した。4元ベクトルポテンシャルにスカラー量の勾配を加えても、作用や運動方程式には何の

7　我々の関心のある関数については2階偏微分のこの性質が成り立つ。しかしこの性質を持たない関数も存在する。

影響もないのだ。

7.2.4 視点

粒子と電磁場の運動方程式を書くことが目的なら、なぜわざわざベクトルポテンシャルを加えたのか。とくに、電場や磁場に影響を与えずにベクトルポテンシャルを変えることができるのなら、なおさらこの疑問が湧いてくる。

その答えは、「ベクトルポテンシャルを含まない粒子の運動の作用原理は書き下せない」というものである。しかし、ある点でのベクトルポテンシャルの値は物理的に意味がなく、測定もできない。スカラー量の微分をその値に加えて変えても物理は変わらないからだ。

不変量の中には、明らかに物理的な意味を持つものがある。同じ問題を考えるときに2通りの基準座標系(たとえばあなたの物理的基準座標系と私の基準座標系)を想像し、その間で読み替えすることは難しくない。しかし、ゲージ不変は違う。これは座標の変換に関するものではない。それは記述の冗長性なのだ。ゲージ不変性とは、「多くの記述があり、そのすべてが互いに等価である」ことを意味している。ゲージ不変性が持つ新しい点は、そこに位置の関数が含まれることである。たとえば、座標を回転させるとき、場所によって回転の仕方が違うということはない。通常の物理学では、場所によって異なる回転から不変性は定義されない。回転は一度だけ、しかも特定の角度だけ、位置の関数を含まない形で行われるのである。一方、ゲージ変換には、任意の位置の関数が含まれる。ゲージ不変性は、物理学のあらゆる基礎理論に見られる特徴であり、電気力学、標準モデル、ヤン・ミルズ理論、重力など、すべてゲージ不変性を持っている。

ゲージ不変性とは、数学的に面白い性質だが実用的な意味はない、という印象を持つ読者もいるかもしれないが、それは間違いだ。ゲージ不変性によって、物理的な問題に対して、見かけは異なるものの内容は等価な数学的記述をすることができる。ベクトルポテンシャルに何かを加えることで、問題を単純化することができる場合もある。たとえば、A_μの成分のいずれかを0にするようなSを選ぶことができる。一般に、ある理論の一面を説明したり明らかにしたりするために、特定の関数Sを選ぶことがある。しかし、その代償として、理論の別の性質が見えなくなってしまうこともある。Sのあらゆる可能な選択肢の観点から理論を眺めることにより、その理論のすべての特性を見ることができるのである。

第8章
マクスウェル方程式

　マクスウェルはヘルマンの隠れ家にプライベートテーブルを持っている。彼はそこに一人で座り、考えごとをしている。

アート：「君の友達のマクスウェルは、自分の素性[1]に危機感を覚えているようだね。」
レニー：「正確には危機感ではない。彼は電磁気学の美しい理論を構築するため、2つの素性を意図的に使っているんだ。」
アート：「理論はどこまでできあがっているのだろうね。素性はいいとして…」
レニー：「道半ばだろう。ここからが本当の行動[2]が始まるのだ。」

1　訳者注：原文では *identity*。自分の素性と、本文で出てくる恒等式とをかけている。
2　訳者注：原文では *action*。行動と、本文で出てくる作用をかけている。

ほどんどの読者が知っていることだと思うが、このシリーズ本はスタンフォード大学で私が行っている一連の講義に基づいている。講義の性質上、必ずしも完璧な順序で行われるとはかぎらない。前回の講義の復習や、やり残したことの穴埋めから始まることも多かった。第8章のマクスウェル方程式の講義もそうだった。実際の講義では、マクスウェル方程式から始めたのではなく、電場と磁場の変換特性(第7章の講義の最後に少し触れただけの内容)で始めた。

最近、アインシュタインの相対性理論に関する最初の論文を見る機会があった[3]。この論文をじっくりと読むことを皆さんに強く勧める。とくに最初の段落は素晴らしいものだ。彼の論理と動機が極めて明瞭に説明されている。この論文は、電磁場テンソルの変換の性質に深くかかわっているので、ここで触れておきたい。

8.1 アインシュタインの例

アインシュタインの例では、磁石と導体(電線など)が登場する。電流は、動いている荷電粒子の集まりにほかならない。アインシュタインの設定を、電線に含まれる荷電粒子が磁石が作る磁場の中に存在しているという問題に焼き直すことができる。ここで重要なのは、電線は磁石の静止座標系の中で動いているということである。

図8.1は、磁石が静止した状態にある「実験室」座標系での基本的な設定を示したものである。電線はy軸方向に沿って延びており、x軸方向に動いている。電線内の電子は、電線と一緒に移動する。また、静止した磁石(図には示していない)があり、一様な磁場が形成されている。この磁場は、紙面に垂直方向の成分B_zだけを持つ。ほかの電場や磁場はない。

3 "*On the Electrodynamics of Moving Bodies,*" A. Einstein (1905年6月30日) (訳者注：日本語訳が岩波書店やちくま学芸文庫の文庫本に収録されている。)

図8.1　アインシュタインの例：移動する電荷の視点。実験室と磁石は静止している。電荷eは速度vで右に移動している。一定の磁場が一成分(B_z)だけある。電場はない。

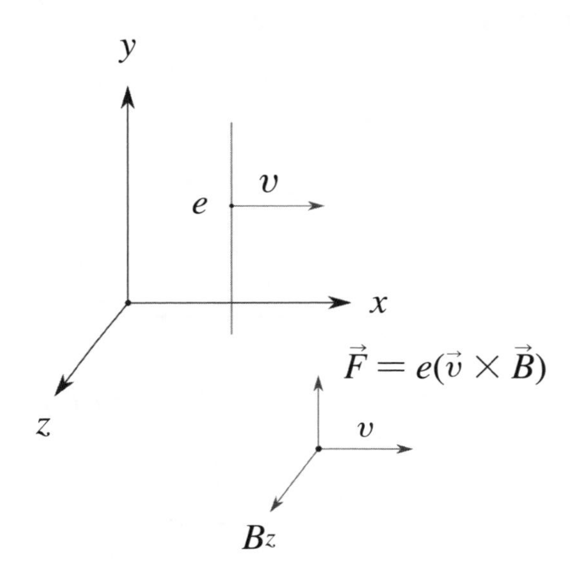

電子には何が起こるだろう。電子はローレンツ力(電子の速度vと磁場B_zの外積に電荷eを掛けたものに等しい大きさ)を感じる。すなわちローレンツ力は、vにもB_zにも垂直な方向を向いている。右手の法則にしたがい、電荷が負の電荷を持っていることを思い出すと、この場合のローレンツ力は図の上向きである。結果として、電線に電流が流れる。電子はローレンツ力により上向きに押されるが、ベンジャミン・フランクリンが導入した使いづらいルールにより(電子の電荷が負であることから)、電流は下向きに流れる。

以上が実験室にいる観察者が説明する内容である。有効電流は、磁場中の電荷の運動によって発生する。図右下の小さな図は、電子に作用するローレンツ力

図8.2　アインシュタインの例：移動する磁石の視点。電荷eは静止している。磁石と実験室が速度vで左に移動している。一定の電場が一成分(E_y)だけある。電子に働く力は、電子が負電荷を持っているため、E_yの向きとは逆である。

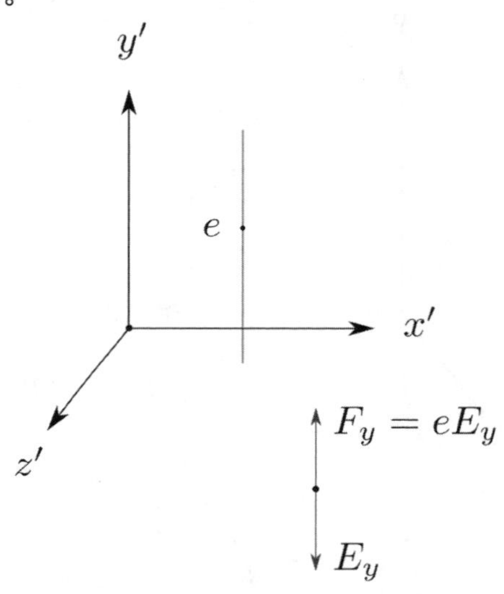

$$\vec{F}=e(\vec{v}\times\vec{B})$$

を表している。

ここで、同じ物理状況を電子の座標系で見てみよう。この「ダッシュ記号付き」座標系では、図8.2のように電子は静止しており、磁石は速度vで左へ移動する。電子は静止しているので、電子にかかる力は電場によるものでなければならない。元の問題では磁場しか存在してなかったので、電場があるというのは不思議に思える。唯一の考えられる結論は、運動する磁石は電場を生み出さなければならないというものである。大まかに本質を説明すると、これがアインシュタインの主張である。移動する磁石が作る場には、電気の成分があるのだ。

では、磁石を電線を通り過ぎて移動させるとどうなるだろうか。磁場が動くと、アインシュタインや当時の人々が「起電力(EMF)」と呼んでいたものが発生する。これは実質的に電場である。紙面垂直方向の磁場を発生させている磁石を左向きに移動させると、下向きの電場E_yが発生する。これは静止した電子に作用する上向きの力eE_yを生む[4]。つまり、ダッシュ記号付きの座標系における電場E_yは、ダッシュ記号無しの座標系におけるローレンツ力と同じ効果を持つのである。この単純な思考実験によって、アインシュタインは、ローレンツ変換によって磁場が電場に変換されることを導き出した。このことは、$\vec{E}$と$\vec{B}$を逆対称テンソル$F_{\mu\nu}$の成分として見たときの変換の性質とどのように結びつくのだろうか。

8.1.1 場のテンソルの変換

テンソル$F_{\mu\nu}$には

$$F_{\mu\nu} = \begin{pmatrix} 0 & -E_x & -E_y & -E_z \\ +E_x & 0 & +B_z & -B_y \\ +E_y & -B_z & 0 & +B_x \\ +E_z & +B_y & -B_x & 0 \end{pmatrix}$$

という成分がある。ある基準座標系から別の基準座標系に移動したとき、この成分がどのように変換されるかを考えたい。ある基準座標系で上記の場のテンソルが与えられたとき、x軸に沿って正の方向に移動する観測者からはどのように見えるだろうか。移動する座標系での場のテンソルの新しい成分は何であろうか。

これを考えるには、2つの添字を持つテンソルを変換するルールを覚えておく必要がある。もっと簡単なテンソルに戻ろう。4元ベクトル、とく

4　ここでもまた、電子は負の電荷を持っているため、電子に働く力は電場とは逆向きである。

に、4元ベクトルX^μに戻る。4元ベクトルは添字が1つしかないテンソルである。4元ベクトルはローレンツ変換によって変形されることがわかっている。

$$t' = \frac{t - vx}{\sqrt{1 - v^2}}$$

$$x' = \frac{x - vt}{\sqrt{1 - v^2}}$$

$$y' = y$$

$$z' = z$$

第6章で見たように（たとえば式（6.3））、これらの方程式はアインシュタインの和のルールを使って行列の形に整理することができる。x軸に沿った単純なローレンツ変換を表す行列$L^\mu{}_\nu$については、すでに紹介した。この表記法を用いて、変換を次のように書く。

$$(X')^\mu = L^\mu{}_\nu X^\nu$$

ここで、νは和を取る添字である。これは、先の4つのローレンツ変換の式を簡単に書いたものである。式（6.4）では、この式がどのような行列形式になっているかを見てきた。ここでは、その方程式を少し修正して、(t, x, y, z) を (X^0, X^1, X^2, X^3) に置き換えたものを示す。

$$\begin{pmatrix} X^0 \\ X^1 \\ X^2 \\ X^3 \end{pmatrix}' = \begin{pmatrix} \frac{1}{\sqrt{1-v^2}} & \frac{-v}{\sqrt{1-v^2}} & 0 & 0 \\ \frac{-v}{\sqrt{1-v^2}} & \frac{1}{\sqrt{1-v^2}} & 0 & 0 \\ 0 & 0 & 1 & 0 \\ 0 & 0 & 0 & 1 \end{pmatrix} \begin{pmatrix} X^0 \\ X^1 \\ X^2 \\ X^3 \end{pmatrix} \tag{8.1}$$

2つの添字を持つテンソルはどのように変換すればよいのだろうか。この例の場合、上付き添字を持つ場のテンソルを使おう。

$$F^{\mu\nu} = \begin{pmatrix} 0 & +E_x & +E_y & +E_z \\ -E_x & 0 & +B_z & -B_y \\ -E_y & -B_z & 0 & +B_x \\ -E_z & +B_y & -B_x & 0 \end{pmatrix}$$

上付き添字の形式（式(6.42)）を選んだのは簡単のためである。というのは、上付き添字を持つものを変換するルールがすでにあり、これまで使ってきたローレンツ変換の形式が上付き添字を持つものに対して作用するように用意されているからである。上付き添字が2つあるものはどのように変換するのだろうか。それは、添字が1つだけのものを変換するのとほとんど同じである。添字が1つの場合の変換ルールは、和を取る添字を σ とすると

$$(X')^{\mu} = L^{\mu}{}_{\sigma} X^{\sigma}$$

と書けるのに対し、添字が2つの場合の変換ルールは

$$(F')^{\mu\nu} = L^{\mu}{}_{\sigma} L^{\nu}{}_{\tau} F^{\sigma\tau} \tag{8.2}$$

である。ここで和を取る2つの添字が σ と τ である。すなわち、添字が1つの場合の変換を2回行うだけである。もともとの $F^{\sigma\tau}$ の添字は、変換の式では和を取る添字になる。それぞれの添字（σ と τ）は、変換に使う添字が1つだけの場合とまったく同じように変換されるのである。

もっと多くの添字を持つものがあったとしても（添字の数はいくらでもありうる）、ルールは同じであり、すべての添字を同じように変換する。これがテンソルの変換のルールである。$F^{\mu\nu}$ にこのルールを適用してみて

ほしい。そしてy軸方向に電場があるかどうかを確認してほしい。それでは、ダッシュ記号付きの基準座標系における電場のy成分$(E')^y$を計算してみよう。

$$(E')^y = (F')^{0y}$$

アインシュタインの例の場合、元のダッシュ記号無しの場のテンソル$F^{\mu\nu}$はどのような形をしているだろうか。アインシュタインの例はダッシュ記号無しの座標系でz軸に沿った磁場だけを考えていたので、$F^{\sigma\tau}$はダッシュ記号無しのz軸に沿った磁場だけを含む。そのため、$F^{\sigma\tau}$はB^zに対応する(ゼロではない)成分F^{xy}を1つだけ持っている[5]。したがって、式(8.2)より、

$$(E')^y = (F')^{0y} = L^0{}_x L^y{}_y F^{xy} \tag{8.3}$$

と書ける。左辺の1成分(y成分)しか見ていないものの、右辺には式(8.2)の添字と同じように添字の一致が見られることに注意しよう。しかしxやyは和を取る添字ではないので、右辺は書き表されている1つの項だけである。式(8.1)の行列を見ると、変換式(8.3)に代入するLの具体的な要素がわかる。実際に書き下すと、

$$L^0{}_x = \frac{-v}{\sqrt{1-v^2}}$$

および

$$L^y{}_y = 1$$

5　反対称成分$F^{yx} = -F^{xy}$もゼロではないが、独立成分ではないので新しい情報は含んでいない。

で与えられる。これらを式(8.3)に代入すると、

$$(E')^y = (F')^{0y} = \frac{-\upsilon}{\sqrt{1-\upsilon^2}}(1)F^{xy}$$

すなわち

$$(E')^y = (F')^{0y} = \frac{-\upsilon F^{xy}}{\sqrt{1-\upsilon^2}}$$

となる。しかし元の基準座標系ではF^{xy}はB^zと等しいので、

$$(E')^y = (F')^{0y} = \frac{-\upsilon B^z}{\sqrt{1-\upsilon^2}} \tag{8.4}$$

と書ける。したがって、アインシュタインが主張したように、移動する座標系から見た純粋な磁場は、電場成分を持つことになるのだ。

練習問題8.1　電荷が静止しており、電場や磁場が印加されていない状態を考えよう。静止座標系成分(E_x, E_y, E_z)において、速度υでx軸の負の方向に動く観測者からは、電場のx成分はどう見えるか。また、y成分、z成分はどうか。これに対応する磁界の成分は何か。

練習問題8.2　列車が通過するとき、アートは駅のベンチに座っていた。アートが観測するEのx成分を、列車に乗っているレニーの場の成分で書き表せ。y成分とz成分についてはどのような形になるか。アートが観測する磁場成分はどのようなものか。

8.1.2 アインシュタインの例のまとめ

まず、電場がゼロで、磁場がz軸の正の方向だけに向いていて、電子がx軸の正の方向に速度vで移動しているような実験室座標系を定めた。次に、電子の座標系における電場と磁場の値を求めた。その結果、2つのことがわかった。

1. 新しい座標系では電子は静止しているため、電子に磁気の力はかかっていない。
2. しかし新しい基準座標系には、電子に力を及ぼす電場のy成分が存在する。

実験室座標系において電子にかかる磁気の力は、移動座標系（電子の静止座標系）では電場が生み出す力になっている。これがアインシュタインが例示した話の本質である。さて、マクスウェル方程式に話を移そう。

練習問題8.3　アインシュタインの例について、電子の静止座標系における電場と磁場のすべての成分を計算せよ。

8.2 マクスウェル方程式入門

パウリの（架空の）言葉を思い出そう。

場は電荷に動き方を伝え、電荷は場に変化の仕方を伝える。

第6章では、場が電荷に動き方を伝える方法について説明し、パウリの言葉の前半に多くの時間を費やした。今度は電荷が場にどのように変化するかを伝える番だ。場がローレンツ力の法則で電荷を制御するのなら、電荷はマクスウェル方程式で場を制御するのである。

私の電気力学の教育方針はいささか異端なので、少し説明しておこう。ほとんどの講義は、18世紀末から19世紀初頭にかけて発見された一連の法則から、歴史的な観点で進められる。クーロンの法則、アンペールの法則、ファラデーの法則など、皆さんも聞いたことがあるだろう。これらの法則は微積分なしで教えられることもあるが、これは重大な誤りだと私は考えている。物理学は数学がないとつねに難しくなる。そして、やや拷問的な手順を経て、これらの法則はマクスウェル方程式にまとめられる。私自身が教えるときは、たとえ学部生であっても、最初から思い切ってマクスウェル方程式から始める。それぞれの方程式を取り上げ、その意味を解析し、クーロンの法則、アンペールの法則、ファラデーの法則を導き出すのである。冷たいシャワーを浴びるようなやり方だが、1、2週間もすれば、歴史的な方法では勉強に何カ月もかかるような内容を、学生たちは理解できるようになる。

マクスウェル方程式は全部でいくつあるかというと、全部で８つである。ただしベクトル表記すると、3元ベクトル方程式が2つ（それぞれ3成分）、スカラー方程式が2つの合計4つの式にまとめられる。

8つのうち4つの式は、ベクトルポテンシャルによる電場と磁場の定義から導かれる恒等式である。具体的には、

$$F_{\mu\nu} = \partial_\mu A_\nu - \partial_\nu A_\mu$$

$$E_n = -(\partial_0 A_n - \partial_n A_0)$$

$$\vec{B} = \vec{\nabla} \times \vec{A}$$

という定義と、いくつかのベクトル恒等式から直接導かれる。作用原理は必要ない。その意味で、この一部のマクスウェル方程式は無料でついてくるおまけだ。

8.2.1 ベクトル恒等式

恒等式とは、ある定義から導かれる数学的事実のことである。多くは当たり前に見える式だが、興味深い式の中には一見して明らかではないものも多い。ベクトル演算子に関する恒等式は、長い間、大量に積み上げられてきた。しかしここで必要なのは2つだけである。基本的なベクトル演算子については、付録Bにまとめてある。

2つの恒等式

さて、その2つの恒等式の説明をしよう。最初のものは、回転（*rot*）の発散（*div*）はつねにゼロであるというものだ。記号で表すと、任意のベクトル場$\vec{A}$に対し、

$$\vec{\nabla}\cdot(\vec{\nabla}\times\vec{A}) = 0$$

が成り立つ。これは力ずくで証明される。発散と回転の定義（付録B）を使い、左辺全体を成分で書き下すだけである。多くの項が相殺されることがわかるはずだ。たとえば、ある項ではある量をxについて微分したあとでyについて微分しており、別の項では同じものを逆の順序で微分しており、しかもマイナス記号がついている。この2つの項は相殺されてゼロになる。

2番目の恒等式は、どんな勾配（*grad*）の回転（*rot*）もゼロであるというものである。記号では

$$\vec{\nabla}\times(\vec{\nabla}S) = 0$$

と書ける。ここでSはスカラー、$\vec{\nabla}S$はベクトルである。この2つの恒等式は、ベクトルポテンシャルのような特殊な場に対してのみ成り立つわけではなく、つねに成り立つことに注意しよう。Sと$\vec{A}$が微分可能であれば、

どんな場にも適用できるのだ。この2つの恒等式で、マクスウェル方程式の半分を証明することができる。

8.2.2 磁場

式(6.30)で、磁場Eがベクトルポテンシャル$\vec{A}$の回転であることを見た。

$$\vec{B} = \vec{\nabla} \times \vec{A}$$

したがって、磁場の発散は回転の発散である。

$$\vec{\nabla} \cdot \vec{B} = \vec{\nabla} \cdot (\vec{\nabla} \times \vec{A})$$

最初のベクトル恒等式から、右辺はゼロでなければならない。つまり

$$\vec{\nabla} \cdot \vec{B} = 0 \tag{8.5}$$

である。これがマクスウェル方程式の1つであり、磁荷(磁気における電荷に相当するもの)は存在し得ないということを意味する。もし磁場ベクトルが一点(磁気単極子[6])から発散しているような配置があったとしたら、この式は間違っていることになる。逆に言えば、この式が正しいかぎり、磁気単極子は存在しない。

8.2.3 電場

ベクトル恒等式から、もう1つのマクスウェル方程式、すなわち電場を含むベクトル方程式を導出できる。電場の定義に戻ろう。

6　訳者注：磁気単極子(磁気モノポール)は、単一の磁荷を持つものを指す。現在までその存在は発見されていない。

$$E_n = -\left(\frac{\partial A_n}{\partial t} - \frac{\partial A_0}{\partial X^n}\right) \tag{8.6}$$

第2項は、A_0の勾配のn番目の成分であることに注意してほしい。３次元的な視点（単なる空間）で見ると、$\vec{A}$の時間成分、つまりA_0はスカラーと考えることができる[7]。A_0の微分を成分とするベクトルは、A_0の勾配と考えられる。つまり電場は、$\vec{A}$の空間成分の時間微分と、時間成分の勾配の2つの項を持つ。式(8.6)はベクトル方程式として次のように書き直すことができる。

$$\vec{E} = -\left(\frac{\partial \vec{A}}{\partial t} - \vec{\nabla} A_0\right) \tag{8.7}$$

では、$\vec{E}$の回転を考えよう。

$$\vec{\nabla} \times \vec{E} = -\vec{\nabla} \times \frac{\partial \vec{A}}{\partial t} + \vec{\nabla} \times \vec{\nabla} A_0 \tag{8.8}$$

右辺第2項は勾配の回転であり、2つ目のベクトル恒等式から、それはゼロでなければならない。第1項は次のように書き直すことができる。

$$-\vec{\nabla} \times \frac{\partial \vec{A}}{\partial t} = -\frac{\partial}{\partial t}\left(\vec{\nabla} \times \vec{A}\right)$$

なぜか。微分の交換が許されているからだ。微分で回転(rot)を作るとき、空間微分と時間微分を入れ替えて、時間微分を外側に持ってくることができるのだ。そのため、$\vec{A}$の時間微分の回転は、$\vec{A}$の回転の時間微分である。その結果、式(8.8)は次のように簡略化される。

$$\vec{\nabla} \times \vec{E} = -\frac{\partial}{\partial t}\left(\vec{\nabla} \times \vec{A}\right)$$

7　4次元ベクトル空間の視点で見ると、A_0はスカラーではない。

しかし、$\vec{A}$の回転が磁場$\vec{B}$であることはすでにわかっている(式(6.30))。そこで、2つ目のマクスウェル方程式が

$$\vec{\nabla} \times \vec{E} = -\frac{\partial}{\partial t}\vec{B} \tag{8.9}$$

または

$$\vec{\nabla} \times \vec{E} + \frac{\partial}{\partial t}\vec{B} = 0 \tag{8.10}$$

という形に得られる。このベクトル方程式は、空間の各成分について1つずつ、計3つの方程式を表している。式(8.5)、(8.10)は、いわゆる同次形のマクスウェル方程式である。

同次形のマクスウェル方程式は恒等式として導かれるものだが、それでも重要な内容を含んでいる。式(8.5)すなわち

$$\vec{\nabla} \cdot \vec{B} = 0 \tag{8.11}$$

は、自然界には磁荷が存在しないという重要な事実を表現している(もしそれが事実ならば、の話)。簡単に言えば、電場と違って磁束線は終わりがないということである。ということは、荷電粒子の磁気的類似物である磁気単極子はありえないということだろうか。ここでは答えないが、この本の最後で、この問題をもう少しくわしく検討することにしよう。

式(8.10)はどうだろうか。そこから何か結論が得られるのだろうか。確かに得られる。式(8.10)は、モータや発電機などのあらゆる電気機械装置の働きを支配するファラデーの法則を、数学的に定式化したものである。この章の最後に、ファラデーの法則の中でもとくに重要なものについて説明する。

8.2.4 さらに2つのマクスウェル方程式

マクスウェル方程式はあと2つあるが[8]、これは数学的恒等式ではないので、$\vec{E}$と$\vec{B}$の定義だけでは導けない。最終的にはこれらを作用原理から導き出すのが目標だが、もともとは電荷、電流、磁石の実験結果をまとめた経験則として発見されたものである。追加された2つの式は、式(8.5)および式(8.10)に似ているが、電場と磁場の役割が入れ替わっている。1つ目は、

$$\vec{\nabla} \cdot \vec{E} = \rho \tag{8.12}$$

という単独の式である。これは右辺がゼロでないことを除けば、式(8.5)と類似している。ρという量は電荷密度、つまり空間の各点における単位体積あたりの電荷を表す。この式は、電荷の周囲には電場があり、その電場は電荷がどこへ行ってもつきまとうという事実を表現している。後で見るように、この式はクーロンの法則と密接に関係している。

もう1つの式は(実際には3つの式だが)

$$\vec{\nabla} \times \vec{E} - \frac{\partial}{\partial t}\vec{E} = \vec{j} \tag{8.13}$$

であり、式(8.10)に似ている。ここでも、電場と磁場の入れ替えと符号の変更を除けば、式(8.10)と式(8.13)の最大の違いは、式(8.13)の右辺がゼロでないことである。$\vec{j}$という量は電流密度であり、電荷の流れ、たとえば電線を流れる電子の流れを表している。

式(8.13)は、電荷の流れる電流もまた場に囲まれているという内容である。この式は、電線に流れる電流が作る磁場を決める法則(アンペールの法則)とも関係がある。

8　成分別に書く場合は、あと4つある。

表8.1　マクスウェル方程式、およびベクトルポテンシャルからの導出

導出	方程式
ベクトル恒等式より：	$\vec{\nabla} \cdot \vec{B} = 0$
(同次方程式)	$\vec{\nabla} \times \vec{E} + \frac{\partial}{\partial t}\vec{B} = 0$
作用原理より：	$\vec{\nabla} \cdot \vec{E} = \rho$
(非同次方程式)	$\vec{\nabla} \times \vec{B} - \frac{\partial}{\partial t}\vec{E} = \vec{j}$

表8.1に、4つのマクスウェル方程式をすべて示す。最初の2つは、ベクトルポテンシャルにベクトル恒等式を適用して導いた。後の2つの方程式もベクトルポテンシャルから来るものだが、動的な情報を含んでいるので、導出するためには作用原理が必要である。次章でその導出を行う。

後半の2式は、最初の2式とよく似ているが、$\vec{E}$と$\vec{B}$の役割が（ほぼ）入れ替わっている。ほぼというのは、その構造に小さいけれども重要な違いがあるからだ。まず、符号が少し違う。また、後半の２つの方程式は非同次で、右辺に電荷密度ρと電流密度$\vec{j}$という最初の2式には出てこない量が含まれている。ρと$\vec{j}$については、次節でくわしく説明する。電荷密度ρは単位体積あたりの電荷量で、3次元ではスカラーである。電流密度は3元ベクトルである。4元ベクトルの言葉では、もう少し複雑な状況になることがやがてわかるだろう。ρと$\vec{j}$の3つの成分は4元ベクトルの成分であることがいずれ明らかになる[9]。

8.2.5 電荷密度と電流密度

電荷密度および電流密度とは何か。図8.3と図8.4で説明したいのだが、

9　したがって、4次元時空ではρはスカラーではなく、4元ベクトルの時間成分として変換される。

図8.3　時空間における電荷と電流密度。y, z軸は空間の2方向を表す。曲がった矢印は荷電粒子の世界線。水平に置かれた四角は電荷密度を表す。縦に置かれた四角は電流密度のx成分である。

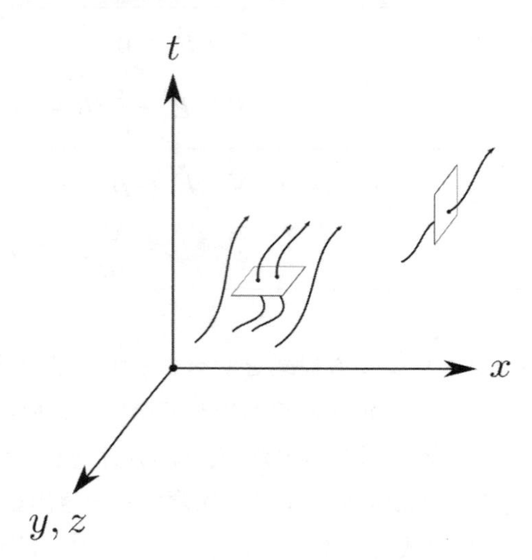

問題がある。2次元のページに4次元の時空をどう描けばよいのかわからないという問題だ。このことを念頭に置いた上で、これらの図を解釈してほしい。これらの図を理解するには、抽象的な思考が必要なのだ。

電荷密度とは、読んで字のごとく、3次元空間の小さな領域にある電荷の総量をその領域の体積で割り、その体積を非常に小さくした極限の値である。

この考え方を4次元時空の観点から説明しよう。図8.3は、時空の4方向すべてを表したものである。いつものように、縦軸は時間を表し、x軸は右方向を指している。ページから飛び出す方向の空間軸はy, zと表記され、y方向とz方向の両方を表している。これは図を「抽象的に考えて」おり、完璧ではないものの、イメージはつかめると思う。図の中の小さな領域(水平に置かれた正方形)を考えよう。これに関して2つの重要な注意すべき点がある。まず、その向きは時間軸に垂直であること。次に、この領域

図8.4　空間における電流密度。時間軸は描かれていない。曲がった矢印は世界線ではないが、空間だけにおける軌道を表している。

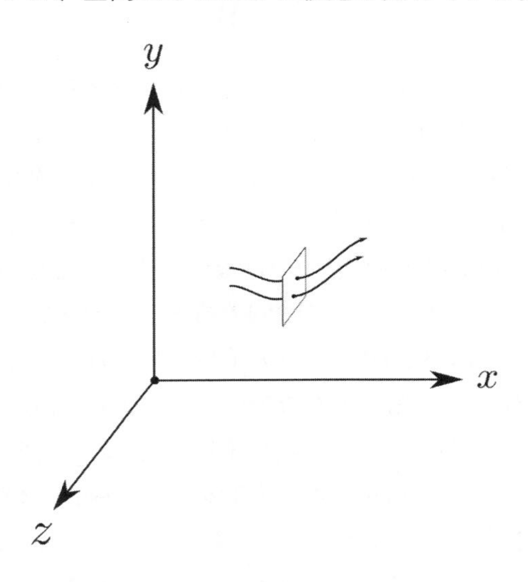

は実際には正方形ではないこと。y, z軸に平行な「辺」は（y軸とz軸という2つの軸に平行であることから）実際には「面」であり、水平に置かれた正方形は3次元の体積要素、言い換えれば立方体を表現しているのである。

曲がった矢印は、荷電粒子の世界線を表している。空間と時間はこの世界線で埋め尽くされ、流体のように流れていると考えられる。この小さな立方体を通過する世界線を考えよう。この立方体は時間軸に垂直であり、ある一瞬の時間を表していることに注意する。つまり、立方体を「通過する」粒子は、その瞬間に立方体の中にいる粒子である[10]。電荷密度ρは、体積要素内の電荷の合計をその体積で割った極限値（体積をゼロにしたときの極限の値）である。

10　「通過する」という言葉はこの文脈では特別な意味を持つ。この体積要素はある一瞬の時間に存在している。粒子は過去に存在し、未来にも存在する。しかしこの体積要素が表している瞬間には、粒子はその体積要素の内部に存在しているのである。

$$\rho = \frac{\Delta Q}{\Delta V}$$

電流密度はどうだろうか。電流密度について考えるため、先ほどの小さな正方形をその一辺を軸として回転させる。図8.3の右側には、垂直に立った正方形が描かれている。この図では、さらに抽象的な思考が要求される。正方形は、依然として時空間の3次元立方体を表している。しかし、この立方体は純粋に空間的なものではなく、１つの辺がt軸に平行であるため、その3次元のうちの１つは時間である。y, z軸に平行な辺があるということは、立方体の残りの2つの次元が空間であることを意味する。図に描かれた正方形は、x軸に垂直なので、立方体はx軸方向には広がりを持たない。先ほどと同様に、y, z軸に平行な辺は、y, z平面上の２次元の正方形を表している。この小さな正方形をx, y, z軸だけの純粋な空間図として図8.4に描き直してみよう。この新しい図では、時間軸がないので、正方形は本当に正方形である。x軸に垂直な小さな窓が開いているという状態だ。この窓を単位時間あたりにどれくらいの電荷が通過するのだろうか。窓には面積があるため、この問いは、単位時間当たり、単位面積当たり、どれだけの電荷が窓を通り抜けるかという問題である。この量が電流密度である[11]。窓はx軸に垂直なので、x方向の電流密度が定義されたことになるが、y方向とz方向にも同様の成分が定義される。これらを合わせて、電流密度$\vec{j}$は3元ベクトル

$$j_x = \frac{\Delta Q}{\Delta A_x \Delta t}$$

$$j_y = \frac{\Delta Q}{\Delta A_y \Delta t}$$

11　図8.3で電荷密度を計算した正方形を、その一辺を軸に回転させたものに似ている。

$$j_z = \frac{\Delta Q}{\Delta A_z \Delta t} \tag{8.14}$$

で表される。ΔA_x、ΔA_y、ΔA_zは、それぞれx、y、z軸に垂直な面積要素を表している。すなわち（図8.6参照）、式（8.14）のΔAは

$$\Delta A_x = \Delta y \Delta z$$

$$\Delta A_y = \Delta z \Delta x$$

$$\Delta A_z = \Delta x \Delta y$$

であり、式（8.14）を次の形に書きなおせる。

$$j_x = \frac{\Delta Q}{\Delta y \Delta z \Delta t}$$

$$j_y = \frac{\Delta Q}{\Delta z \Delta x \Delta t}$$

$$j_z = \frac{\Delta Q}{\Delta x \Delta y \Delta t} \tag{8.15}$$

ρを時間方向に流れる電荷と考えることができ、$\vec{j}$のx成分はx方向への流れとみなせる。y方向、z方向も同様だ。また、空間の体積はt軸に垂直な「窓」のようなものと考えることができる。やがて、（ρ , j_x, j_y, j_z）という量がある4元ベクトルの反変成分であることがわかる。これらの量は後半の2つのマクスウェル方程式に含まれているが、その2つの方程式は次章で作用原理から導かれる。

8.2.6 電荷保存

電荷保存とは実際に何を意味するのだろうか。その意味の1つは、全電荷量は変わらないということである。全電荷量をQとすると、

$$\frac{dQ}{dt} = 0 \tag{8.16}$$

である。しかしこれがすべてではない。Qがあるとき地球から突然消失し、瞬時に月面上に現れたとする（図8.5）。地球上の物理学者は、Qが保存していないと結論付けるだろう。電荷保存の意味は、「全電荷Qは変化しない」ということよりも強い内容を持っているのだ。電荷保存が本当に意味するのは、Qが実験室の壁の内側で減少（増加）するときは、つねに実験室の壁の外側で増加（減少）しているということである。すなわち、Qが変化するときは、つねに壁を通じて電荷が流れることを意味する。保存という言葉を使うとき、それが本当に意味するのは「局所的な保存」であ

図8.5　電荷の局所保存。この図のプロセスは起こりえない。電荷があるところで消失し、その瞬間、遠く離れたところに出現することはありえない。

る[12]。この重要な考えは、電荷だけでなく他の保存量に対しても成り立つ。

局所的な保存の考えを数学的に表現するため、境界を通過するフラックスあるいは流れの記号を定義する必要がある。ある量のフラックス、流れ、カレントはどれも同義語であり、単位時間当たりに小さな面積要素を通過する（単位面積当たりの）量を意味する。空間のある領域に存在する量Qの変化は、その領域の境界を通過するQの流れから計算できなければならない。

図8.6は、電荷Qを含む3次元体積要素を表す。この箱の壁は小さな窓である。箱の中の電荷量が変化するとき、必ず境界面を電荷の流れが通過する。簡単のため、この箱の体積を何らかの単位で1になるとしよう。同様に、箱の辺（$\Delta x, \Delta y, \Delta z$）も1という長さを持っているとする。

箱の中にある電荷の時間微分はどれほどだろうか。箱の体積は1なので、箱の中の電荷は電荷密度ρに等しい。したがって電荷の時間微分は、ρの時間微分 $\frac{\partial \rho}{\partial t}$ である。局所保存が言っていることは、 $\frac{\partial \rho}{\partial t}$ が箱の境界面を通過して流れる電荷量に等しくなければならないということである。たとえば電荷Qが増加したとする。これはすなわち、電荷が正味で箱の中に流れ込んできたことを意味する。

電荷の正味の流れは、6つの窓（立方体の6つの面）のそれぞれを通過する電荷の総量である。図の右側の窓を通じて流れ込んでくる電荷量（$-j_{x+}$と書く）を考えよう。$x+$の添字は、箱の右側（＋側と表記する）の窓を通過する流れのx成分であることを表す。少しややこしい記法だが、それが必要な理由が後でわかるだろう。この窓を通じて流れる電荷は、電流密度のx成分j_xに比例している。

電流密度j_xは、x軸の左から右へ移動する流れとして定義されている。そのため、単位時間当たりに右側の窓を通じて箱の中に入ってくる電荷は、

12　訳者注：地球で電荷が消失し、同じ量の電荷が月面に瞬時に現れた場合、地球と月を合わせた全電荷は保存している。しかし局所的な保存は、全電荷が保存するだけでなく、地球上から減った電荷と同じ量の電荷が地球の大気圏を通じて出ていくことが要請される。すなわち電荷の変化には電荷の移動が伴われるのが局所保存である。

図8.6　局所的電荷保存。簡単のため、何らかの小さな単位で$\Delta x = \Delta y = \Delta z = 1$となっているとする。このとき図の体積要素の体積は$\Delta V = \Delta x \Delta y \Delta z = 1$である。

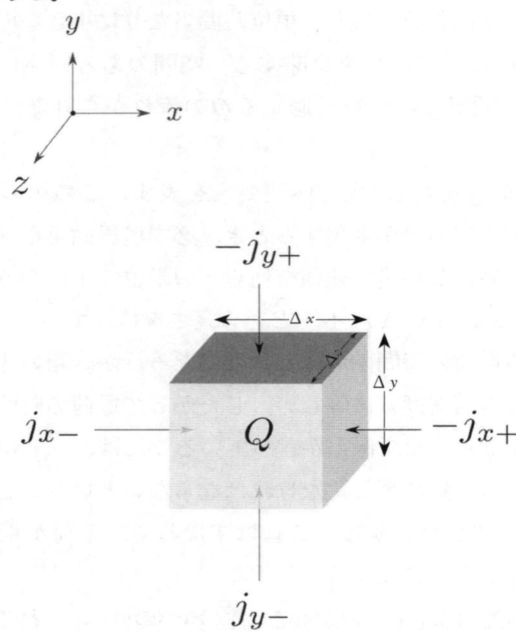

左向きの流れなので、j_xにマイナスを付けた$-j_{x+}$と書かれるのである。同様に、左側(−側)の窓を通じた流れには$x-$という添字をつける。同じことがy方向とz方向にも言える。図が複雑にならないよう、$-j_{z+}$とj_{z-}は描いていない。

図8.6でx方向に流れる流れ(j_{x-}と$-j_{x+}$)をくわしく見てみよう。箱の中には右側からどれほどの量の電荷が流れ込んでいるだろうか。式(8.15)から、時間Δtの間に右側から箱に入ってくる電荷量は

$$\Delta Q_{right} = -(j_{x+}) \Delta y \Delta z \Delta t$$

で与えられるのは明らかである。同様に、左側から入ってくる量は

$$\Delta Q_{left} = (j_{x-})\,\Delta y\,\Delta z\,\Delta t$$

である。この2つの量は一般には等しくない。それは、2つの流れは、x軸上のわずかに異なる2つの場所に発生しているものなので、異なる流れだからである。この2つの電荷の和は、x軸の正の方向または負の方向の流れによる箱の中の電荷量の増加分である。記号で書くと、

$$\Delta Q_{total} = -(j_{x+})\,\Delta y\,\Delta z\,\Delta t + (j_{x-})\,\Delta y\,\Delta z\,\Delta t$$

あるいは

$$\Delta Q_{total} = -(j_{x+} - j_{x-})\,\Delta y \Delta z \Delta t \tag{8.17}$$

と書ける。括弧の中は、小さな間隔Δxの間で生じた流れの変化であり、j_xのxについての微分と関連している。実際、

$$-(j_{x+} - j_{x-}) = -\frac{\partial j_x}{\partial x}\,\Delta x$$

である。これを式(8.17)に代入すると

$$\Delta Q_{total} = -\frac{\partial j_x}{\partial x}\,\Delta x \Delta y \Delta z \Delta t \tag{8.18}$$

となる。$\Delta x\,\Delta y\,\Delta z$は箱の体積である。両辺をこの体積で割ると、

$$\frac{\Delta Q_{total}}{\Delta x \Delta y \Delta z} = -\frac{\partial j_x}{\partial x}\,\Delta t \tag{8.19}$$

と書ける。式(8.19)の左辺は、単位体積当たりの電荷の変化である。す

なわちそれは電荷密度ρの変化であり、

$$\Delta \rho_{total} = -\frac{\partial j_x}{\partial x}\Delta t \tag{8.20}$$

と書ける。これをΔtで割り、小さな量をすべてゼロに近づけたときの極限を取ると、

$$\frac{\Delta \rho_{total}}{\partial t} = -\frac{\partial j_x}{\partial x} \tag{8.21}$$

という式が得られる。ここで、式(8.21)は実際には正しくない。この式はx軸に垂直な壁を通じて箱に出入りする電荷しか考慮していないからである。言い換えると、この式の「*total*」という添字は誤解を与えるものであり、実際にはそれは1つの方向の電流密度しか考慮していないのだ。全体を考慮するため、同じ作業をy方向とz方向にも行い、3方向すべての電流密度からの寄与を足し上げる。その結果、

$$\frac{\partial \rho}{\partial t} = -\left(\frac{\partial j_x}{\partial x} + \frac{\partial j_y}{\partial y} + \frac{\partial j_z}{\partial z}\right) \tag{8.22}$$

となる。右辺は$\vec{j}$の発散なので、ベクトル記号(式(8.22))を用いて

$$\frac{\partial \rho}{\partial t} = -\vec{\nabla}\cdot\vec{j}$$

あるいは

$$\frac{\partial \rho}{\partial t} + \vec{\nabla}\cdot\vec{j} = 0 \tag{8.23}$$

と書ける。この式は、電荷保存を局所的に表現したものである。これによると、任意の小さな領域内の電荷は、その領域の壁を通じた電荷の流れによってのみ変化する。式(8.23)には「連続の式」という名前がついている。

私はこの名前が好きではない。連続という言葉から、電荷が連続的に分布しているという印象を受けるからである。実際には連続的に分布する必要はないのだ。私はこの式を局所保存の式と呼びたい。この式は、あるところで電荷が消失したとき、電荷の流れを伴わずにすぐに別のところに電荷が現れることはありえないという、強い保存性を記述しているからである。

この新しい式をマクスウェル方程式に加えることもできたが、その必要はない。式(8.23)は実際にはマクスウェル方程式の帰結なのだ。証明は難しくなく、練習問題として楽しめることから、読者に任せよう。

> **練習問題8.4**　表8.1の後半のマクスウェル方程式と、8.2.1節の2つのベクトル恒等式を使って、連続の式を導出せよ。

8.2.7 マクスウェル方程式：テンソル形式

これまで、4つのマクスウェル方程式をすべて3元ベクトル形式で書いてきた(表8.1)。また、後半のマクスウェル方程式をまだ作用原理から導いていなかった。この作業は第10章で行う。その前に、ここでは前半の方程式(および連続の式)を上付きと下付きの添字を持つテンソル記法で書き下す方法を説明しよう。こうすることで、これらの式がローレンツ変換で不変になることが明示的にわかる。本節では表記法のルールに則って4元ベクトル記法に戻る。たとえば電流密度の空間成分は、(J^x, J^y, J^z) あるいは (J^1, J^2, J^3) と書く。

連続の式(式(8.23))から始めよう。この式は

$$\frac{\partial \rho}{\partial t} + \frac{\partial J^x}{\partial x} + \frac{\partial J^y}{\partial y} + \frac{\partial J^z}{\partial z} = 0$$

と書き替えられる。Jの時間成分をρと定義しよう。

$$\rho = J^0$$

すなわち、(J^x, J^y, J^z) を ρ と組み合わせて4つの値の集合とする。これを新たに J^μ と呼ぶ。

$$J^\mu = (\rho, J^x, J^y, J^z)$$

この表記により、連続の方程式は

$$\frac{\partial J^\mu}{\partial X^\mu} = 0 \tag{8.24}$$

と書ける。X^μ による微分は2つのことを行うことになる。1つは共変添字 μ が追加されること、そしてもう1つは、追加された共変添字が J^μ の反変添字と一致していることから縮約のルールが適用されることである。このことから、連続の式は4次元のスカラー方程式の形をしていることがわかる。J^μ が4元ベクトルの成分として実際に変換されることを証明するのは難しくない。以下で見ていこう。

最初に、電荷がローレンツ不変であるということは、確立した実験事実である。ある座標系で電荷が Q と観測された場合、他の座標系から見ても Q である。では、単位体積を持つ小さな箱の中の微小電荷 ρ をもう一度考える。この箱とその内部の電荷は、実験室座標系の内部で速度 v で右方向に移動している[13]。箱の静止座標系では、電流密度の4成分はどうなるだろうか。明らかにその4成分は次のように書ける。

$$(J')^\mu = (\rho, 0, 0, 0)$$

13　これまで同様、動いている座標系にはダッシュ記号付き座標を使い、実験室の座標系にはダッシュ記号を付けない。

これは、この座標系においては電荷は静止しているからである。実験室座標系での成分J^μについてはどうだろう。これは

$$J^\mu = \left(\frac{\rho}{\sqrt{1-v^2}}, \frac{\rho v}{\sqrt{1-v^2}}, 0, 0 \right)$$

あるいは

$$J^\mu = \rho \left(\frac{1}{\sqrt{1-v^2}}, \frac{v}{\sqrt{1-v^2}}, 0, 0 \right) \tag{8.25}$$

と書ける。これが正しいことを見るため、電荷密度は2つの要素で決まることを思い出そう。電荷量と、その電荷をもっている領域の大きさである。電荷量は2つの座標系で変わらないことはすでに述べたとおりである。それでは電荷をもつ領域すなわち箱の体積はどうか。実験室座標系では、動いている箱は通常のローレンツ収縮$\sqrt{1-v^2}$の影響を受ける。箱はx方向だけに縮むので、その体積は同じ因子だけ小さくなる。しかし密度と体積は反比例の関係にあるので、体積の減少は密度の増加を意味する。これにより、式(8.25)の右辺の成分の記述が正しいことがわかる。最後に、これらの成分が実際には4元ベクトルである4元速度の成分であることに注意しよう。つまり、J^μは、ローレンツ不変なスカラー量ρと4元ベクトルとの積である。したがってJ^μ自体が4元ベクトルでなければならないのだ。

8.2.8 ビアンキの恒等式

ここで、我々が学んできたことを改めて考えよう。$\vec{E}$と$\vec{B}$は、2つの添字を持つ反対称テンソル$F_{\mu\nu}$を形成することについて考える。電流密度の3次元ベクトル$\vec{j}$とρは4元ベクトルすなわち１つの添字を持つテンソルを形成する。表8.1より、マクスウェル方程式の前半は次のように書ける。

$$\vec{\nabla} \cdot \vec{B} = 0 \tag{8.26}$$

$$\vec{\nabla} \times \vec{E} + \frac{\partial}{\partial t}\vec{B} = 0 \tag{8.27}$$

これらの方程式は、$\vec{B}$と$\vec{E}$をベクトルポテンシャルを使って定義した結果得られたものである。それぞれ$F_{\mu\nu}$の成分を偏微分した形をしており、その結果がゼロであることを表している。つまり

$$\partial F = 0$$

という形をしているのだ。ここでは∂という記号を、「偏微分を組み合わせたもの」というおおざっぱな意味で使っている。式(8.26)と式(8.27)は、合わせて4つの方程式を表現している。1つは(2つのスカラー量の関係を表した)式(8.26)であり、残り3つは(2つの3元ベクトルの関係を表した)式(8.27)である。これらの方程式をローレンツ不変な形に書けるだろうか。もっとも簡単な方法は、先に答えを書いてしまい、それがなぜ正しいのかを後で説明することである。答えは

$$\partial_\sigma F_{\nu\tau} + \partial_\nu F_{\tau\sigma} + \partial_\tau F_{\sigma\nu} = 0 \tag{8.28}$$

である。式(8.28)はビアンキの恒等式と呼ばれる[14]。添字σ、ν、τは(0, 1, 2, 3)あるいは(t, x, y, z)の4つの値を取りうる。σ、ν、τの値が何であれ、式(8.28)の結果はつねにゼロになる。

では、ビアンキの恒等式が2つの同次形のマクスウェル方程式(表8.1の前半)に等しいことを示していこう。最初に、3つの添字σ、ν、τのすべてが空間成分を表す場合を考える。たとえば

$$\sigma = y$$

14　実際にはこれはビアンキの恒等式の特別な場合である。

$$\nu = x$$

$$\tau = z$$

だとしよう。簡単な計算（$F_{\mu\nu}$は反対称であることを思い出してほしい）の後、式（8.28）から

$$\partial_x F_{yz} + \partial_y F_{zx} + \partial_z F_{xy} = 0$$

が得られる。しかしFの純粋な空間成分（たとえばF_{yx}）は磁場の成分に対応している。式（6.41）より

$$F_{yz} = B_x$$

$$F_{zx} = B_y$$

$$F_{xy} = B_z$$

である。これを代入すると

$$\partial_x B_x + \partial_y B_y + \partial_z B_z = 0$$

と書ける。左辺は単に$\vec{B}$の発散であるため、この式は式（8.26）と等しい。ギリシャ文字の添字に対してｘ、ｙ、ｚの別の割り当て方をしても、同じ結果を得る。皆さんも試してほしい。

では、添字の１つが時間成分の場合はどうだろう。実際にやってみよう。

$$\sigma = y$$

$$\nu = x$$

$$\tau = t$$

とする。このとき、

$$\partial_y F_{xt} + \partial_x F_{ty} + \partial_t F_{yx} = 0$$

となる。3つの項のうち2つは時間と空間の成分が混ざっている。1つの添字が時間でもう1つの添字が空間になっている。これは電場成分を表すことを意味する。式(6.41)より、

$$F_{xt} = E_x$$

$$F_{ty} = -E_y$$

$$F_{yx} = -B_z$$

である。これを代入すると

$$\partial_y E_x - \partial_x E_y - \partial_t B_z = 0$$

と書ける。符号を反転させる(−1をかける)と、

$$\partial_x E_y - \partial_y E_x + \partial_t B_z = 0$$

となる。これは$\vec{E}$の回転に$\vec{B}$の時間微分を足したものはゼロであるという、式(8.27)のz成分に他ならない。1つが時間成分、2つが空間成分という組み合わせで他の添字を考えても、式(8.27)のx成分やy成分を得るだけで

ある。

添字 σ、ν、τ に値を割り当てるのは何通りあるだろうか。添字は3つあり、それぞれの添字は t, x, y, z の4通りの値を取りうる。したがって、$4 \times 4 \times 4 = 64$ 通りだ。そのためビアンキの恒等式は64個あることになるが、それが4つの同次形マクスウェル方程式に等しいということがあるだろうか。答えは簡単だ。ビアンキの恒等式には、冗長な式がたくさん含まれているのだ。たとえば、2つの添字が等しいとき、ビアンキの恒等式は $0 = 0$ という当たり前の式になる。また、添字の割り当てにもたくさんの冗長性があり、異なる割り当てが同じマクスウェル方程式になる。冗長ではない独立なビアンキの恒等式からは、式 (8.26) または式 (8.27) の成分の1つに等しい式が得られるのである。

ビアンキの恒等式を確認する別の方法がある。$F_{\mu\nu}$ の定義が

$$F_{\mu\nu} = \partial_\mu A_\nu - \partial_\nu A_\mu$$

あるいは

$$F_{\mu\nu} = \frac{\partial A_\nu}{\partial X^\mu} - \frac{\partial A_\mu}{\partial X^\nu}$$

であったことを思い出そう。式 (8.28) に適切に代入すると、

$$\partial_\sigma\left(\frac{\partial A_\tau}{\partial X^\nu} - \frac{\partial A_\nu}{\partial X^\tau}\right) + \partial_\nu\left(\frac{\partial A_\sigma}{\partial X^\tau} - \frac{\partial A_\tau}{\partial X^\sigma}\right) + \partial_\tau\left(\frac{\partial A_\nu}{\partial X^\sigma} - \frac{\partial A_\sigma}{\partial X^\nu}\right) = 0$$

と書ける。これらの微分を展開すると、各項が打ち消し合い、結果がゼロになることがわかる。式 (8.28) は完全にローレンツ不変なのだ。これがどのようにローレンツ変換されるかを見ることでも確認できる。

第9章 マクスウェル方程式の物理的帰結[1]

アート：「レニー、窓のそばに座っているのはファラデーかな？」

レニー：「そうだよ。だって彼のテーブルはたくさんの方程式でごちゃごちゃになっていないからね。ファラデーは多くの結果を導き出したが、それはどれも実験室から直接得られたものだ。」

アート：「僕は方程式が好きだな。たとえ難しい式でも。ただ、方程式は僕たちが思うほど本当に必要なのだろうか。方程式を使わずにファラデーの業績を見てみようよ。」

ちょうどそのとき、ファラデーは部屋の反対側にマクスウェルがいるのに気づいた。二人は親しげに手を振り合った。

1　この重要な章は、本シリーズを収録した動画サイトには登場しない。これはレニーの方法と従来の方法とをすり合わせるポイントとなる部分である。この章を入れたことで、本書の第10章は動画の第9章に相当し、本書の第11章が動画の第10章に当たる。（訳者注：本シリーズは著者が動画として公開している）

9.1 一休みして数学の話

微積分学の基本定理により、微分と積分は関連づいている。その内容を思い出してもらおう。ある関数$F(x)$とその微分dF/dxがあるとする。基本定理は単純に次の式で表される。

$$\int_a^b \frac{dF}{dx}dx = F(b) - F(a) \tag{9.1}$$

式(9.1)の形を見ると、左辺は$F(x)$の微分を被積分関数とする積分である。積分はaからbまでの範囲で取られている。右辺はその範囲の境界におけるFの値で書かれている。式(9.1)は、より一般的な関係式のもっとも単純なケースである。より一般的な関係式のうち、2つの有名な例が、ガウスの定理とストークスの定理である。この2つの定理は、電磁気学で重要なので、ここで改めて説明しよう。証明は行わないが、他書やインターネットで簡単に見つけられる。

9.1.1 ガウスの定理

1次元区間$a < x < b$の代わりに、3次元空間のある領域を考える。例として球や立方体の内部が考えられるが、そのようなきちんとした形をしている必要はない。どんな形の領域でも構わない。この領域を領域Bと呼ぶ。

この領域には境界あるいは表面があり、それをSと呼ぶ。表面S上の任意の点において、領域から外側方向に垂直に伸びた単位ベクトル$\hat{n}$を定義する。これを図9.1に描く。1次元の場合（式(9.1)）と比較すると、領域Bがaからbの区間に相当し、表面Sが2つの点aとbに相当する。

単純な関数Fとその微分dF/dxの代わりに、ベクトル場$\vec{V}(x, y, z)$とその発散$\vec{\nabla}\cdot\vec{V}$を考えよう。式(9.1)との類似から、空間内の3次元領域Bにわたって$\vec{\nabla}\cdot\vec{V}$を積分したものと、その領域の2次元表面上のベクトル場の値とを関係づけるのがガウスの定理である。まずはこの定理を

図9.1　ガウスの定理のイラスト。$\hat{n}$は外向きの垂直な単位ベクトルである。

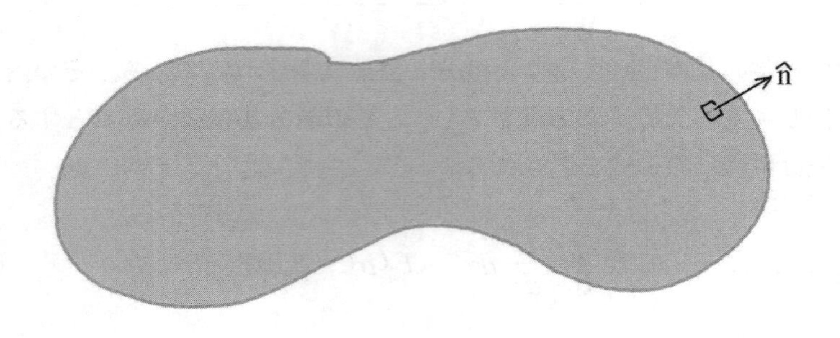

$$\int_B \vec{\nabla} \cdot \vec{V}\, d^3x = \int_S \vec{V} \cdot \hat{n}\, dS \tag{9.2}$$

のように書き下し、後でその説明をしよう。先にこの式について調べてみる。左辺は領域内部にわたる体積積分である。被積分関数は、$\vec{V}$の発散で定義されるスカラー関数である。

右辺も積分であり、領域の外側表面Sにわたって取られている。この積分は、Sを構成する微小な表面要素にわたって和を実行するものと考えることができる。それぞれの微小表面要素には、外向きの単位ベクトル$\hat{n}$を定義でき、表面積分の被積分関数は、$\vec{V}$と$\hat{n}$の内積である。別の言い方をすると、被積分関数は$\vec{V}$の（Sに垂直な）法線成分である。

重要な例として、ベクトル場$\vec{V}$が球対称という場合がある。これには2つの意味合いがある。1つは、そのベクトル場がどこでも動径方向を向いているということである。さらに球対称ということは、$\vec{V}$の大きさは向きにはよらず、原点からの距離だけに依存している。空間の各点で原点から外側に向いた単位ベクトル$\hat{r}$を定義したとすると、球対称な場は

$$\vec{V} = V(r)\,\hat{r}$$

という形をとる。ここで$V(r)$は原点からの距離の関数である。原点を中心とした半径rの球面を考えると、

$$x^2 + y^2 + z^2 = r^2$$

という関係が成り立つ。球面という言葉は2次元の面を指している。この面に囲まれた領域が球と呼ばれる。さて、$\vec{\nabla} \cdot \vec{V}$を領域内にわたって積分することで、ガウスの定理を適用する。式(9.2)の左辺は、体積積分

$$\int_B \vec{\nabla} \cdot \vec{V} \, d^3x$$

になる。この場合のBは球を意味する。右辺は球の境界面すなわち球面にわたった積分である。場が球対称なので、$V(r)$は球面上では一定値であり、計算は簡単だ。積分

$$\int_S \vec{V} \cdot \hat{n} \, dS$$

は

$$\int_S V(r) \, \hat{r} \cdot \hat{r} \, dS$$

あるいは

$$V(r) \int_S dS$$

となる。球面にわたるdSの積分は、単に球面積$4\pi r^2$を与える。最終的な結果として、球対称の場$\vec{V}$に対するガウスの定理は

$$\int_B \vec{\nabla}\cdot\vec{V}\,d^3x = 4\pi r^2\,V(r) \tag{9.3}$$

という形になる。

9.1.2 ストークスの定理

ストークスの定理も、ある領域にわたる積分をその境界にわたる積分に関連付けるものである。今回の領域は3次元領域ではなく、曲線Cで囲まれた2次元面Sである。空間内に細いワイヤで閉曲線を作ったところを想像しよう。2次元面Sは、そのワイヤをせっけん液に漬けてできたせっけん膜のようなものだ。図9.2では、灰色の部分がその2次元面を表している。

さらに、その表面に対して、単位法線ベクトル$\hat{n}$を与えることで「向き」を定めることが重要である。表面上の各点において、その面の表と裏を区別するベクトル$\hat{n}$を考えるのだ。

ストークスの定理の左辺は、灰色の面にわたる積分である。この積分には$\vec{V}$の回転が含まれる。より正確に言うと、被積分関数は$\vec{\nabla}\times\vec{V}$の$\hat{n}$方向成分である。この積分を

$$\int_S (\vec{\nabla}\times\vec{V})\cdot\hat{n}dS$$

と書く。この積分について調べてみよう。表面Sを微小な表面要素dSに分割する。各点において、$\vec{V}$の回転を計算し、その点における単位法線ベクトル$\hat{n}$との内積を取る。その結果に面積要素dSをかけ、すべて足し上げる。こうして表面積分$\int_S(\vec{\nabla}\times\vec{V})\cdot\ \hat{n}\ \ dS$が定義される。これがストークスの定理の左辺である。

右辺は、Sの境界を表す曲線にわたって取る積分である。曲線に沿った「向き」を定義する必要があり、そこにいわゆる「右手の法則」が関係してくる。この数学上のルールは、人の生理学に依ってはいないが、説明するときに右手を使うとわかりやすいのだ。右手の親指をベクトル$\hat{n}$の方向に向ける。残りの指を曲線Cに沿うように曲げる。この曲げた指の向きを、

図9.2　ストークスの定理および右手の法則。色のついた表面は平らである必要はない。シャボン玉やゴムの膜のように、左や右に膨らんでいてもよい。

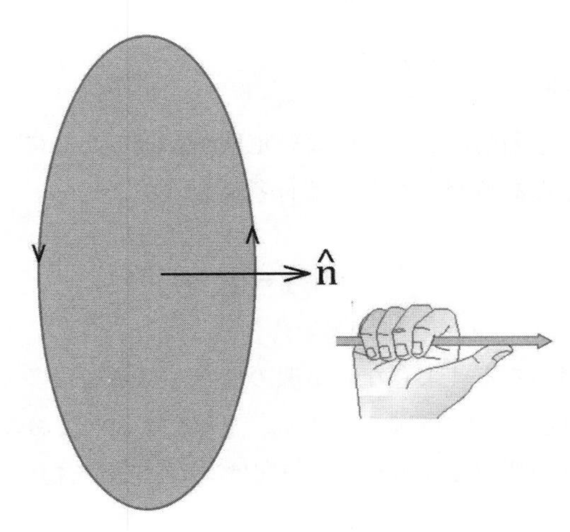

曲線Cの「向き」と定義するのである。曲線の向きを決めるこのルールを、右手の法則と呼ぶ。

この(向きのついた)曲線は、微小ベクトル$d\vec{l}$の集合と考えることができる。曲線上の各点に沿った向きは、右手の法則によって決まる方向である。ストークスの定理は、曲線Cに沿った線積分

$$\oint_C \vec{V} \cdot d\vec{l}$$

と表面積分

$$\int_S (\vec{\nabla} \times \vec{V}) \cdot \hat{n}\, dS$$

を関連づけるものである。すなわち、ストークスの定理は

$$\int_S (\vec{\nabla} \times \vec{V}) \cdot \hat{n}\, dS = \oint_C \vec{V} \cdot d\vec{l} \tag{9.4}$$

と表現される。

9.1.3 無名の定理

私の知るかぎり名前のついていない定理が、後で必要になる。名前のない定理はたくさんあるが、たとえば有名なものが

$$1 + 1 = 2 \tag{9.5}$$

である。名前のある定理よりない定理のほうがはるかに多くあり、これから紹介するものもその1つである。まず、記号を定義しておこう。$F(x, y, z)$を空間のスカラー関数とする。Fの勾配は次の3成分を持つ場$\vec{\nabla} F$である。

$$\frac{\partial F}{\partial x}, \frac{\partial F}{\partial y}, \frac{\partial F}{\partial z}$$

ここで$\vec{\nabla} F$の発散を考えよう。それを$\vec{\nabla} \cdot \vec{\nabla} F$あるいはもっと単純に$\nabla^2 F$と書く。具体的に書き下すと

$$\nabla^2 F = \frac{\partial^2 F}{\partial x^2} + \frac{\partial^2 F}{\partial y^2} + \frac{\partial^2 F}{\partial z^2} \tag{9.6}$$

である。∇^2という記号はラプラシアンと呼ばれ、フランス人数学者ピエール=シモン・ラプラスからその名が取られている。ラプラシアンは、x, y, zによる2階微分の和を表している。

紹介する新しい定理は、ベクトル場$\vec{V}$を含んでおり、ラプラシアンの外積版が使われている（付録B参照）。最初に回転$\vec{\nabla} \times \vec{V}$を計算する。これもベクトル場である。さらにその回転を取る。

$$\vec{\nabla} \times (\vec{\nabla} \times \vec{V})$$

この2つの回転はどのような量なのだろうか。任意のベクトル場の回転を取ると別のベクトル場になるので、もう一度回転をとってもベクトル場になる。ここで無名の定理を書き下そう[2]。

$$\vec{\nabla} \times (\vec{\nabla} \times \vec{V}) = \vec{\nabla}(\vec{\nabla} \cdot \vec{V}) - \vec{\nabla}^2 \vec{V} \tag{9.7}$$

というものだ。これを言葉で表現しよう。$\vec{V}$の回転の回転は、$\vec{V}$の発散の勾配から$\vec{V}$のラプラシアンを引いたものに等しい。もう一度これを、一部にかっこを付けて書いてみる。

> **($\vec{V}$の回転) の回転は、($\vec{V}$の発散) の勾配から$\vec{V}$のラプラシアンを引いたものに等しい。**

式 (9.7) はどのように証明すればよいだろうか。もっとも退屈な方法は、すべての項を書き出し、両辺を比較するというものである。この作業は練習問題として皆さんに残しておこう。

本章では、後でこの無名の定理を使う。幸い、$\vec{V}$の発散がゼロになる特別な場合だけを必要とする。この場合、式 (9.7) はより簡単な形

$$\vec{\nabla} \times (\vec{\nabla} \times \vec{V}) = -\vec{\nabla}^2 \vec{V} \tag{9.8}$$

となる。

9.2 電気力学の法則

アート：「まいった、まいった。ガウス、ストークス、発散、回転…。レ

2　本書を読んでくれた人の一人からは、「二重外積定理」と呼ぶことを提案された。

ニー、レニー、頭が爆発しそうだ。」

レニー：「おぉ、それはいい。それこそガウスの定理の良い例だ。脳細胞を密度ρとカレント$\vec{j}$で記述しよう。君の頭が爆発するとき、脳細胞には連続の式が成り立つ。そうだろう？　おい、アート、アート、大丈夫か？」

9.2.1 電荷保存

電気力学の中心には、電荷の局所的保存の法則がある。第8章では、この法則は電荷の密度と流れが連続の式（式(8.23)）

$$\dot{\rho} = -\vec{\nabla} \cdot \vec{j}$$

を満たすことを意味すると説明した。連続の式は、時空間の各点で成り立つ局所的な式であり、「全電荷が変化することはない」ということよりもはるかに多くのことを示唆している。電荷（たとえば私がこの講義をしている教室の中の電荷としよう）が変化する場合、教室の壁を電荷が通り過ぎることでしか電荷量の変化が許されない。この話を拡張しよう。

連続の式を持ち出し、それを空間のある領域B（表面Sで囲まれている）にわたって積分する。左辺は

$$\frac{d}{dt}\int_B \rho\, d^3x = \frac{dQ}{dt}$$

となる。ここでQは領域Bの中の電荷量である。すなわち、左辺はB内の電荷量の変化率である。右辺は

$$-\int_B \vec{\nabla} \cdot \vec{j} d^3x$$

である。ここにガウスの定理を使う。この場合のガウスの定理は

$$\int_B \vec{\nabla} \cdot \vec{j} d^3x = \int_S \vec{j} \cdot \hat{n}\, dS$$

と書ける。$\vec{j} \cdot \hat{n}$が単位時間当たり、単位面積当たりの、表面を通過する電荷量を表していることを思い出そう。それを積分すると、単位時間あたりに領域の表面を通過する全電荷量を表すことになる。したがって、連続の式を積分すると

$$\frac{dQ}{dt} = -\int_S \vec{j} \cdot \hat{n}\, dS \tag{9.9}$$

となるのだ。これは、B内の電荷の変化は、表面Sを通過する電荷で説明されるという意味である。B内の電荷が減るとき、その電荷はBの境界面を通過していなければならないのだ。

9.2.2 マクスウェル方程式から電気力学の法則まで

マクスウェルは、マクスウェル方程式を相対性理論、最小作用、ゲージ不変の原理から導いたわけではない。実験結果から導いたのだ。マクスウェルは幸運だった。彼は自分で実験する必要はなく、代わりにフランクリン、クーロン、エルステッド、アンペール、ファラデーなど、大勢の創始者たちが貢献してきたのである。基本原理はマクスウェルの時代に成文化され、とくにファラデーの寄与が大きい。多くの電磁気学の授業では、創始者からマクスウェルまで、歴史をたどって教えている。しかし論理的には、この歴史に沿った流れはわかりにくい。この本では逆をたどり、マクスウェルから始まり、クーロン、ファラデー、アンペール、エルステッドに向かう。そして最後はマクスウェルの輝かしい業績で終える。

マクスウェルの時代、電磁気理論にいくつかの定数が現れた。厳密に必要な数以上の定数である。その中にε_0とμ_0と呼ばれるものがある。多くの場面で両者の積$\varepsilon_0\mu_0$だけが現れる。この積は実際には$1/c^2$という定数に他ならない。このcはアインシュタインの方程式$E=mc^2$に使われるのと同じcである。もちろん創始者たちが研究していたとき、これらの定数が

光速と関係しているとは知らなかった。これらの定数は、電荷、電流、力に関する実験から導かれただけのものだった。そこで、cが光速であることを忘れて、単に以前の物理学者たちが定めた法則をマクスウェルが解釈しなおして得た定数とすることにしよう。表8.1の式を、cの因子を適切に含んだ形で改めて列記する[3]。

$$\vec{\nabla} \cdot \vec{B} = 0$$

$$\vec{\nabla} \times \vec{E} + \frac{\partial \vec{B}}{\partial t} = 0$$

$$\vec{\nabla} \cdot \vec{E} = \rho$$

$$c^2 \vec{\nabla} \times \vec{B} - \frac{\partial \vec{E}}{\partial t} = \vec{j} \tag{9.10}$$

9.2.3 クーロンの法則

クーロンの法則は、ニュートンの重力の法則の電磁気版と言える。クーロンの法則は、任意の2つの粒子の間には、それぞれが持つ電荷の積に比例し、粒子間の距離の2乗に反比例する力が働くというものである。電気力学の講義の出発点となるのが普通はクーロンの法則であるが、本書ではようやくここで登場する。これまでこの法則の話が出てこなかったのは、法則を仮定するのではなく、導出するためである。

原点$x = y = z = 0$に置かれた点電荷Qを考える。電荷密度は一点に集中しており、3次元のデルタ関数を使って

$$\rho = Q\delta^3(x) \tag{9.11}$$

3　多くの教科書が採用するSI単位系では、ρや$\vec{j}$の代わりにρ/ε_0や$\vec{j}/\varepsilon_0$と書かれる。

と書ける。デルタ関数は、第5章で点電荷を表すのに使った。第5章に示したように、$\delta^3(x)$ という記号は、$\delta(x)\delta(y)\delta(z)$ を略したものである。デルタ関数の特別な性質により、ρ を空間にわたって積分すると、全電荷 Q を得る。

式(9.10)の3つ目のマクスウェル方程式

$$\vec{\nabla} \cdot \vec{E} = \rho$$

に注目する。この式を半径 r の球にわたって積分すると、左辺はどうなるだろう。対称性から、点電荷の電場は球対称であると思われる。そのため、式(9.3)が使える。$\vec{E}$ に代入すると、式(9.3)の左辺は

$$\int \vec{\nabla} \cdot \vec{E} \, d^3x$$

と書ける。しかし3つ目のマクスウェル方程式 $\vec{\nabla} \cdot \vec{E} = \rho$ は、これが

$$\int \rho d^3x$$

と書き替えられると教えてくれている。これはすなわち電荷 Q である。式(9.3)の右辺は

$$4\pi r^2 E(r)$$

である。$E(r)$ は電荷から距離 r だけ離れたところの電場を表す。したがって式(9.3)は

$$Q = 4\pi r^2 E(r)$$

と書ける。言い換えると、原点の点電荷が作る動径方向の電場は次式で与

えられる。

$$E(r) = \frac{Q}{4\pi r^2} \tag{9.12}$$

次に、Qからrだけ離れたところにある2つ目の電荷qを考える。ローレンツ力の法則（式(6.1)）から、Qが作る電場により、電荷qは力$\vec{E}$を感じる。Qに作用する力の大きさは

$$F = \frac{qQ}{4\pi r^2} \tag{9.13}$$

である。これはもちろん電荷間の力に関するクーロンの法則である。我々はこの法則を仮定したのではなく、導き出したのである。

9.2.4 ファラデーの法則

電場の中で点aから点bに荷電粒子を動かすとき、その粒子に行われる仕事について考える。微小距離$d\vec{l}$だけ粒子を移動させるときの仕事は

$$dW = \vec{F} \cdot d\vec{l}$$

である。ここでFは粒子に働く力である。粒子をaからbに動かすには、力Fが

$$\int_a^b \vec{F} \cdot d\vec{l}$$

という仕事をしなければならない。力が電磁場によるものであるならば、その仕事は

$$W = q\int_a^b \vec{E} \cdot d\vec{l} \tag{9.14}$$

である。一般に、仕事は終点だけでなく、粒子が移動した軌跡に依存する。軌跡が空間内の閉曲線の場合、すなわち粒子を点aから点aまで移動させる場合でも、仕事はゼロではない値になりうる。空間内の閉曲線に沿った線積分を使ってこの状況を書き表すと、

$$W = q \oint_C \vec{E} \cdot d\vec{l} \tag{9.15}$$

となる。実際に、閉曲線に沿って粒子を移動させて仕事をすることはできるだろうか。たとえば、導線で閉曲線を作り、その線に沿って荷電粒子を動かすことで仕事をすることはできるだろうか。特定の状況では可能である。$\oint_C \vec{E} \cdot d\vec{l}$という積分は、ループ状のワイヤで作った回路に対する起電力 (EMF) と呼ばれる。

このEMFをストークスの定理 (式 (9.4)) を使って調べていこう。ストークスの定理を電場に適用すると、

$$\int (\vec{\nabla} \times \vec{E}) \cdot \hat{n}\, dS = \oint_C \vec{E} \cdot d\vec{l} \tag{9.16}$$

となる。これは、ループ状のワイヤに対するEMFが

$$EMF = \int (\vec{\nabla} \times \vec{E}) \cdot \hat{n}\, dS \tag{9.17}$$

という形に書けることを意味する。ここで、積分は閉曲線Cで囲まれた面にわたって取る。

マクスウェル方程式から何かが得られる段階まで来た。式 (9.10) の2つ目のマクスウェル方程式を思い出そう。

$$\vec{\nabla} \times \vec{E} = -\frac{\partial \vec{B}}{\partial t}$$

磁場が時間変化しないとき、電場の回転はゼロになる。したがって式

(9.17) より、閉じた軌跡に対する*EMF*はゼロである。場が時間変化しないとき、閉じた軌跡に沿って電荷を動かしても、なされる仕事はゼロなのだ。このことは電磁気学の基礎の話をするときによく使われる事実である。

ところが、磁場が時間とともに変化することもある。たとえば、空間内で磁石を動かすときなどだ。2つ目のマクスウェル方程式を式 (9.17) に適用すると

$$EMF = -\int \frac{\partial \vec{B}}{\partial t} \cdot \hat{n}\, dS$$

または

$$EMF = -\frac{d}{dt} \int \vec{B} \cdot \hat{n}\, dS$$

が得られる。したがって、*EMF*は$\int \vec{B} \cdot \hat{n}\, dS$という量の時間変化率にマイナス記号を付けたものになる。この量は、閉じたワイヤが囲む面にわたって磁場を積分したものであり、回路を貫く磁束と呼ばれる (記号でΦと書く)。*EMF*の式はΦを使って

$$EMF = -\frac{d\Phi}{dt} \tag{9.18}$$

と書ける。*EMF*は閉じたワイヤに沿って荷電粒子を押す (単位電荷当たりの) 力を表している。ワイヤが導線の場合、ワイヤには電流が流れる。

磁束を変化させることで回路内に*EMF*が生じるという驚くべき事実は、マイケル・ファラデーが発見し、ファラデーの法則と呼ばれる。図9.3には、磁石のそばに置かれた閉じたワイヤが描かれている。磁石をワイヤに近づけたり遠ざけたりすると、ワイヤループを貫く磁束が変化し、ワイヤ中に*EMF*が生じる。*EMF*を生む電場はワイヤ内に電流を作る。磁石をワイヤループから遠ざけると、電流が一方向に流れる。磁石をワイヤループに近づけると、電流が反対方向に流れる。これがファラデーが見つけた現

図9.3　ファラデーの法則

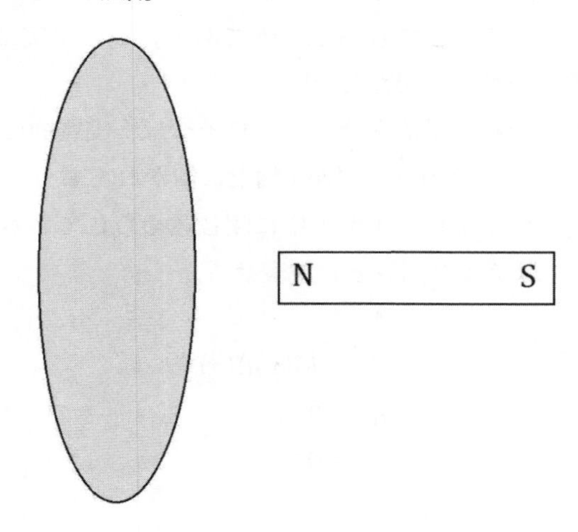

象である。

9.2.5 アンペールの法則

そのほかのマクスウェル方程式についてはどうだろうか。それらの方程式を積分することで、基本的な電磁気の法則がほかにも得られるだろうか。式(9.10)の4つ目のマクスウェル方程式

$$c^2 \vec{\nabla} \times \vec{B} - \frac{\partial \vec{E}}{\partial t} = \vec{j}$$

について試してみよう。ここでは時間変化するものは何もないと仮定する。電流 $\vec{j}$ は一定であり、場もすべて静的である。その場合、この方程式はより簡単な形となり、

$$\vec{\nabla} \times \vec{B} = \frac{\vec{j}}{c^2} \tag{9.19}$$

と書ける。ここからわかることの1つは、ワイヤに大きな電流が流れない

かぎり、磁場は非常に小さいということである。実験で通常用いる単位系では、$1/c^2$という因子はとても小さい値である。この事実は、第5章に続く単位の話で重要な役割を果たした。

細長いワイヤを流れる電流を考える。ワイヤは、実質的に無限とみなせるほどの長さとする。そのワイヤがx軸上に置かれており、電流は右向きに流れている。電流は細いワイヤの中に閉じ込められているので、y 方向やz方向についてはデルタ関数として表せる。

$$
\begin{aligned}
j_x &= j\delta(y)\delta(z) \\
j_y &= 0 \\
j_z &= 0
\end{aligned}
\tag{9.20}
$$

図9.4のように、ワイヤを中心とする半径rの円を考える。この円は想像上の数学的な円であり、ワイヤではない。ふたたびストークスの定理を使うが、適用の仕方は図から明らかだろう。式(9.19)を図9.4の灰色の円板領域にわたって積分する。左辺は$\vec{\nabla} \times \vec{B}$の積分であり、それはストークスの定理により円に沿ったBの線積分になる。右辺はワイヤを流れる電流値jに$1/c^2$をかけたものである。

$$
\oint \vec{B} \cdot d\vec{l} = \frac{j}{c^2} \tag{9.21}
$$

これより、ワイヤを流れる電流は、ワイヤを取り囲むような磁場を生み出すことになる。すなわち、磁場はx軸方向やワイヤから遠ざかる方向(動径方向)ではなく、(ワイヤを取り囲む)角度方向を向いているのだ。

$\vec{B}$は円の各点における$d\vec{l}$と同じ方向を向いているので、磁場の積分は、ワイヤからの距離rの位置における磁場の大きさと円の周長の積になる。

$$
2\pi r B(r) = \frac{j}{c^2}
$$

図9.4　アンペールの法則

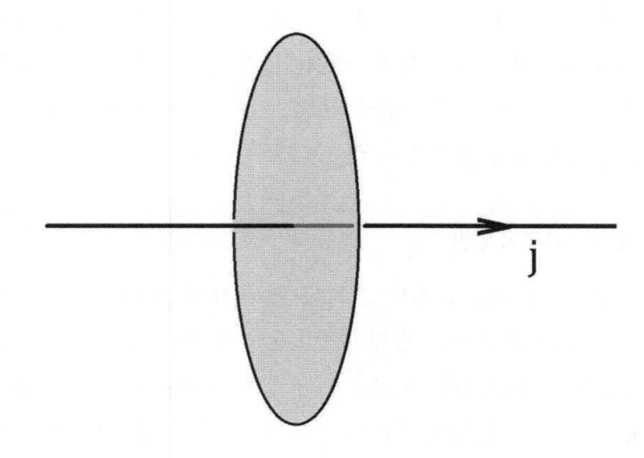

$B(r)$ について解くと、ワイヤから距離 r での磁場（ワイヤの電流が生み出す磁場）は、

$$B(r) = \frac{j}{2\pi rc^2} \tag{9.22}$$

という値になる。$1/c^2$ という因子があまりにも小さいので、通常の大きさの電流が生み出す磁場など観測できないと思うかもしれない。実際に通常のメートル単位系では

$$\frac{1}{c^2} \approx 10^{-17}$$

である。この小さな値を補うには、ワイヤ内を *EMF* で移動する電子が大量になければならない。

式(9.22)は、デンマーク人物理学者ハンス・クリスティアン・エルステッドの名を取って、エルステッドの法則と呼ばれる。エルステッドは、ワイヤを流れる電流により、磁化したコンパスの針が、ワイヤとは垂直方

向、かつ、ワイヤを取り囲む角度方向に揃うことを発見した。すぐにフランス人物理学者アンドレ＝マリ・アンペールが、より一般的な電流の流れに対して、エルステッドの法則を一般化した。エルステッド＝アンペールの法則は、ファラデーの法則と合わせて、マクスウェルがマクスウェル方程式を導出する研究の基盤となった。

9.2.6　マクスウェルの法則

ここでは、光が電磁波で構成されるという事実（ジェームズ・クラーク・マクスウェルが1862年に発見した）をマクスウェルの法則と呼ぶ。電磁波は、電場と磁場が波のようにうねったものである。この発見は、実験によるものではなく、理論的なものである。この法則は、マクスウェル方程式にはある一定の速度で伝わる波の解があることから示された。この波の速度をマクスウェルは計算した。当時、光速はその200年前から知られており、マクスウェルは発見した電磁波の速度が光速に一致することを見出した。ここからは、電場と磁場が波動方程式を満たすことがマクスウェル方程式からわかるということを示していく。

場の源となるものがまったくない領域におけるマクスウェル方程式を考える。源がないという意味は、電流も電荷密度もないということである。

$$\vec{\nabla} \cdot \vec{B} = 0$$

$$\vec{\nabla} \cdot \vec{E} = 0$$

$$\vec{\nabla} \times \vec{E} + \frac{\partial \vec{B}}{\partial t} = 0$$

$$c^2 \vec{\nabla} \times \vec{B} - \frac{\partial \vec{E}}{\partial t} = 0 \tag{9.23}$$

我々の目標は、第4章で学んだものと同じ種類の波動方程式を電場と磁場が満たすことを示すことにある。簡単化した波動方程式（式(4.26)）を使い、その中の空間微分の項をすべて右辺に持ってくる。

$$\frac{1}{c^2}\frac{\partial^2\phi}{\partial t^2}=\frac{\partial^2\phi}{\partial x^2}+\frac{\partial^2\phi}{\partial y^2}+\frac{\partial^2\phi}{\partial z^2}$$

右辺全体に対してラプラシアンを使うと簡単になる。

$$\frac{1}{c^2}\frac{\partial^2\phi}{\partial t^2}=\nabla^2\phi \tag{9.24}$$

第4章で説明したように、この式は速度cで動く波を表している。

それではマクスウェル流に考えを進めよう。マクスウェルはマクスウェル方程式（式(9.23)）を得たが、これらの方程式は式(9.24)に似た形をしていなかった。実際マクスウェルには、定数cを何らかの速度と結びつけるべき理由がなかった（光速は言うまでもない）。私が思うに、マクスウェルは次のような疑問を持っていただろう。

> 私は$\vec{E}$と$\vec{B}$の連立方程式を手にした。その一方（$\vec{E}$か$\vec{B}$）を消去し、もう一方だけで表現された式を得ることで、物事を簡単化できるだろうか。

もちろん私はその場にはいなかったが、マクスウェルがこの問題を考えたことは想像に難くない。我々が彼を助けることができるかどうか、見てみよう。式(9.23)の最後の式の両辺を時間微分すると、

$$c^2\vec{\nabla}\times\frac{\partial\vec{B}}{\partial t}-\frac{\partial^2\vec{E}}{\partial t^2}=0$$

となる。ここに3つ目のマクスウェル方程式を使い、$\dfrac{\partial\vec{B}}{\partial t}$を$-\vec{\nabla}\times\vec{E}$で置き換える。すると、上の式は電場に対する方程式になる。

$$\frac{1}{c^2}\frac{\partial^2\vec{E}}{\partial t^2}+\vec{\nabla}\times(\vec{\nabla}\times\vec{E})=0$$

これはより波動方程式らしく見えるが、まだそこまで行きついていない。最後の段階として、無名の法則(式(9.7))を使う。幸いなことに、一番簡単な式(9.8)だけで事足りる。それは、2つ目のマクスウェル方程式$\vec{\nabla}\cdot\vec{E}=0$により、この簡単化が許されるからである。結果は我々が欲しかったもの、すなわち

$$\frac{1}{c^2}\frac{\partial^2\vec{E}}{\partial t^2} = \nabla^2\vec{E} \tag{9.25}$$

である。電場の各成分が波動方程式を満たしているのだ。

レニー：「アート、私はそこにはいなかったが、マクスウェルの興奮は容易に想像できるよ。彼がこうつぶやくのが聞こえるようだ。」

> この波は何なのだ。方程式の形からすると、私の方程式のすべてに現れる不思議な定数cは波の速度になる。私の計算に間違いがなければ、メートル単位系でこの値はおよそ3×10^8だ。そう、3×10^8メートル毎秒だ。これは光速ではないか！

こうして、ジェームズ・クラーク・マクスウェルは、光の電磁的性質を発見することになったのだ。

第10章
ラグランジュからマクスウェルへ

アート：「マクスウェルが心配だ。彼はずっと独り言をつぶやいているよ。」
レニー：「心配はいらないよ、アート。彼は答えに近づいているのだろう。(レニーが正面のドアを指さした) ただし助けが到着したようだ。」
　二人の紳士が隠れ家に入ってきた。一人は年老いており、目がほとんど見えないようだが、歩くのに不自由はないようだった。彼らはマクスウェルの両側に座った。マクスウェルはすぐに彼らが誰だかわかった。
マクスウェル：「オイラー！　ラグランジュ！　君たちが来てくれることを願っていたよ。ちょうどいいところに来てくれた！」

表10.1　3元ベクトル形式と4元ベクトル形式で書いたマクスウェル方程式。前半は恒等式から導出したもので、後半は作用原理から導出した方程式。

形式	方程式
3元ベクトル	$\vec{\nabla}\cdot\vec{B}=0$
	$\vec{\nabla}\times\vec{E}+\dfrac{\partial}{\partial t}\vec{B}=0$
4元ベクトル	$\partial_\mu F_{\nu\sigma}+\partial_\nu F_{\sigma\mu}+\partial_\sigma F_{\mu\nu}=0$
3元ベクトル	$\vec{\nabla}\cdot\vec{E}=\rho$
	$\vec{\nabla}\times\vec{B}-\dfrac{\partial}{\partial t}\vec{E}=\vec{j}$
4元ベクトル	$\partial_\nu F^{\mu\nu}=J^\mu$

本章では2つのことを行う。１つは、第9章の続きで、電磁波の平面波について詳細を整理する。そして後半では、電磁場の作用原理を導入し、恒等式ではない2つのマクスウェル方程式を導出する。これまで学んできたこととこれから行うことを把握するため、マクスウェル方程式全体を表10.1にまとめた。

10.1 電磁波

第4章と第5章では、波と波動方程式について説明した。第9章では、マクスウェルが電場と磁場の成分について波動方程式をどのように導き出したかについて見てきた。

まず、ソースがない場合のマクスウェル方程式（式(9.23)）から見ていこう。わかりやすくもう一度書いておく。

$$\vec{\nabla}\cdot\vec{B}=0$$

$$\vec{\nabla}\cdot\vec{E}=0$$

$$\vec{\nabla}\times\vec{E}+\frac{\partial\vec{B}}{\partial t}=0$$

$$c^2\,\vec{\nabla}\times\vec{B}-\frac{\partial\vec{E}}{\partial t}=0$$

ここで、波長

$$\lambda=\frac{2\pi}{k}$$

を持ち、z軸方向に動く波を考える。ここでkはいわゆる波数である。波長は自由に決めることができる。一般的な平面波は次のような関数形をしている。

$$\text{場の値}=C\sin(kz-\omega t)$$

ここでCは任意の定数である。電場に適用すると、その成分は次のような形になる。

$$E_x(t,z)=\mathcal{E}_x\sin(kz-\omega t) \tag{10.1}$$

$$E_y(t,z)=\mathcal{E}_y\sin(kz-\omega t) \tag{10.2}$$

$$E_z(t,z)=\mathcal{E}_z\sin(kz-\omega t) \tag{10.3}$$

ここで$\mathcal{E}_x$, $\mathcal{E}_y$, $\mathcal{E}_z$は定数である。これらの定数は、波の分極方向を決めるベクトルの成分と考えることができる。

ここでは、波がz軸に沿って伝播すると仮定した。明らかに、これはあまり一般的ではない。波はどの方向にも伝播する可能性があるからだ。しかし、z軸を波の運動方向に定義することはつねに可能である。

もう１つの可能性は、サイン関数ではなくコサイン関数で記述することである。しかし、これは単にz軸に沿って波を移動させるだけである。すなわちコサイン関数で記述したとしても、原点をずらすことで、コサインはサインに変えられる。

では、式$\vec{\nabla} \cdot \vec{E} = 0$を使おう。電場成分が依存する空間座標は$z$だけなので、この式はとくに簡単な形になる。

$$\frac{\partial E_z}{\partial z} = 0 \tag{10.4}$$

これと式(10.3)を組み合わせると、次のようになる。

$$\mathcal{E}_z = 0$$

すなわち、伝播方向に沿った電場の成分はゼロでなければならない。このような性質を持つ波を横波と呼ぶ。

最後に、偏光ベクトル$\vec{\mathcal{E}}$がx軸に沿うように、x軸とy軸の向きを調整することは可能である。したがって、電場は次のような形になる。

$$E_z = 0$$

$$E_y = 0$$

$$E_x = \mathcal{E}_x \sin(kz - \omega t) \tag{10.5}$$

次に、磁場について考えてみよう。電場とは別の方向に磁場が伝播するようにしようとしても、電場と磁場の両方を含むマクスウェル方程式に違反することになる。つまり磁場もz軸に沿って伝播する必要があり、次のような形になる。

$$B_x(t, z) = \mathcal{B}_x \sin(kz - \omega t) \tag{10.6}$$

$$B_y(t, z) = \mathcal{B}_y \sin(kz - \omega t) \tag{10.7}$$

$$B_z(t, z) = \mathcal{B}_z \sin(kz - \omega t) \tag{10.8}$$

電場のときと同じように、式$\vec{\nabla} \cdot \vec{B} = 0$は磁場の$z$成分がゼロであることを意味する。したがって、磁場もx, y平面上にあるはずだが、電場と同じ方向とはかぎらない。実際には、電場に対して垂直でなければならず、したがってy軸に沿っている。この性質を見るために、マクスウェル方程式

$$\vec{\nabla} \times \vec{E} + \frac{\partial \vec{B}}{\partial t} = 0$$

を用いる。成分の式にすると、次のようになる。

$$\dot{B}_x = \frac{\partial E_z}{\partial y} - \frac{\partial E_y}{\partial z}$$

$$\dot{B}_y = \frac{\partial E_x}{\partial z} - \frac{\partial E_z}{\partial x}$$

$$\dot{B}_z = \frac{\partial E_y}{\partial x} - \frac{\partial E_x}{\partial y} \tag{10.9}$$

ここで、E_zとE_yはゼロであり、場はzに対してのみ変化することを念頭に置くと、磁場のy成分だけが時間と共に変化しうることがわかる。振動

波について議論しているので、$\vec{B}$ の y 成分だけがゼロでない値を取れる。

もう1つ、式(10.9)から導かれる事実がある。$E_x = \mathcal{E}_x \sin(kz - \omega t)$ と $B_y = \mathcal{B}_y \sin(kz - \omega t)$ を代入すると、$\mathcal{B}_y$ は次のような形を取らなければならないことがわかる。

$$\mathcal{B}_y = -\frac{k}{\omega}\mathcal{E}_x \tag{10.10}$$

まだ使っていないマクスウェル方程式がもう1つある。すなわち

$$c^2 \vec{\nabla} \times \vec{B} - \frac{\partial \vec{E}}{\partial t} = 0$$

である。この最後のマクスウェル方程式の x 成分を、今までに学んだことを使って計算すると、

$$\frac{1}{c^2}\frac{\partial E_x}{\partial t} = -\frac{\partial B_y}{\partial z}$$

となる。E_x と B_y の式を代入すると、角振動数 ω と波数 k の間に簡単な関係

$$\omega = ck$$

が出てくる。したがって波形の $\sin(kz - \omega t)$ は次のようになる。

$$\sin k(z - ct) \tag{10.11}$$

これはまさに z 軸を速度 c で伝播する波の形である。電磁波の平面波の性質をまとめておこう。

- 光速で一本の軸に沿って伝播する。
- 電磁波は横波であり、電場は伝播軸に垂直な平面上にある。

- 電場と磁場は互いに直交している。
- 電場と磁場の比は

$$\frac{\mathcal{B}_y}{\mathcal{E}_x} = \frac{1}{c}$$

である。相対論的単位 ($c = 1$) では、電場と磁場の大きさは等しくなる。

とくに質の良いサングラスを購入された方はよくご存じだと思うが、光の波の性質を1つ思い出してほしい。光は偏光している。実際、すべての電磁波は偏光している。偏光の方向は電場の方向であり、この例ではx軸に沿って波が偏光していると言うことができる。平面電磁波の特性は、図10.1のような一枚の絵で視覚化できる。

10.2 電気力学のラグランジアン形式化

この点については、何度も述べてきたことなので、繰り返しになる恐れがある。しかしもう一度言っておこう。エネルギー保存、運動量保存、保存則と対称則の関係などの基本的な考えは、最小作用の原理から出発した場合にのみ成り立つものである。微分方程式はいくらでも書けるし、数学的に矛盾しないかもしれない。しかし、微分方程式がラグランジアンと作用原理から導かれない限り、エネルギー保存則は成立しないし、保存されるべきエネルギーも存在しない。我々はエネルギー保存を深く信じたいので、マクスウェル方程式のラグランジュ形式を探求すべきなのだ。

基本原理を理解した上で、ラグランジアンを推測してみよう。次の2つの方程式

$$\vec{\nabla} \cdot \vec{B} = 0$$

図10.1　紙面の右手前方向（z軸の正の方向）に伝播する平面電磁波のスナップショット。$\vec{E}$と$\vec{B}$の場は互いに垂直であり、また伝播方向に対しても垂直である。$\vec{B}$の場は灰色にしてある。

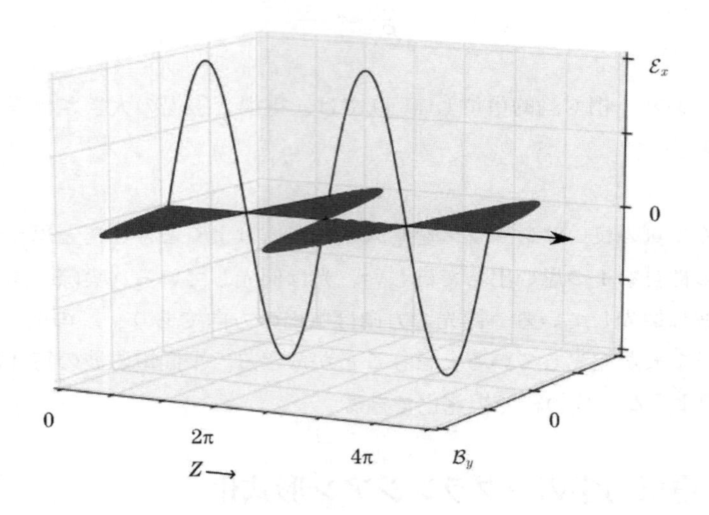

$$\vec{\nabla}\times\vec{E}+\frac{\partial\vec{B}}{\partial t}=0$$

は、（ベクトルポテンシャルを用いた）$\vec{E}$と$\vec{B}$の定義から導かれる数学的恒等式である。$1+1=2$を作用原理から導く必要はないのと同様に、これらの式も作用原理から導出する必要はない。

ここでの我々の目標は、マクスウェル方程式の後半2つを導出することにある。3元ベクトル表記では、これらの式は

$$\vec{\nabla}\cdot\vec{E}=\rho \tag{10.12}$$

$$\vec{\nabla}\times\vec{B}-\frac{\partial\vec{E}}{\partial t}=\vec{j} \tag{10.13}$$

という形をしている。電荷ρは電流の4元ベクトルJ^{ν}の時間成分とみなし

ていた。

$$\rho = J^0$$

同様に、$\vec{j}$の3つの成分は、J^νの空間成分

$$\vec{j} = (J^1, J^2, J^3)$$

あるいは

$$\vec{j} = J^m$$

に対応する。これらの関係は、1つの式

$$\partial_\mu F^{\mu\nu} = -J^\nu \tag{10.14}$$

によって共変形式でまとめられる。この式の時間成分は式(10.12)に等しく、3つの空間成分は式(10.13)を与える。ラグランジアンからどのようにこれらの方程式を導けばよいのだろうか。その前に、正しいラグランジアンを推測しなければならない。その際、基本原理があれば候補を絞り込むことができる。

作用原理が必要なことはすでに述べた。また、作用原理の数学は、場の場合は粒子の場合とは少し違ってくることも見てきた。ここでは、マクスウェル方程式が場の方程式であることから、場に焦点を当てることにする。まず、他の原理からわかることを見てみよう。

10.2.1 局所性

ある特定の時間と位置で起こることは、隣接する時間と位置で起こることにのみ関係することができる。これが保証されているかどうかを確かめ

るには、作用積分の中のラグランジアン密度が、場そのものと、場の座標X^μによる場の微分とにのみ依存していることを確認できればよい。

一般に、ラグランジアン密度は理論のそれぞれの場に依存している。場は複数あるかもしれないが、ここでは1つの変数ϕを使って、存在するすべての場を表すことにする[1]。また、ラグランジアンはϕの空間微分と時間微分にも依存する。我々はすでに$\partial_\mu \phi$という表記に慣れているが、$\phi,_\mu$という表記もあり、これは同じ意味を表わしている。

$$\frac{\partial \phi}{X^\mu} = \partial_\mu \phi = \phi,_\mu$$

この表記法は標準的なものである。$\phi,_\mu$という記号は、カンマが微分を意味し、μはそれがX^μによる微分であることを意味する。さて、局所性の要件は、ラグランジアン密度がϕと$\phi,_\mu$にのみ依存することである。つまり、作用積分は次のような形でなければならない。

$$作用 = \int d^4x \mathcal{L}(\phi, \phi,_\mu)$$

$\phi,_\mu$という記号は、ある特定の微分を意味するものではない。時間と空間など、すべての要素に関する微分を指す一般的な記号である。作用積分がこの形式をとるように要請することで、結果として得られる運動方程式が物事を局所的に関連付けた微分方程式になることが保証されるのだ。

10.2.2 ローレンツ不変性

ローレンツ不変は簡単な要件である。ラグランジアン密度はスカラーでなければならない。どの基準座標系でも同じ値でなければならないからだ。この話は以上で切り上げて、次の原理に進むこともできるが、その前に、

1　電磁気学では、これらの場はベクトルポテンシャルの成分であるが、ここでは先走りしないでおこう。

スカラー場に関するこれまでの結果を簡単に振り返り、いくつかの説明をしておこう。マクスウェル方程式はスカラー場ではなくベクトル場に基づいている。そこで両者の比較をしてみよう。

スカラー場ϕに対して、ラグランジアンはϕ自体、またはϕの任意の関数を含むことができる。この関数を$U(\phi)$と呼ぶことにしよう。ラグランジアンは導関数も含むことができる[2]。一方、含むことができないものもある。たとえば、$\partial_x\phi$を単独で含むことはできない。$\partial_x\phi$はスカラーではなく、ベクトルのx成分だからである。ベクトルの任意の成分をただ放り込むことはできないが、スカラーを形成するためにそれらを注意深くパッケージングすることは許されている。

$$\partial_\mu\phi\partial^\mu\phi = \phi_{,\mu}\phi^{,\mu}$$

という量は完ぺきにスカラーであり、ラグランジアンに使われる可能性がある。μは和の添字なので、

$$\partial_\mu\phi\partial^\mu\phi = -(\partial_t\phi)^2 + (\partial_x\phi)^2 + (\partial_y\phi)^2 + (\partial_z\phi)^2$$

あるいは「カンマ」表記では、

$$\phi_{,\mu}\phi^{,\mu} = -(\partial_t\phi)^2 + (\partial_x\phi)^2 + (\partial_y\phi)^2 + (\partial_z\phi)^2$$

として展開することができる。第4章では、上記のような項を使って、簡単なラグランジアンを書いた(式(4.7))。新しい表記法では、そのラグランジアンは

2　それを含んでいなければならないといっても過言ではない。微分がなければ、ラグランジアンはおもしろくない。

$$\mathcal{L} = -\frac{1}{2}\,\partial_\mu \phi \partial^\mu \phi - U(\phi)$$

または

$$\mathcal{L} = -\frac{1}{2}\,\phi_{,\mu} \phi^{,\mu} - U(\phi) \tag{10.15}$$

と書ける。このラグランジアンを基に、オイラー・ラグランジュ方程式を使って運動方程式を導いた。この例では1つの場しか書いていないが、場はいくつあっても良い。一般的には、いくつかの場のラグランジアンを足し上げてもよい。また、もっと複雑な方法でラグランジアンを組み合わせることもある。

それぞれの独立な場（この例では1つだけ）に対して、まずラグランジアンを$\phi_{,\mu}$で偏微分すると

$$\frac{\partial \mathcal{L}}{\partial \phi_{,\mu}}$$

となる。次にその項をX^μで微分すると

$$\frac{\partial}{\partial X^\mu}\,\frac{\partial \mathcal{L}}{\partial \phi_{,\mu}}$$

となる。これはオイラー・ラグランジュ方程式の左辺だ。右辺は$\mathcal{L}$をϕで微分したもので、方程式全体は

$$\frac{\partial}{\partial X^\mu}\,\frac{\partial \mathcal{L}}{\partial \phi_{,\mu}} = \frac{\partial \mathcal{L}}{\partial \phi} \tag{10.16}$$

と書ける。これが場のオイラー・ラグランジュ方程式である。これは、粒子の運動に関するラグランジュ方程式と直接対応するものである。思い出してほしいのだが、粒子の運動方程式は

$$\frac{d}{dt}\frac{\partial \mathcal{L}}{\partial \dot{q}} = \frac{\partial \mathcal{L}}{\partial q}$$

で与えられる。運動方程式を導くために、オイラー・ラグランジュ方程式（式（10.16））を使ってラグランジアン（式（10.15））を評価する。これはすでに4.3.3節で行っており、運動方程式は

$$\frac{\partial^2 \phi}{\partial t^2} - \frac{\partial^2 \phi}{\partial x^2} - \frac{\partial^2 \phi}{\partial y^2} - \frac{\partial^2 \phi}{\partial z^2} = -\frac{\partial U}{\partial \phi}$$

という簡単な波動方程式であることがわかっている。

ベクトルポテンシャルから始めて、まったく同じ手順でマクスウェル方程式にたどり着く。把握すべき添字が増えるので、より複雑になるが、最終的には、美しい作品であることに同意していただけると思う。その前に、もう1つ原理をおさらいしておこう。ゲージ不変性だ。これは、電気力学では必須の条件である。

10.2.3 ゲージ不変性

ラグランジアンがゲージ不変になるように、それ自身がゲージ不変な量からラグランジアンを構成する。その代表的なものが、$F_{\mu\nu}$の成分である電場と磁場である。これらの場は、A_μにスカラー量の微分を加えても変化しない。つまり、次のように置き換えても変化しない。

$$A_\mu \Longrightarrow A_\mu + \frac{\partial S}{\partial X^\mu}$$

したがって、Fの成分からどんなラグランジアンを構成しても、それはゲージ不変になる。

スカラー場の場合に見たように、使えない量もある。たとえば、$A_\mu A^\mu$はラグランジアンに入れられない。これは直感に反しているように見える

かもしれない。なぜなら、$A_\mu A^\mu$ はローレンツ不変なスカラーだからだ[3]。しかし、これはゲージ不変ではない。A にスカラー量の勾配を加えると、$A_\mu A^\mu$ は変化してしまうからゲージ不変ではないのだ。そのためラグランジアンの一部にはなりえない。

10.2.4 ソースがないときのラグランジアン

ラグランジアンを2段階に分けて構築する。まず、電磁場はあるが、電荷や電流がない場合を考える。つまり、電流の4元ベクトルがゼロである場合だ。

$$J^\mu = 0$$

その後で、電流ベクトルがゼロでない場合もカバーするようにラグランジアンを修正する。

$F_{\mu\nu}$ の成分は、ゲージ不変性を気にすることなく、自由に使うことができる。しかし、ローレンツ不変性にはより注意が必要で、添字を縮約してスカラーを作るために、何らかの方法で組み合わせなければならない。

2つの添字を持つ一般的なテンソル $T_{\mu\nu}$ を考えてみよう。片方の添字を上付きにし、縮約を取ることでスカラーを構成するのは簡単である。つまり、

$$T_\mu{}^\mu$$

という式ができる。これがテンソルからスカラーを作る一般的な方法である。これを $F_{\mu\nu}$ でやってみるとどうなるか。対角成分（2つの添字が等しい成分）はすべてゼロなので、結果は

3　この式の μ は微分を意味するものではなく、A の成分を表わしているだけである。微分を表すにはカンマを使う。

$$F_{\mu}{}^{\mu} = 0$$

であることは容易に想像がつくだろう。つまり

$$F_{00} = 0$$

$$F_{11} = 0$$

$$F_{22} = 0$$

$$F_{33} = 0$$

である。$F_{\mu}{}^{\mu}$という式は、この4つの項を足し上げるというもので、もちろん結果はゼロである。これはラグランジアンとして良い選択ではない。実際、$F_{\mu\nu}$に線形な項はどれも良い選択とは言えないことがわかっている。線形の項がだめなら、非線形の項を試すことができるだろう。もっとも単純な非線形項は2次の項

$$F_{\mu\nu}F^{\mu\nu}$$

である。この式は非自明である。確かにゼロに同値ではない。その意味を考えてみよう。まず、空間と時間の混ざった成分

$$F_{0n}F^{0n}$$

を考える。これらはμが0となる成分であり、したがって時間を表している。ローマ文字の添字nは、νの空間成分を表す。式全体は何を表しているのだろうか。それは、電場の2乗とほぼ同じである。先に見たように、

$F_{\mu\nu}$の混合成分は電場成分である。$F_{0n}F^{0n}$が正確に電場の2乗にならないのは、時間成分の添字を上付きに変えると符号が変わってしまうからだ。各項には、上付きの時間添字と下付きの時間添字が1つずつ含まれるので、結果は$\vec{E}$の2乗にマイナス記号を付けたものになる。

$$F_{0n}F^{0n} = -E^2$$

よく考えてみると、この項は、μとνの役割を入れ替えることができるので、和の中に2回出てくることがわかる。つまり、

$$F_{n0}F^{n0} = -E^2$$

という形の項も考えなければならない。$F_{\mu\nu}$は反対称なので、これらの項も足すと-E^2になる。この2番目の形では、最初の添字が空間成分を表し、2つ目の添字が時間を表す。以上を合わせた最終的な結果は$-2E^2$である。すなわち、

$$F_{0n}F^{0n} + F_{n0}F^{n0} = -2E^2$$

である。$F_{\mu\nu}$の反対称性から、これら2つの項は打ち消されると思うかもしれないが、各成分は2乗されているので、相殺されないのだ。

ここで、$F_{\mu\nu}$の空間－空間成分について説明する必要がある。これらは、どちらの添字も0でない項である。たとえば、そのような項として

$$F_{12}F^{12}$$

がある。空間の添字を上げたり下げたりしても、符号は変わらない。電場と磁場で言えば、F_{12}はB_3、つまり磁場のz成分であるB_zと同じである。

したがって、$F_{12}F^{12}$は$(B_z)^2$と同じである。その反対称の$F_{21}F^{21}$を考えると、$(B_z)^2$という項が2回、和に入ることがわかる。

これで、和$F_{\mu\nu}F^{\mu\nu}$の対角項(2つの添字が等しい場合)以外のすべての項を説明できた。しかし、対角項成分はゼロであることがすでにわかっているので、以上で話は終わりだ。空間－空間の項と空間－時間の項を組み合わせると、

$$F_{\mu\nu}F^{\mu\nu} = -2E^2 + 2B^2$$

または

$$-F_{\mu\nu}F^{\mu\nu} = 2(E^2 - B^2)$$

となる。この方程式は、慣例により、少し違った形で書かれている。「慣例により」というのは、慣例を無視しても何の影響もない、運動方程式は同じであるという意味である。1つは、E^2項を正、B^2項を負とする慣例である。もう1つの慣例は、1/4の係数を付けることである。結果として、ラグランジアンは通常、

$$\mathcal{L} = -\frac{1}{4}F_{\mu\nu}F^{\mu\nu} \tag{10.17}$$

または

$$\mathcal{L} = \frac{1}{2}(E^2 - B^2) \tag{10.18}$$

と書ける。$\frac{1}{4}$の係数には物理的な意味はない。単にそれまでの慣習とのつじつまを合わせるためである。

10.3 マクスウェル方程式の導出

式(10.18)は、ローレンツ不変、局所不変、ゲージ不変である。これは、もっとも単純なラグランジアンであるだけでなく、電気力学の正しいラグランジアンでもある。この章では、このラグランジアンがどのようにマクスウェル方程式を生み出すかを見ていこう。導出は少し難しいが、思ったほど困難ではない。簡単なステップで進めていこう。まず、J^μの項を無視し、真空について計算する。その後で、J^μを再び登場させる。

もう一度、場のオイラー・ラグランジュ方程式を示しておこう。

$$\frac{\partial}{\partial X^\nu}\frac{\partial \mathcal{L}}{\partial \phi_{,\nu}} = \frac{\partial \mathcal{L}}{\partial \phi} \tag{10.19}$$

それぞれの場に対して、このような方程式を書いていく。これらの場は何であろうか。それは、ベクトルポテンシャル成分

$$A_0, A_1, A_2, A_3$$

または

$$A_t, A_x, A_y, A_z$$

である。これらは4つの独立した場である。その微分はどうか。そこで、カンマ記法を拡張して4元ベクトルを含む表記を行う[4]。この表記法では、$A_{\mu,\nu}$という記号は、A_μのX^νについての微分を表す。つまり、$A_{\mu,\nu}$は次のように定義される。

$$A_{\mu,\nu} \equiv \frac{\partial A_\mu}{\partial X^\nu}$$

4　これまで、カンマの表記はスカラーの微分だけに使ってきた。

左辺の添字のカンマは必須である。これは適切な微分をとることを指示している。このカンマがなければ、$A_{\mu\nu}$という記号になり、これは微分にはならない。これは2つの添字を持つテンソルの1成分にすぎない。では、この表記法で場のテンソルはどのようになるのだろうか。ご存知のように、場のテンソルは次のように定義される。

$$F_{\mu\nu} = \frac{\partial A_\nu}{\partial X^\mu} - \frac{\partial A_\mu}{\partial X^\nu}$$

これをカンマ記法に置き換えるのは簡単であり、

$$F_{\mu\nu} = A_{\nu,\mu} - A_{\mu,\nu} \tag{10.20}$$

となる。偏微分の表記を凝縮することになぜこれほどまでに力を入れるのか。もう少し読み進めると、このテクニックの価値がわかると思う。もちろん、文章を書く手間が省けるだけでなく、それ以上に、方程式の対称性がページから浮かび上がってくるのだ。さらに重要なことは、オイラー・ラグランジュ方程式を解くことがいかに簡単であるかがわかることである。

A_μの4つの成分を独立した場と見なす。それぞれに対して場の方程式がある。ラグランジアン（式(10.17)）を凝縮した形に変換するには、式(10.20)の$F_{\mu\nu}$を代入するだけでよい。

$$\mathcal{L} = -\frac{1}{4}\left(A_{\nu,\mu} - A_{\mu,\nu}\right)\left(A^{\nu,\mu} - A^{\mu,\nu}\right) \tag{10.21}$$

これがラグランジアンである。お望みなら、微分記号を使って詳細に書き出してもよい。成分A_μとA_νは、式(10.19)のϕに相当するものである。Aの各成分に対してオイラー・ラグランジュ方程式があるが、ここではまず、1つの成分A_xを選んで作業する。まず、$\mathcal{L}$の$A_{x,\mu}$に関する偏微分

$$\frac{\partial \mathcal{L}}{\partial A_{x,\mu}}$$

を計算する。この計算を細かいステップに分けて考えよう。

Aの特定の成分の導関数を使って$\mathcal{L}$を微分する必要がある。すなわち、$\mathcal{L}$を$A_{x,y}$で微分する場合を考える。式(10.21)から、$\mathcal{L}$はμとνの4つの値に対する総和である。この16項をすべて書き出して、$A_{x,y}$を含む項を探せばよい。そうすると、$A_{x,y}$は次のような形をとる2つの項にしか現れないことがわかる。

$$(A_{x,y} - A_{y,x})(A^{x,y} - A^{y,x})$$

とりあえず$-\frac{1}{4}$の係数は無視した。xもyも空間の添字なので、どれを下げても違いはなく、この項を次のようにより簡単に書き直すことができる。

$$(A_{x,y} - A_{y,x})(A_{x,y} - A_{y,x})$$

さらに簡略化して、無視していた係数を元に戻すと、次式になる。

$$-\frac{1}{2}(A_{x,y} - A_{y,x})^2$$

なぜ$\frac{1}{4}$ではなく$\frac{1}{2}$と書いたかというと、この形式の項は、$\mu = x,\ \nu = y$のときと、$\mu = y,\ \nu = x$のときの2つが展開されるからである

ここまでくれば、$\mathcal{L}$を$A_{x,y}$で微分するのは簡単だ。他の項には$A_{x,y}$が含まれないので、微分するとすべてゼロになり、無視できる。つまり、次のように書けばよい。

$$\frac{\partial \mathcal{L}}{\partial A_{x,y}} = \frac{\partial}{\partial A_{x,y}}\left[-\frac{1}{2}(A_{x,y} - A_{y,x})^2\right]$$

この微分は、$A_{x,y}$と$A_{y,x}$が別のものであることさえ覚えておけば、簡単なことである。$A_{x,y}$に依存する部分だけに興味があるので、この偏微分では$A_{y,x}$を定数と見なす。その結果

$$\frac{\partial \mathcal{L}}{\partial A_{x,y}} = -(A_{x,y} - A_{y,x})$$

となり、右辺は場のテンソルの要素、すなわち$-F_{yx}$であるとわかる。以上の作業の結果

$$\frac{\partial \mathcal{L}}{\partial A_{x,y}} = -F_{yx} = -F^{yx}$$

であり、Fの反対称性を利用すれば

$$\frac{\partial \mathcal{L}}{\partial A_{x,y}} = F_{xy} = F^{xy}$$

と書ける。この式の右辺F_{xy}は、空間成分の上付き添字と下付き添字が等価であるため、計算するまでもなく確認できる。

ここまで来るのに長い時間がかかったが、結果は至ってシンプルだ。他のすべての部品についても同じ作業をしてみると、それぞれが同じパターンにしたがっていることに気づくだろう。最終的に、

$$\frac{\partial \mathcal{L}}{\partial A_{\mu,\nu}} = F^{\mu\nu} \tag{10.22}$$

という一般的な式が得られる。次に、式(10.19)により、式(10.22)をX^{ν}で微分する。式(10.22)の両辺を微分すると、

$$\frac{\partial}{\partial X^{\nu}} \frac{\partial \mathcal{L}}{\partial A_{\mu,\nu}} = \frac{\partial F^{\mu\nu}}{\partial X^{\nu}}$$

または

$$\frac{\partial}{\partial X^{\nu}}\frac{\partial \mathcal{L}}{\partial A_{\mu,\nu}} = \partial_{\nu} F^{\mu\nu} \tag{10.23}$$

となる。しかし、待ってほしい！　式(10.23)の右辺は、表10.1の最後のマクスウェル方程式の左辺にほかならないのだ。

そんなに簡単なことなのだろうか。オイラー・ラグランジュ方程式の右辺を計算するまでは、判断を控えておこう。それは、$\mathcal{L}$を場そのもので微分することだ。つまり、Aの(微分していない)成分、たとえばA_xで$\mathcal{L}$を微分するのである。しかし、Aの(微分していない)成分は$\mathcal{L}$には現れないので、結果はゼロである。オイラー・ラグランジュ方程式の右辺はゼロであり、真空(電荷も電流もない)の運動方程式はマクスウェル方程式に完全に一致する。

$$\frac{\partial}{\partial X^{\nu}}\frac{\partial \mathcal{L}}{\partial A_{\mu,\nu}} = \frac{\partial F^{\mu\nu}}{\partial X^{\nu}} = 0$$

10.4 ゼロでない電流密度を持つラグランジアン

電流密度J^{μ}を含むようにラグランジアンを修正するにはどうしたらよいか[5]。J^{μ}の全成分を含むものを$\mathcal{L}$に追加する必要がある。電流密度J^{μ}は4つの成分を持っている。時間成分はρ、空間成分は$\vec{j}$の3成分である。m番目の空間成分は、m軸に沿った方向にある小さな窓を通過する単位時間当たり単位面積当たりの電荷である。記号で書くと

$$J^{\mu} = \rho, j^{m}$$

である。空間にある小さな箱状のセルを考えると、セル内の電荷はセルの

5　式(10.17)は$F_{\mu\nu}$を用いたラグランジアンである。式(10.21)は同じラグランジアンをベクトルポテンシャルで表したものである。

体積のρ倍となる。言い換えれば、ρと$dxdydz$の積である。セル内の電荷の変化率は、電荷の時間微分である。局所電荷保存の原理は、この電荷が変化する唯一の方法は、電荷がセルの壁を通過することである、と言っている。この原理から連続の式

$$\frac{\partial \rho}{\partial t} + \vec{\nabla} \cdot \vec{j} = 0 \tag{10.24}$$

が導かれる。これは第8章で計算した。記号$\vec{\nabla} \cdot \vec{j}$（$\vec{j}$の発散）は

$$\vec{\nabla} \cdot \vec{j} = \frac{\partial j_x}{\partial x} + \frac{\partial j_y}{\partial y} + \frac{\partial j_z}{\partial z}$$

と定義される。右辺の最初の項（j_xのxによる偏微分）は、箱の2つのx方向の窓を電荷が流れる速度の差を表している。他の2項は、y方向とz方向に対する同様の量である。これら3つの項の和は、電荷が箱のすべての境界面を通過する全体的な速度である。相対論的表記法では、連続の式（式(10.24)）は次のようになる。

$$\partial_\mu J^\mu = 0 \tag{10.25}$$

しかし、これがマクスウェル方程式の導出にどのように役立つのだろうか。それはこうだ。連続の式が与えられると、J^μとA_μの両方を含むゲージ不変のスカラーを構成することができる。この新しいスカラーは$J^\mu A_\mu$で、この2つの量を組み合わせるもっとも簡単な方法かもしれない。これはゲージ不変に見えないが、そうであることがいずれわかるだろう。これらの各量は位置の関数であると考える。ここでは、1つの変数xだけで3つの空間成分すべてを表すことにする。

では、この新しいスカラーをラグランジアンに加えた場合の影響について考えてみる。このとき、作用には次のような項が追加される。

$$作用_J = -\int d^4x J^{\mu}(x) A_{\mu}(x)$$

マイナス記号は慣習であり、元をたどればベンジャミン・フランクリンに行き着く。$J^{\mu}(x) A_{\mu}(x)$ は、4元ベクトルを別の4元ベクトルで縮約したものなので、スカラーである。電流密度とベクトルポテンシャルの両方が含まれる。これがゲージ不変であるかどうかは、どうすればわかるだろうか。簡単だ。単にゲージ変換を行い、作用に何が起こるか見てほしい。ゲージ変換とは、あるスカラー量の勾配を A_{μ} に加えることである。ゲージ変換された作用積分は

$$作用_J = -\int d^4x J^{\mu}(x) \left(A_{\mu}(x) + \frac{\partial S}{\partial X^{\mu}} \right)$$

となる。ここで本当に気になるのは、余分な項による作用の変化である。その変化とは

$$作用の変化 = -\int d^4x J^{\mu}(x) \frac{\partial S}{\partial X^{\mu}}$$

である。これはゼロには見えない。もしゼロでないなら、作用はゲージ不変ではないことになる。しかし、これはゼロなのだ。その理由を見てみよう。

d^4x は $dtdxdydz$ の省略形であることを思い出そう。ここで、μ に関する和を実行する。左辺は必要ないので、ここで書くのをやめておく。和を取った積分は

$$\int d^4x \left(J^0 \frac{\partial S}{\partial X^0} + J^1 \frac{\partial S}{\partial X^1} + J^2 \frac{\partial S}{\partial X^2} + J^3 \frac{\partial S}{\partial X^3} \right) \tag{10.26}$$

となる。これから１つの重要な仮定をする。「遠くに行けば、電流はない」という仮定だ。この問題のすべての電流は、大きな実験室の中に含まれて

いるので、Jのすべての成分は無限遠でゼロになる。もし、無限遠でゼロにならない電流が存在する状況に出くわしたら、それは特別な場合として扱わなければならない。しかし通常の実験では、実験室は隔離され、密閉されており、その外には電流は存在しないと仮定することができる。

和を取った積分の中の、ある特定の項を見てみよう。

$$-\int J^1 \frac{\partial S}{\partial X^1}\, d^4x$$

という項があるが、これは次のように書ける。

$$-\int J^1 \frac{\partial S}{\partial x}\, d^4x$$

このシリーズの前の本を読んだ人なら、もうこの先がわかっているはずだ。これから、部分積分という重要なテクニックを使う。今はx成分だけを考えているので、この項はxに関する積分として扱い、d^4xのうち$dydzdt$の部分は無視する。部分積分を行うには、微分を別の因子の側に施し、全体の符号を変更すればよい[6]。つまり、積分を次のように書き換えることができる。

$$\int \frac{\partial J^1}{\partial x}\, S\, d^4x$$

式(10.26)の次の項で同じことをするとどうなるか。次の項は

$$J^2 \frac{\partial S}{\partial X^2}$$

である。この項はJ^1項と同じ数学的形式を持つので、同じような結果が得

6　一般に、部分積分には境界項と呼ばれる項が追加される。しかしJが遠方でゼロになるという仮定により、境界項を無視できる。

られる。じつは、式 (10.26) の4つの項はすべてこのパターンにしたがっており、縮約を使ってまとめることができる。その結果、式 (10.26) を

$$\int \frac{\partial J^{\mu}}{\partial X^{\mu}} S \, d^4x$$

または

$$\int \partial_{\mu} J^{\mu} \; S \, d^4x$$

と書きなおせる。この積分の和 $\partial_{\mu} J^{\mu}$ に見覚えはないだろうか。そう、これは連続の式 (10.25) の左辺にすぎない。連続の式が正しければ、この項も、積分全体もゼロでなければならない。もし電流が連続の式を満たすなら、そして連続の式を満たす場合のみ、奇妙に見える項

$$\text{ラグランジアンの変更} = J^{\mu}(x) A_{\mu}(x) \tag{10.27}$$

をラグランジアンに加えることで、ゲージ不変になる。

この新しい項は運動方程式にどのような影響を与えるのだろうか。ここで、真空に対する導出を簡単に復習しておこう。まず、オイラー・ラグランジュ方程式から始める。

$$\frac{\partial}{\partial X^{\mu}} \quad \frac{\partial \mathcal{L}}{\partial A_{\nu,\mu}} = \frac{\partial \mathcal{L}}{\partial A_{\nu}}$$

次にこの方程式を、場 A の各成分についてくわしく調べてみると、左辺は次のようになる。

$$\frac{\partial F^{\mu\nu}}{\partial X^{\nu}}$$

右辺はもちろんゼロである。この結果は、真空に対する元のラグランジア

ンである式（10.17）に基づいている。

新しい項（式（10.27））はAそのものを含むが、Aの微分を含まないので、オイラー・ラグランジュ方程式の左辺には何の影響も及ぼさない。右辺はどうだろう。式（10.27）をA_{μ}で微分すると、J^{μ}が得られるだけである。運動方程式は次のようになる。

$$\frac{\partial F^{\mu\nu}}{\partial X^{\nu}} = J^{\mu} \tag{10.28}$$

これが、我々が探していたマクスウェル方程式である。もちろん、マクスウェル方程式の後半を構成する4つの方程式である。

$$\vec{\nabla} \cdot \vec{E} = \rho$$

$$c^2 \vec{\nabla} \times \vec{B} - \frac{\partial \vec{E}}{\partial t} = \vec{j}$$

まとめよう。我々は、マクスウェル方程式が、作用またはラグランジアンの形式から導かれることを見た。さらに、ラグランジアンはゲージ不変であるが、それは電流の4元ベクトルが連続の式を満たしている場合のみである。もし電流が連続性を満たさない場合はどうなるのか。答えは、方程式が単純に矛盾することになる。式（10.28）から、両辺を微分することでその矛盾がわかる。

$$\frac{\partial^2 F^{\mu\nu}}{\partial X^{\mu} \partial X^{\nu}} = \frac{\partial J^{\mu}}{\partial X^{\mu}}$$

右辺は連続の式で出てくる式そのままである。左辺は$F_{\mu\nu}$が反対称なので自動的にゼロになる。連続の式（右辺の量がゼロ）が満たされないと矛盾することになる。

第11章
場と古典力学

「イラっとするな、レニー。君は方程式が作用原理から来るものだと言い続けているね。作用はエレガントな考えだと納得させられたけど、誰かが言ったように、『エレガンスは仕立て屋のためにある』のだ。正直なところ、なぜ物理学にエレガンスが必要なのかわからない。」

「不機嫌になるな、アート。それには理由があるんだ。君たち自身に方程式を作らせると、エネルギーが保存されなくなるに違いない。エネルギーが保存されない世界というのは、かなり奇妙なものだ。突然太陽が出なくなったり、車が意味もなく動き出したりするんだ。」

「なるほど、わかった。ラグランジアンは保存則につながるんだよね。古典力学で習った。ネーターの定理だったっけ。でも、エネルギー保存と運動量保存の話はほとんどしてないよね。電磁場には本当に運動量があるかい？」

「あるんだよ。エミーがそれを証明できるよ。」

11.1 場のエネルギーと運動量

電磁場には明らかにエネルギーがある。太陽の下に数分立つと暖かさを感じるのは、太陽光のエネルギーが皮膚に吸収されたからである。吸収されたエネルギーは皮膚の分子運動を励起し、熱となる。エネルギーは保存される量であり、電磁波はそれを運んでいるのだ。

電磁波には運動量も含まれているが、それを検出するのは簡単ではない。太陽光が皮膚に吸収されると、運動量が移動し、あなたに力や圧力がかかる。幸いなことに、その力は微弱で、日光の下に立っていても、それほど押されることはない。しかしわずかではあるが、押されているのは事実だ。将来の宇宙旅行では、太陽光（あるいは星明かり）の圧力を大きな帆に利用して、宇宙船を加速させることができるかもしれない（図11.1）。これが実用化されるかどうかは別として、その効果は本物である。光は運動量を持ち、それが吸収されると、力を発揮するのである[1]。

エネルギーと運動量は、場の理論と古典力学をつなぐ重要な概念である。まず、エネルギーと運動量という言葉が実際に何を意味しているのか、くわしく見てみることにしよう。

古典力学の概念については、本シリーズの第一巻で紹介されているので、本章ではその内容をよく理解していることを前提に話を進めていく。

11.2 3種類の運動量

これまで、3つの異なる運動量の概念を見てきた。これらは同じものを3つの視点で考えたものではなく、3つの異なるもの（一般に異なる数値を持つもの）について考える3通りの方法である。最初のもっとも単純な概

1　この考えに基づく実験宇宙船IKAROSについては、https://en.m.wikipedia.org/wiki/IKAROSを参照のこと。

図11.1　太陽帆。光の波は運動量を運んでいる。光の波は物体に圧力をかけ、それを加速させる。

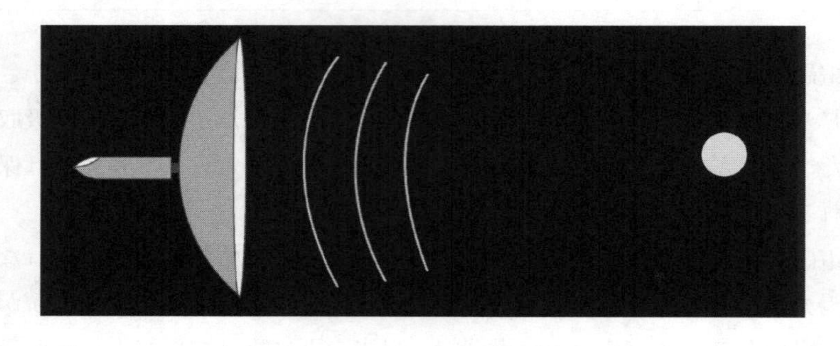

念は、力学的運動量である。

11.2.1 力学的運動量

非相対論的物理学では、力学的運動量は$\vec{p}$と書かれ、それは質量×速度にすぎない。より正確には、系の全質量に質量中心の速度を掛けたものである。これはベクトル量であり、3つの空間成分p_x, p_y, p_zを持つ。1個の粒子の場合、成分は次のように書ける。

$$\begin{aligned} p_x &= m\dot{x} \\ p_y &= m\dot{y} \\ p_z &= m\dot{z} \end{aligned} \tag{11.1}$$

番号iでラベル付けされた粒子の集合の場合は、力学的運動量の成分は

$$p_x = \sum_i m_i \dot{x}_i \tag{11.2}$$

と書け、y成分、z成分についても同様である。相対論的粒子も

$$p_x = \frac{m\dot{x}}{\sqrt{1 - v^2/c^2}} \tag{11.3}$$

で与えられる力学的運動量を持っている。

11.2.2 正準運動量

正準運動量は、どのような自由度にも適用できる抽象的な量である。ラグランジアン[2]に現れるどの座標に対しても、正準運動量が存在する。ラグランジアンが抽象的な座標q_iの集合に依存するとする。この座標は、粒子の空間座標かもしれないし、回転する車輪の角度かもしれない。また、場の理論の自由度を表す場であってもよい。各座標は共役の正準運動量を持っており、記号Π_iで表されることが多い。Π_iはラグランジアンを$\dot{q}_i$で微分したものとして定義される。

$$\Pi_i = \frac{\partial L(q_i, \dot{q}_i)}{\partial \dot{q}_i}$$

座標q_iがたまたまxで、ラグランジアンがたまたま

$$L = \frac{1}{2} m\dot{x}^2 - V(x)$$

だった場合（$V(x)$はポテンシャルエネルギー関数）、正準運動量は力学的運動量と同じである。

問題の座標が粒子の位置を表していても、正準運動量が力学的運動量でない場合がある。実際、我々は第6章ですでにその例を見ている。6.3.2節と6.3.3節は、電磁場中の荷電粒子の運動について述べているが、（式(6.18)より）ラグランジアンは

2　ここではラグランジアンとして$\mathcal{L}$ではなく記号Lを用いる。

$$L = -m\sqrt{1-\dot{x}^2} + eA_0(x) + e\dot{X}^p A_p(x)$$

であり、速度が複数の項に現れることがわかる。正準運動量は(式(6.20)から)、

$$\frac{\partial L}{\partial \dot{X}_p} = m\frac{\dot{X}_p}{\sqrt{1-\dot{x}^2}} + eA_p(x)$$

である。この量をΠ_pと呼ぶ。右辺の第1項は(相対論的な)力学的運動量と同じである。しかし、第2項は力学的運動量とは関係ない。これはベクトルポテンシャルを含んでおり、何か新しいものである。古典力学をハミルトン形式で展開するときは、つねに正準運動量を使う。

多くの場合、系を記述する座標は粒子の位置とは関係がない。場の理論は、空間の各点における場の集合によって記述される。たとえば、ある簡単な場の理論のラグランジアン密度は

$$L = \frac{1}{2}\left\{(\partial_t\phi)^2 - (\partial_x\phi)^2\right\}$$

である。この理論で$\phi(x)$に共役な正準運動量は

$$\Pi(x) = \frac{\partial L}{\partial \dot{\phi}} = \dot{\phi} \tag{11.4}$$

である。この「場の運動量」は、通常の力学的運動量の概念とはわずかにしか関連していない。

11.2.3 ネーター運動量[3]

ネーター運動量は対称性に関連している。ある系が一組の座標あるいは自由度q_iによって記述されているとしよう。ここで、座標を少しずらす

3　この量の標準的な名前を知らないので、ここではネーター運動量という言葉を用いる。

ことによって系の配置を変えてみる。これを次のような形で書こう。

$$q_i \longrightarrow q_i + \delta_i \tag{11.5}$$

この小さな変位δ_iは座標に依存してもよい。これを一般的に書き表すと

$$\delta_i = \epsilon f_i(q)$$

となる。ここでϵは無限小の定数で、$f_i(q)$は座標の関数である。

もっとも簡単な例は、空間における系の平行移動である。粒子系（粒子はnで番号づけられている）はx軸方向に距離ϵだけ一様に移動させることができる。これを式で

$$\delta X_n = \epsilon$$

$$\delta Y_n = 0$$

$$\delta Z_n = 0$$

と表す。それぞれの粒子はx軸に沿って距離ϵだけ移動するが、y方向やz方向の位置は変わらない。系のポテンシャルエネルギーが粒子間の距離にのみ依存するのであれば、このように系を動かしてもラグランジアンの値は変わらない。この場合、並進対称性があると言う。

もう1つの例は、2次元で原点を中心に回転する場合である。座標X, Yを持つ粒子は、$X + \delta X, Y + \delta Y$に移動することになる。

$$\begin{aligned} \delta X &= -\epsilon Y \\ \delta Y &= \epsilon X \end{aligned} \tag{11.7}$$

これが角度ϵだけ原点回りに粒子を回転させることに相当することを確認してほしい。このときラグランジアンが変化しなければ、この系は回転不変性を持っていると言える。

ラグランジアンの値を変えないような座標変換を対称操作と呼ぶ[4]。ネーターの定理によれば、ある対称操作があってラグランジアンが変化しない場合、保存量（ここではQと呼ぶ）が存在する[5]。この量は、力学的運動量や正準運動量と等しいかもしれないし、等しくないかもしれない。それが何であるか思い出してみよう。

座標の移動は、次の式

$$q'_i = q_i + \delta q_i = q_i + \epsilon f_i(q) \tag{11.8}$$

で表すことができる。ここでδq_iは座標q_iに対して無限小の変化を表し、関数$f_i(q)$はq_iだけでなくすべてのqに依存する。式(11.8)の座標変換が対称操作であるとすれば、ネーターの定理により、

$$Q = \sum_i \Pi_i f_i(q) \tag{11.9}$$

という量が保存される。Qはすべての座標に対して和を取ったものであり、それぞれの正準運動量Π_iからの寄与がある。

簡単な例として、qが1つの粒子のx座標だった場合を考えよう。座標を平行移動させると、xはxの値とは独立なわずかな距離だけ変化する。この場合、δq（またはδx）は単なる定数であり、座標を移動させる量である。対応するfは単に1である。保存量Qには1つの項しかなく、

4　ここでは、能動的な変換について話している。つまり、すべての場とすべての電荷を含む実験室全体を、空間の別の場所に移動させることを指している。これは、座標を変更するだけの受動的な変換とは異なる。

5　ネーターの定理については、本シリーズの第一巻「力学」で解説している。ネーターの貢献については、https://en.m.wikipedia.org/wiki/Emmy_Noether を参照のこと。

$$Q = \Pi f(q) \tag{11.10}$$

と書ける。$f(q) = 1$なので、Qは系の正準運動量にすぎないことがわかる。単純な非相対論的な粒子の場合、それは単なる普通の運動量である。

11.3 エネルギー

運動量とエネルギーは親戚関係にあり、実際、4元ベクトルの空間成分と時間成分である。相対性理論における運動量保存の法則が、4成分すべての保存を意味することは驚くにはあたらない。

古典力学におけるエネルギーの概念を思い出してみよう。エネルギーの概念が重要になるのは、ラグランジアンが時間座標tの移動に対して不変である場合である。時間座標を移動させるということは、"t"が"t＋定数"になることを意味する。ラグランジアンが時間軸の移動に対して不変であるということは、実験に関する質問の答えが実験の開始時間に依存しないことを意味する。

q_iと$\dot{q}_i$の関数であるラグランジアン$L(q_i, \dot{q}_i)$が与えられると、ハミルトニアンと呼ばれる量があり、それは次式で定義される。

$$H = \sum_i p_i \dot{q}_i - L \tag{11.11}$$

ハミルトニアンはエネルギーであり、孤立した系では保存される。簡単な例に戻ろう。qが1つの粒子のx座標であり、ラグランジアンは次の形である。

$$L = \frac{1}{2} m\dot{x}^2 - V(x) \tag{11.12}$$

この系のハミルトニアンは何だろうか。正準運動量はラグランジアンを速

度で微分したものである。この例の場合、速度$\dot{x}$は最初の項にだけ現れるので、正準運動量p_iは

$$p_x = m\dot{x}$$

となる。p_iに$\dot{q}_i$（この例の場合$\dot{x}$となる）を掛けると、結果は$m\dot{x}^2$である。次に、ラグランジアンを差し引く。その結果、

$$H = m\dot{x}^2 - \left[\frac{1}{2}m\dot{x}^2 - V(x) \right]$$

あるいは

$$H = \frac{1}{2}m\dot{x}^2 + V(x)$$

となる。これは運動エネルギーとポテンシャルエネルギーの和である。いつもそんなに簡単なのだろうか。

式（11.12）の単純なラグランジアンは、$\dot{x}^2$に依存する項が1つと、$\dot{x}$をまったく含まない項が1つある。このようにラグランジアンがきれいに分離されていると、運動エネルギーは$\dot{x}^2$の項、ポテンシャルエネルギーはそれ以外の項と識別しやすくなる。ラグランジアンがこのように単純な形（速度の2乗から速度に依存しないものを引いた形）であれば、余計なことをしなくても、速度を含まない項の符号を反転させるだけでハミルトニアンになるのだ。

ラグランジュの方程式が式（11.11）の右辺すべてに適用されると、ハミルトニアンは保存する。ハミルトニアンは時間とともに変化しないのである[6]。ラグランジアンがこのような単純な形式であろうとなかろうと、系の

6　よりくわしい説明は、本シリーズの第一巻を参照のこと。

全エネルギーはハミルトニアンと定義される。

11.4 場の理論

場の理論は、通常の古典力学の特殊なケースである。すべてを相対論的に書こうとすると、その密接な関係が少し曖昧になる。すべての方程式を明示的にローレンツ不変にすることはあきらめた方がよいだろう。その代わり、特定の時間座標を持つ特定の基準座標系を選び、その座標系の中で作業することにする。後で、ある座標系から別の座標系への切り替えの問題を取り上げる。

古典力学では、時間軸と座標の集合（$q_i(t)$ と呼ぶ）がある。また、停留作用の原理があり、作用はラグランジアンの時間積分として定義される。

$$\text{作用} = \int L(q_i, \dot{q}_i)\,dt$$

ラグランジアン自体は、すべての座標とその時間微分に依存する。これら、時間軸、時間依存の座標、作用積分、そして停留作用の原理がすべてなのである。

11.4.1 場のラグランジアン

場の理論にも、時間軸や、時間に依存する座標や自由度がある。しかし、この場合の座標とは何だろうか。

場の理論では、１つの場に対して、場の変数 ϕ を座標の集合として見ている。これは奇妙に思えるが、場の変数 ϕ は時間だけでなく、位置にも依存することを忘れてはならない。この位置への依存性が、古典力学で粒子を特徴づける変数 q_i と異なる点である。

ここで仮に、ϕ の位置依存性が連続ではなく、離散的であると仮定してみよう。図11.2はこの考えを模式的に示したものである。縦線は ϕ_1、ϕ_2 などの1つの自由度を表している。これらを総称して ϕ_i と呼ぶことにする。

図11.2　場の理論の要素。ϕが離散的であることにすれば、古典力学でq_iを考えるのと同じようにϕ_iを考えることができる。添字のiは独立な自由度を表すラベルである。

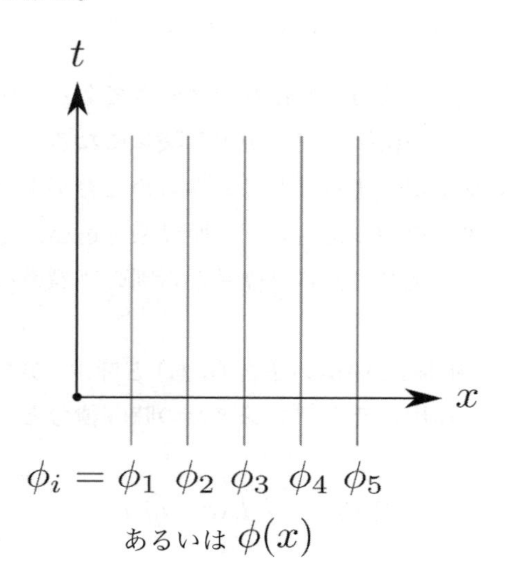

この命名は、古典力学の座標ラベル（q_iなど）を模したものである。このようにすることで、2つの考え方を強調することができる。

1. 各ϕ_iは独立した自由度である。
2. 添字iは特定の自由度を識別するラベルにすぎない。

実際には、場の変数ϕは離散的な添字iではなく、連続的な変数xでラベル付けされ、$\phi\ (t, x)$という表記が使われる。ただし、xは系の座標ではなく、独立な自由度を表すラベルと考えることにする。場の変数$\phi\ (t, x)$は、xの値ごとに独立な自由度を表す。

このことは、物理モデルでさらに具体的に見ることができる。図11.3は、バネでつながれたおもりが一列に並んだものである。おもりは水平方向にしか動くことができず、それぞれのおもりの運動は、不連続な添字iでラ

図11.3　場のアナロジー。バネでつながれたおもりのような離散的な自由度の集合を考えよう。それぞれの自由度に添字を付けてφ_iと書く。今、おもりが小さくなり、より密に配置されるようになったとする。極限では、小さなおもりが無限個、かぎりなく密に配置されることになる。この極限では、おもりは離散的ではなく、連続的に（場のように）なる。こうなると、自由度はφ_iではなく、$\varphi(x)$とラベル付けするほうがよい。

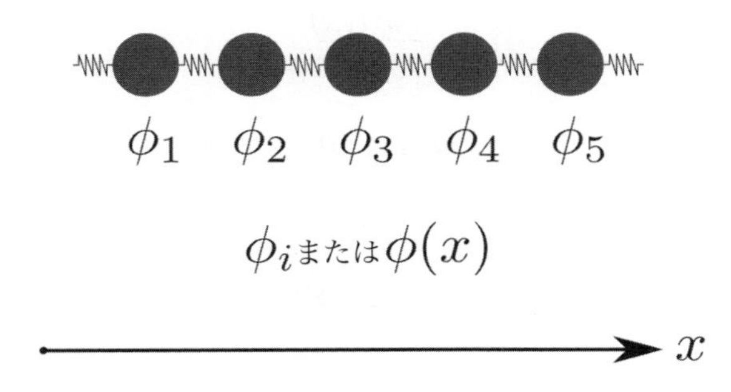

ベル付けされた独立した自由度q_iで表される。さらにおもりを詰め込み、その間に小さなばねを挟んでいくと、連続的な質量の分布に似てくる。その極限では、自由度を不連続な添字iの集合ではなく、連続的な変数xでラベル付けすることになる。この考え方は、古典場に対して成り立つ。古典場が連続だからである。

　微分についてはどうだろうか。予想通り、場のラグランジアンは場の変数の時間微分$\dot{\phi}$に依存する。しかし、ϕの空間微分にも依存する。つまり、次のような量に依存するのである。

$$\frac{\partial \phi}{\partial x}$$

これは、ラグランジアンに含まれる微分が$\dot{q}_i$のような時間微分だけである古典的な粒子の力学とは異なる。場の理論のラグランジアンは、通常、

$$\phi(t, x)$$

$$\dot{\phi}(t, x)$$

や

$$\frac{\partial\phi(t, x)}{\partial x}$$

などの量に依存する。しかしϕのxについての微分は何か。それは

$$\frac{\phi(x+\epsilon)-\phi(x)}{\epsilon}$$

と定義される。ここでϵは微小な値である。この意味で、空間微分はϕの関数そのものであり、もっとも重要なことは、空間微分には$\dot{\phi}$が含まれないということである。ラグランジアンの空間微分への依存は、ϕそのものへの依存を反映していることになる。この場合、空間的に隣接する2つのϕに同時に依存するのである。

11.4.2 場の作用

ここで、作用とはどういう意味か考えてみよう。古典力学における作用は、つねに時間積分で与えられる。

$$作用 = \int dtL\left(\phi,\ \dot{\phi},\ \frac{\partial\phi}{\partial x}\right)$$

しかし、場の場合は、ラグランジアンそのものが空間積分となる。これは以前の例で見たとおりである。積分の時間部分を空間部分から切り離すと、作用は次のように書ける。

$$\text{作用} = \int dt L\left(\phi,\ \dot{\phi},\ \frac{\partial \phi}{\partial x}\right)$$
$$= \int dt \int d^3x \mathcal{L}\left(\phi,\ \dot{\phi},\ \frac{\partial \phi}{\partial x}\right) \qquad (11.13)$$

ラグランジアンをL、ラグランジアン密度を$\mathcal{L}$という記号で表している。この表記のポイントは、時間微分と空間微分を混同しないようにすることである。

11.4.3 場のハミルトニアン

場のエネルギーは、時間の並進移動に関連して普遍的に保存されるエネルギーの一部である。場のエネルギーを理解するためには、ハミルトニアンを構築する必要がある。そのためには、一般化された座標(q)、それに対応する速度と正準運動量($\dot{q}$とp)、そしてラグランジアンを特定する必要がある。場の理論における座標は$\phi\ (t, x)$であることはすでに見たとおりである。対応する速度は$\dot{\phi}\ (t, x)$である。これは空間における速度ではなく、空間のある点における場の変化の速さを示す量である。ϕと共役な正準運動量は、ラグランジアンを$\dot{\phi}$で微分したものである。これは次のように書くことができる。

$$\Pi_\phi(x) = \frac{\partial \mathcal{L}}{\partial \dot{\phi}}(x)$$

ここで$\Pi_\phi\ (x)$はϕに共役な正準運動量である。上式の両辺は位置の関数である。もし問題の中にϕ_1、ϕ_2、ϕ_3のような多くの場があれば[7]、それぞれに関連する異なる$\Pi\ (x)$が存在する。これらの準備が整うと、ハミルトニアンが書ける。式(11.11)で定義されるハミルトニアン

7　訳者注：このϕ_1、ϕ_2、ϕ_3は、それぞれがxの関数なので$\phi_1(x)$、$\phi_2(x)$、$\phi_3(x)$と書け、3つの場を表す。前述の議論で$\phi\ (x)$のxを離散化し、$\phi_i\ (i=1, 2, 3\cdots)$という量を考えたが、これは1つの場にすぎない。記号は同じであるが全くの別物であることに注意してほしい。

$$H = \sum_i p_i \dot{q}_i - L$$

は、iに関する和が取られている。しかし、今回の問題でiは何を表すことになるのだろうか。それは自由度のラベルである。場は連続なので、その自由度は実数変数xでラベル付けされ、iの和はxによる積分に変わる。p_iを$\Pi_\phi(x)$に置き換え、$\dot{q}_i$を$\dot{\phi}(x)$に置き換えると、次のような積分に変わる。

$$\sum_i p_i \dot{q}_i \Longrightarrow \int d^3x \Pi_\phi(x) \dot{\phi}(x)$$

この積分をハミルトニアンにするためには、全ラグランジアンLを差し引かなければならない。

$$L = \int d^3x \mathcal{L}\left(\phi,\ \dot{\phi},\ \frac{\partial \phi}{\partial x}\right)$$

これも空間上の積分である。したがって、ハミルトニアンの両項を同じ積分の中に入れることができ、ハミルトニアンは次のようになる。

$$H = \int d^3x \left[\Pi_\phi(x)\dot{\phi}(x) - \mathcal{L}\right]$$

この式の興味深いところは、エネルギーが空間積分として表現されているところである。すなわち、被積分関数そのものはエネルギー密度である。これはすべての場の理論に共通した特徴である。エネルギーのような保存量は、密度を空間にわたって積分したものなのだ。

ここで、これまで何度も使ってきた式(4.7)のラグランジアンに戻ろう。ここでは、ラグランジアン密度として見ることにする。空間を1次元だけにして簡略化したものを考える。

$$\mathcal{L} = \frac{1}{2}\dot{\phi}^2 - \frac{1}{2}\left(\frac{\partial\phi}{\partial x}\right)^2 - V(\phi) \tag{11.14}$$

第1項は運動エネルギーである[8]。Π_ϕは何だろうか。それは$\mathcal{L}$を$\dot{\phi}$で微分したものであり、結果は$\dot{\phi}$である。つまり

$$\Pi_\phi = \dot{\phi}$$

であり、ハミルトニアン(エネルギー)は

$$H = \int dx \left[\Pi_\phi \dot{\phi} - \mathcal{L}\right]$$

と書ける。Π_ϕを$\dot{\phi}$に置き換えると、

$$H = \int dx \left[(\dot{\phi})^2 - \mathcal{L}\right]$$

となる。$\mathcal{L}$の式を代入すると、

$$H = \int dx \left[(\dot{\phi})^2 - \left\{\frac{1}{2}(\dot{\phi})^2 - \frac{1}{2}\left(\frac{\partial\phi}{\partial x}\right)^2 - V(\phi)\right\}\right]$$

あるいは

8　相対性理論に戻ると、右辺の最初の2項はスカラーであり、$\frac{1}{2}\partial_\mu\phi\partial^\mu\phi$のように1項にまとめられる。これは相対論的な美しい式だが、今はこの形式は使わない。代わりに、時間微分と空間微分を別々に記述しておくことにしよう。

$$H = \int dx \left[\frac{1}{2} (\dot{\phi})^2 + \frac{1}{2} \left(\frac{\partial \phi}{\partial x} \right)^2 + V(\phi) \right] \tag{11.15}$$

が得られる。式(11.14)(ラグランジアン密度)には、時間微分$\dot{\phi}^2$を含む運動エネルギー項がある。第2項と第3項(ϕの空間微分と$V(\phi)$)は、時間微分を含まないエネルギーの部分であり、ポテンシャルエネルギーとしての役割を果たしている[9]。この例では、ハミルトニアンは運動エネルギーとポテンシャルエネルギーからなり、系の全エネルギーを表している。これに対して、ラグランジアンは運動エネルギーからポテンシャルエネルギーを差し引いたものである。

$V(\phi)$の項は一旦脇に置いて、時間微分や空間微分を含む項を考えてみよう。これらの項は両方とも2乗の形をしているので正(またはゼロ)である。ラグランジアンには正の項と負の項があり、必ずしも正とはかぎらない。しかし、エネルギーは非負の項しか持たない。もちろん、これらの項がゼロになることもある。しかし、そうなるにはϕが一定でなければならない。ϕが一定なら、その微分はゼロでなければならないからだ。エネルギーが通常負にならないのは当然といえば当然だろう。

$V(\phi)$はどうだろうか。この項は正にも負にもなりうる。しかしその関数に下限があるのならば、定数を加えることで簡単に正の値になるように調整できる。$V(\phi)$に定数を加えても、運動方程式は何も変わらない。しかし、$V(\phi)$に下限がない場合、理論が安定せず、すべてが地獄に落ちる。そのような理論には一切関わりたくない。だから$V(\phi)$、ひいては全エネルギーが、0か正であると仮定してよいのだ。

11.4.4 有限のエネルギーの帰結

xが単なるラベルで、$\phi(t, x)$がxの値ごとに独立した自由度だとする

9　$V(\phi)$を場のポテンシャルエネルギーと呼ぶこともあるが、両項の組み合わせでポテンシャルエネルギーと考えた方が正確である。ポテンシャルエネルギーには、時間微分を含まない項をすべて含める必要がある。

と、ϕがある点から別の点へ大きく変化することは何によって防がれているのだろうか。$\phi(t, x)$が滑らかに変化するための条件はあるのだろうか。仮にその逆、つまり図11.2において隣り合う点の間でϕの値が急激に跳ね上がることがあるとしよう。その場合、勾配（または空間微分）は、点の間の距離が小さくなるにつれて巨大になる[10]。

つまり、エネルギー密度は点の間の距離が小さくなるにつれて無限大になる。エネルギーが無限大に膨れ上がらないような構成に興味があるのなら、これらの微分は有限でなければならない。有限の微分値を得るためには、$\phi(t, x)$は滑らかでなければならず、このことがϕが点から点へと荒々しく変化することにブレーキをかけている。

11.4.5 ゲージ不変性による電磁場

エネルギーと運動量に関するこれらの考え方を、どのように電磁場に適用すればよいのだろうか。先ほど見たラグランジアンの式が使えるのは確かである。場はベクトルポテンシャルA_μの4成分である。場のテンソル$F^{\mu\nu}$は、これらの成分の空間微分と時間微分で書かれている。そして$F^{\mu\nu}$の成分を2乗して足し合わせるとラグランジアンになる。いずれにしても、電磁場の場合、場は1つではなく4つある[11]。

しかしゲージ不変性に基づく便利な単純化の方法がある。この単純化は我々の作業を容易にするだけでなく、ゲージ不変性に関するいくつかの重要な考え方を示している。ベクトルポテンシャルは一意ではないので、物理に影響を与えないように上手に変更できることもある。これは、座標系を自由に選択できることと同じで、その自由度を利用して方程式を簡単にすることができるのだ。今の場合、ゲージ不変性を利用することで、ベクトルポテンシャルの4成分すべてに気を配るのではなく、3成分だけを扱

10　微分が何であるかを思い出してほしい。隣接する2点の間のϕの変化を、2点間の距離で割ったものだ。あるϕの変化に対して、その距離が小さいほど、微分は大きくなる。

11　主に相対論的な単位（c=1）で扱う。相対的なスケールが重要な場合には、光の速度を一時的に元に戻すこともある。

えばよいということになる。

ゲージ変換とは何か。それはベクトルポテンシャルA_μに任意のスカラーSの勾配を加える変換である。すなわち、次のような置き換えである。

$$A_\mu \Longrightarrow A_\mu + \frac{\partial S}{\partial X^\mu}$$

この自由度を利用して、A_μを単純化するような形でSを選べばよい。ここでは、時間成分A_0がゼロになるようにSを選ぶことにしよう。A_0はA_μの時間成分なので、Sの時間微分だけが気になる。つまり、

$$A_0 + \frac{\partial S}{\partial t} = 0$$

または

$$\frac{\partial S}{\partial t} = -A_0$$

となるようなSを選びたい。それは可能だろうか。答えはイエスだ。ここで、$\frac{\partial S}{\partial t}$は空間の固定された位置での時間微分であることを思い出そう。その位置において、つねに時間微分があらかじめ指定された関数$(-A_0)$になるようにSを選ぶことができる。この変換により、新しいベクトルポテンシャル

$$(A')_\mu = A_\mu + \frac{\partial S}{\partial t}$$

は時間成分がゼロになる。Sを特定の関数に選ぶことをゲージの固定という。ローレンツゲージ、放射ゲージ、クーロンゲージなど、ゲージにはいろいろな名前がついている。$A_0 = 0$とするゲージは「$A_0 = 0$ゲージ」と呼ばれている。他のゲージの選択も可能で、いずれも物理には影響しないが、$A_0 = 0$ゲージは我々の目的にはとくに便利である。このようなゲージの選

択に基づいて、

$$A_0 = 0$$

と書くことにする。これにより、ベクトルポテンシャルから時間成分が完全に排除される。残るは空間成分

$$A_m(x)$$

だけだ。このゲージを用いたとき、電場と磁場はどのようになるだろうか。ベクトルポテンシャルから、電場は次のように定義されている(式(8.7)参照)。

$$\vec{E} = -\frac{\partial \vec{A}}{\partial t} + \vec{\nabla} A_0$$

しかしA_0を0にすると、第2項がなくなり、より簡単な式になる。

$$\vec{E} = -\frac{\partial \vec{A}}{\partial t} \tag{11.16}$$

電場はベクトルポテンシャルの時間微分にすぎない。磁場はどうか。磁場はベクトルポテンシャルの空間成分のみに依存するので、先ほどのゲージの選択には影響されない。したがって、

$$\vec{B} = \vec{\nabla} \times \vec{A} \tag{11.17}$$

という式はそのままだ。これでA_μの時間成分を完全に無視できるようになり、物事が単純化される。$A_0 = 0$ゲージでの自由度は、ベクトルポテンシャルの空間成分だけである。

$A_0 = 0$ ゲージにおけるラグランジアンの形を考えてみよう。場のテンソ

ルに関して、ラグランジアンが次のようになること(式(10.17))を思い出してほしい。

$$\mathcal{L} = -\frac{1}{4} F_{\mu\nu} F^{\mu\nu} \tag{11.18}$$

しかし(式(10.18)で見たように)それはたまたま電場の2乗から磁場の2乗を引いたものの $\frac{1}{2}$ 倍に等しい。

$$\mathcal{L} = \frac{1}{2} (E^2 - B^2) \tag{11.19}$$

式(11.19)の第一項は

$$\frac{1}{2} E^2$$

である。しかし式(11.16)から、これは

$$\frac{1}{2} \left(\frac{\partial \vec{A}}{\partial t} \right)^2$$

と等しいことがわかる。この置き換えにより、式(11.19)は式(11.14)

$$\mathcal{L} = \frac{\dot{\phi}^2}{2} - \frac{(\partial_x \phi)^2}{2} - V(\phi)$$

の形に近づきつつある。$\frac{1}{2}\left(\frac{\partial \vec{A}}{\partial t} \right)^2$ は1つの項ではなく、3つの項であることに注目しよう。A_x, A_y, A_z の時間微分の2乗を含んでいるのだ。これは式(11.14)の $\frac{\dot{\phi}^2}{2}$ 項とまったく同じタイプの項の和であり、ベクトルポテンシャルの各成分に対して1つの項が存在している。展開して書き下すと、

$$\frac{1}{2} \left[\left(\frac{\partial A_x}{\partial t} \right)^2 + \left(\frac{\partial A_y}{\partial t} \right)^2 + \left(\frac{\partial A_z}{\partial t} \right)^2 \right]$$

となる。式(11.19)の第2項はAの回転の2乗である。ラグランジアン密度全体は

$$\mathcal{L} = \frac{1}{2}\left(\frac{\partial \vec{A}}{\partial t}\right)^2 - \frac{1}{2}\,(\vec{\nabla} \times \vec{A})^2 \tag{11.20}$$

または

$$\mathcal{L} = \frac{1}{2}\left[\left(\frac{\partial A_x}{\partial t}\right)^2 + \left(\frac{\partial A_y}{\partial t}\right)^2 + \left(\frac{\partial A_z}{\partial t}\right)^2\right] - \frac{1}{2}\,(\vec{\nabla} \times \vec{A})^2 \tag{11.21}$$

となる。時間微分の2乗から空間微分の2乗を引いた形になっており、式(11.14)との類似性はさらに高まっている。

ベクトルポテンシャルの特定の成分に共役な正準運動量は何だろうか。定義によれば、それは

$$\Pi_A = \frac{\partial \mathcal{L}}{\partial(\partial_t A)}$$

であり、それは単に

$$\Pi_A = \frac{\partial A}{\partial t}$$

である。成分で書くと、

$$\Pi_x = \frac{\partial A_x}{\partial t}$$

$$\Pi_y = \frac{\partial A_y}{\partial t}$$

$$\Pi_z = \frac{\partial A_z}{\partial t}$$

となる。一方、Aの時間微分は電場にマイナス記号を付けたものである。そこから面白いことがわかる。正準運動量は、電場の成分にマイナス記号を付けたものなのだ。つまり

$$\Pi_x = \frac{\partial A_x}{\partial t} = -E_x$$

$$\Pi_y = \frac{\partial A_y}{\partial t} = -E_y$$

$$\Pi_z = \frac{\partial A_z}{\partial t} = -E_z$$

である。したがって、ベクトルポテンシャルに共役な正準運動量の物理的な意味は、電場(正確にはマイナス記号を付けたもの)なのだ。

ハミルトニアンは何か

ラグランジアンがわかったので、ハミルトニアンを書き下そう。ハミルトニアンを正式な手順に沿って構築することは可能だが、今回はその必要はない。なぜなら我々のラグランジアンは、時間微分の2乗に依存する運動エネルギー項と、時間微分を持たないポテンシャルエネルギー項の差の形になっているからである。ラグランジアンがこのような形(「運動エネルギー」－「ポテンシャルエネルギー」)であるとき、答えは決まっている。ハミルトニアンは運動エネルギーにポテンシャルエネルギーを加えたものになる。したがって電磁場のエネルギーは

$$H = \frac{1}{2}(E^2 + B^2) \tag{11.22}$$

と書ける。もう一度言うが、ラグランジアンは必ずしも正ではない。とくに、電場がなく磁場がある場合、ラグランジアンは負になる。しかしエネルギー$\frac{1}{2}(E^2 + B^2)$は正になる。では、軸に沿って進む電磁波の平面波はどうなるだろうか。第10章で見た例では、ある方向にE成分、その垂

直方向にB成分を持っていた。B成分の偏光の向きはE成分の向きと直交しているが、B成分の波の大きさと位相はE成分と同じである。このことから、電場と磁場は、エネルギーが同じであることがわかる。z軸を進む電磁波は、電気エネルギーと磁気エネルギーの両方を持ち、その寄与は同じなのである。

運動量密度

電磁波はどれくらいの運動量を持つのか。11.2.3節のネーター運動量の概念に戻ろう。ネーターの定理を使うには、まず対称性を特定することが必要だ。運動量保存に関連する対称性は、空間方向に沿った並進対称性である。たとえば、ある系をx軸に沿って小さな距離ϵだけ平行移動させる(図11.4参照)。それぞれの場$\phi(x)$は、$\phi(x-\epsilon)$に置き換えられる。したがって、$\phi(x)$の変化は

$$\delta\phi = \phi(x-\epsilon) - \phi(x)$$

となり、(ϵが無限小の場合)次のようになる。

$$\delta\phi = -\epsilon \frac{\partial\phi}{\partial x}$$

電磁気の場合、場はベクトルポテンシャルの空間成分である。これらの場の平行移動は次のようになる。

$$\begin{aligned} \delta A_x &= -\epsilon \frac{\partial A_x}{\partial x} \\ \delta A_y &= -\epsilon \frac{\partial A_y}{\partial x} \\ \delta A_z &= -\epsilon \frac{\partial A_z}{\partial x} \end{aligned} \tag{11.23}$$

図11.4　ネーターの定理で使う空間内のシフト。場$\phi(x)$の全体を右方向に（xの正の方向に）無限小量ϵだけずらす。特定の点でのϕの変化は$-\epsilon d\phi$である。

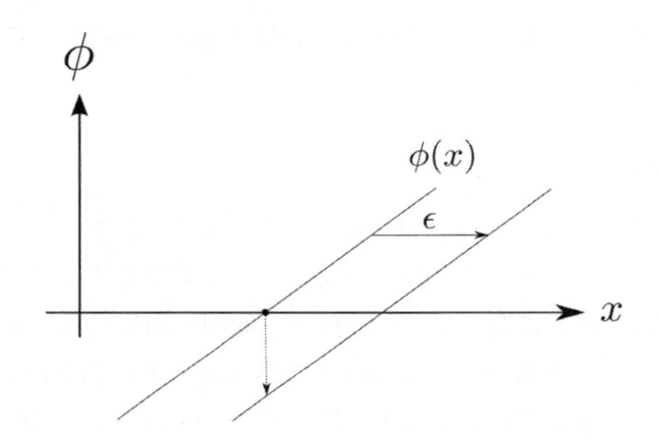

次に、式(11.9)から、この対称性に関連する保存量は次のような形になることを思い出そう。

$$Q = \sum_i \Pi_i f_i(q)$$

この場合、正準運動量は電場にマイナス記号を付けたもの

$$\Pi \longrightarrow -E$$

になり、f_iは式(11.23)でϵが掛かっている部分

$$f_i \longrightarrow -\frac{\partial A_i}{\partial x}$$

である。したがって、電磁場によって運ばれる運動量のx成分は

$$P_x = \int dx E_m \frac{\partial A_m}{\partial x}$$

で与えられる。もちろん、運動量の3成分すべてを得るためには、y方向とz方向についても同じことをすればよい。その結果

$$P_n = \int dx E_m \frac{\partial A_m}{\partial X^n} \tag{11.24}$$

が得られる。明らかに、エネルギーと同様に、電磁場の運動量も空間積分である[12]。したがって式(11.24)の被積分関数は、運動量密度であるとみなせる。

$$(\text{運動量密度})_n = E_m \frac{\partial A_m}{\partial X^n}$$

この運動量密度と式(11.22)のエネルギー密度を比較すると面白い。エネルギー密度は電場と磁場で直接表現されるが、運動量密度はベクトルポテンシャルを含んだままである。これは気になる点だ。電場と磁場はゲージ不変だが、ベクトルポテンシャルはゲージ不変ではない。しかしエネルギー密度や運動量密度などの量はどれも似ていて、EとBだけに依存した形になっていないとおかしいのではないか。事実、運動量密度をゲージ不変量にする簡単な方法があるのだ。

$$\frac{\partial A_m}{\partial X^n}$$

という量は磁場の式の一部である。じつは

$$-\frac{\partial A_n}{\partial X^m}$$

という項を足すことで、これを磁場の成分の形に変えることができるのだ。

12　これらの積分は一度に1つの空間成分を見ていることから、d^3xの代わりにdxと表記した。式(11.24)の被積分関数をより正確に表記するなら、$dX^n E_m \frac{\partial A_m}{\partial X^n}$となる。本文では、$dx$が適切な空間成分を参照していると理解できる、より単純な表記にすることにした。

この変化を上手に利用すれば、積分は

$$P_n = \int dx E_m \left(\frac{\partial A_m}{\partial X^n} - \frac{\partial A_n}{\partial X^m} \right)$$

と書き換えられる。しかし勝手に関数を足してしまってよいのだろうか。この項を追加すると、P_nはどのように変化するのだろうか。それを知るために、追加する項を見てみよう。

$$-\int dx E_m \frac{\partial A_n}{\partial X^m}$$

これを部分積分してみる。前に見たように、被積分関数が導関数と何らかの量の積で書かれているとき、微分をもう一方の微分に付け替え、マイナス記号を付ければよい[13]。

$$-\int dx E_m \frac{\partial A_n}{\partial X^m} = \int dx \frac{\partial E_m}{\partial X^m} A_n$$

ここで、mは和を取る添字なので、$\frac{\partial E_m}{\partial X^m}$の項は電場の発散を表わす。真空に対するマクスウェル方程式より、$\vec{\nabla} \cdot \vec{E}$はゼロである。つまり、追加の積分は結果を何も変えないのだ。これにより、P_nは電場と磁場で書くことができる。

$$P_n = \int dx E_m \left(\frac{\partial A_m}{\partial X^n} - \frac{\partial A_n}{\partial X^m} \right) \tag{11.25}$$

簡単な計算の後、被積分関数は実際にはベクトル$\vec{E} \times \vec{B}$であることがわかる。つまり、$\vec{E} \times \vec{B}$は運動量密度である。添字で書くのをやめて、標準的なベクトル表記に戻すと、式(11.25)は

13　ある距離を超えると場がゼロになるため、境界項は存在しないと仮定している。

$$\vec{P} = \int \vec{E} \times \vec{B}\, d^3x$$

と書ける。$\vec{P}$はベクトルであり、その方向から運動量の方向がわかる。運動量密度$\vec{E} \times \vec{B}$はポインティングベクトルと呼ばれ、$\vec{S}$と表記されることが多い。

ポインティングベクトルは、波がどのように伝播するかを教えてくれる。図10.1に戻って、伝播する波の最初の2つの半周期を見よう。最初の半周期では、$\vec{E}$が上を向き、$\vec{B}$がページの手前側を向いている。右手の法則にしたがえば、$\vec{E} \times \vec{B}$はz軸に沿って右を向いていることがわかる。これは、運動量（と波そのもの）が伝播する方向である。次の半周期はどうか。両方の場のベクトルの向きが逆になったため、ポインティングベクトルは変わらず右を向いたままである[14]。このベクトルについては、これからくわしく説明する。

$\vec{E}$と$\vec{B}$が互いに直交していることはとても重要である。運動量（ポインティングベクトル）はその帰結である。このことは、運動量保存と空間並進不変性に関するエミー・ネーターの素晴らしい定理にまでさかのぼる。古典力学、場の理論、そして電磁気学、これらすべてが1つの大きな塊となって帰ってくる。すべては最小作用原理に帰着するのだ。

11.5 4次元のエネルギーと運動量

エネルギーと運動量は保存量であることがわかっている。4次元時空では、この考えを局所保存の原理として表現することができる。ここで紹介する考え方は、以前の電荷密度や電流密度の話からヒントを得たものであり、それらの結果を利用することになる。

14　訳者注：ポインティングベクトルは、一方向を向いていることからポイント（*point*＝指し示す）と呼ばれていると勘違いされやすいが、名前の由来は、この量を定義したイギリス人物理学者ジョン・ヘンリー・ポインティングである。

11.5.1 局所的に保存される量

8.2.6節では、電荷の局所保存の概念を探った。ある領域内の電荷が増加または減少する場合、その領域の境界を越えた電荷の移動を必ず伴う。相対論的な理論では電荷保存は局所的であり、電荷密度と電流密度の概念であるρと$\vec{j}$が生じる。この2つの量は合わせて4元ベクトル

$$\rho, \vec{j} \implies J^{\mu}$$

となる。電荷密度は時間成分であり、電流密度（またはフラックス）は空間成分である。

他の保存量についても同じ考え方ができる。電荷だけでなく、もっと一般的に考えれば、それぞれの保存則に対して、任意の保存量の密度と流れを表す4つの量を想像することができる。とくに、エネルギーと呼ばれる保存量には、この考え方が適用できる。

第3章で、粒子のエネルギーは4元ベクトルの時間成分であることを学んだ。その4元ベクトルの空間成分が相対論的な運動量である。記号で書くと、

$$E, \vec{p} \implies P^{\mu}$$

となる。場の理論では、これらの量は密度となり、エネルギー密度は4次元電流の時間成分と見なすことができる。エネルギー密度については、すでに式（11.22）で電磁場のエネルギー密度を導いた。この量にT^0という仮の名前をつけておこう。

$$T^0 = \frac{1}{2}\left(E^2 + B^2\right) \tag{11.26}$$

ここで、電流J^mに相当するエネルギー流を求める。J^mと同様に、エネル

ギー流は3つの成分を持つ。これらをT^mと呼ぶことにしよう。T^mを正しく定義すれば、これらは連続の方程式

$$\frac{\partial T^0}{\partial t} + \vec{\nabla} \cdot \vec{T} = 0$$

を満たすはずだ。エネルギー流T^mを求める方法は簡単である。T^0を時間微分し、その結果が何かの発散であるかどうかを見るのである。式(11.26)の時間微分をとると

$$\partial_t T^0 = \partial_t \left[\frac{1}{2} (E^2 + B^2) \right]$$

または

$$\partial_t T^0 = \vec{E} \cdot \dot{\vec{E}} + \vec{B} \cdot \dot{\vec{B}} \tag{11.27}$$

となる。ここで$\dot{\vec{E}}$と$\dot{\vec{B}}$は時間微分である。式(11.27)の右辺は空間微分ではなく時間微分を含んでいるので、一見すると何の発散にも見えない。コツは、マクスウェル方程式

$$\dot{\vec{E}} = \vec{\nabla} \times \vec{B}$$

$$\dot{\vec{B}} = -\vec{\nabla} \times \vec{E} \tag{11.28}$$

を使うことだ。これを式(11.27)に代入すると、もう少し有力な形が得られる。

$$\partial_t T^0 = -\left[\vec{B} \cdot (\vec{\nabla} \times \vec{E}) - \vec{E} \cdot (\vec{\nabla} \times \vec{B}) \right] \tag{11.29}$$

この形式では、右辺が空間微分を含んでいるので、発散になる可能性がある。実際、ベクトル恒等式

$$\vec{\nabla}\cdot(\vec{E}\times\vec{B}) = \vec{B}\cdot(\vec{\nabla}\times\vec{E}) - \vec{E}\cdot(\vec{\nabla}\times\vec{B})$$

を用いると、式(11.29)は

$$\partial_t T^0 = -\vec{\nabla}\cdot(\vec{E}\times\vec{B}) \tag{11.30}$$

となることがわかる。ということは、電流密度を

$$\vec{T} = \vec{E}\times\vec{B} \tag{11.31}$$

と定義すれば、エネルギーに対する連続の式が

$$\frac{\partial T^0}{\partial t} + \vec{\nabla}\cdot\vec{T} = 0 \tag{11.32}$$

という形に書けることになるのだ。相対論的表記を使うと、

$$\partial_\mu T^\mu = 0 \tag{11.33}$$

となる。エネルギーの流れを表すベクトル$\vec{E}\times\vec{B}$は、すでにご存じの量だ。これはポインティングベクトルであり、1884年にジョン・ヘンリー・ポインティングがおそらく同じ論法でこの量を取り上げた。このベクトルについては、11.4.5 節の「運動量密度」の段落で紹介した。ポインティングベクトルには2つの意味があり、エネルギーの流れとして考えることも、運動量密度として考えることもできる。

要約すると、エネルギー保存は局所的である。電荷と同じように、空間のある領域内でのエネルギーの変化は、つねにその領域の境界を通るエネ

ルギーの流れを伴う。エネルギーが実験室から突然消えて、月に再び現れるということはありえないのだ。

11.5.2 エネルギー、運動量、ローレンツ対称性

エネルギーと運動量はローレンツ不変ではない。これは簡単に理解できるはずだ。自分の静止座標系で静止している質量mの物体を想像してほしい。この物体はよく知られた式

$$E = mc^2$$

で与えられるエネルギーを持っている。あるいは相対論的な単位で

$$E = m$$

とも書ける[15]。この物体は静止しているので、運動量を持っていない。しかし、同じ物体を別の基準座標系から見てみよう。この座標系はx軸に沿って動いている。この座標系で見ると、物体のエネルギーは増加し、運動量を持つようになる。

もし場のエネルギーと運動量がローレンツ不変でないなら、ローレンツ変換のもとではどのように変化するのだろうか。答えは、粒子と同じように4元ベクトルを形成する、というものである。この4元ベクトルを構成する成分をP^μと呼ぶことにしよう。時間成分はエネルギー、空間成分はx, y, z軸に沿った通常の運動量である。4成分はすべて保存される。

$$\frac{dP^\mu}{dt} = 0 \tag{11.34}$$

これは、各成分が密度を持ち、各成分の合計値が密度の積分であることを

15　この2つの式では、Eは電場ではなくエネルギーを表している。

示唆している。エネルギーの場合、我々は密度を記号T^0で表した。しかしここでは表記を変えて、2つ目の添字を追加し、エネルギー密度をT^{00}と呼ぶことにする。

2つの添字があるので、これから新しいテンソルを構築しようとしているのだということが、もうおわかりだと思う。それぞれの添字は特定の意味を持っている。最初の添字は、その成分が4つの量のどれを指しているかを示す[16]。エネルギーは4元運動量の時間成分なので、このとき最初の添字は時間を表す0になる。わかりやすく言えば、最初の添字が0であれば、エネルギーを表わすことになるのだ。そして1の値は運動量のx成分であること、2と3の値はそれぞれ運動量のy成分とz成分であることを示している。

2番目の添字は、密度か流れかを示すものである。0の値は密度を表し、1の値はx方向の流れを表わす。2と3はそれぞれy方向とz方向の流れを表わす。

たとえば、T^{00}はエネルギー密度であり、T^{00}を空間的に積分することで全エネルギーが得られる。

$$P^0 = \int T^{00} d^3x \tag{11.35}$$

次に、運動量のx成分について考える。この場合、最初の添字はx（または数字の1）であり、保存される量が運動量のx成分であることを示す。2番目の添字は、密度か流れかを区別するものなので、たとえば

$$P^1 = \int T^{10} d^3x$$

あるいはより一般的に

16　ここでの1つ目と2つ目の添字の役割は、本講義の動画版で説明した役割と逆になっているかもしれないが、このテンソルは対称であるため、これは実質的な違いではない。

$$P^m = \int T^{m0} d^3x \tag{11.36}$$

と書ける。運動量の流れはどうか。各成分にはそれぞれフラックスがある。たとえば、y方向に流れるx成分運動量のフラックスを考えることができる[17]。これはT^{xy}と表記される。同様に、T^{zx}はx方向に流れるz成分運動量のフラックスである。

$T^{\mu\nu}$を理解するコツは、2つ目の添字を一旦忘れることである。最初の添字は、P^0、P^x、P^y、P^zのどの量について話しているのかを示している。どの量かがわかったら、最初の添字を消して、今度は2番目の添字を見る。これで密度なのか流れなのかがわかる。

運動量の成分P^mの連続の式は

$$\frac{\partial T^{m0}}{\partial t} + \frac{\partial T^{mn}}{\partial X^n} = 0$$

または

$$\frac{\partial T^{m\nu}}{\partial X^\nu} = 0 \tag{11.37}$$

と書ける。このような方程式は3つあり、運動量の各成分について1つずつ（つまり、mの値ごとに1つずつ）ある。しかし、この3つの方程式にエネルギー保存を表す4つ目の方程式を加えれば（mをμに置き換えて）、4つの方程式を統一的な相対論的形式で記述することができる。

17　フラックスという言葉は、わかりにくいかもしれない。おそらく、（運動量のx成分）のy方向への変化と呼んだ方がわかりやすいだろう。運動量の変化は身近なものであり、実際、力を表している。しかし、ここでは運動量密度の話をしているため、この$T^{\mu\nu}$の空間-空間成分は応力と考えた方がよいだろう。これらの空間-空間成分にマイナス記号を付けたものは、それ自体が3×3のテンソルを形成し、応力テンソルと呼ばれる。

$$\frac{\partial T^{\mu\nu}}{\partial X^\nu} = 0 \tag{11.38}$$

これには慣れが必要なので、一度立ち止まって説明を読み直すとよいだろう。先に進む準備ができたら、運動量とそのフラックスの式を、場EとBの観点から考えてみよう。

11.5.3 エネルギー運動量テンソル

電場と磁場から$T^{\mu\nu}$を割り出す方法はたくさんある。直感的に理解できるものもあれば、そうでないものもある。ここでは、直感的でなく、形式的に見えるかもしれないが、現代の理論物理学では一般的で、しかも非常に強力な議論を用いる。すなわち、対称性または不変性の議論である。不変性の議論は、系のさまざまな対称性をリストアップし、興味のある量がそれらの対称性の下でどのように変換されるかを問うことから始まる。

電気力学のもっとも重要な対称性は、ゲージ不変性とローレンツ不変性である。まず、ゲージ不変性から説明しよう。$T^{\mu\nu}$の成分はゲージ変換によってどのように変化するだろうか。答えは簡単である。変換されないのだ。エネルギーと運動量の密度とフラックスは、ゲージの選択には依存しない物理量なのである。つまり、これらの量はゲージ不変な観測可能な場$\vec{E}$と$\vec{B}$だけに依存し、ポテンシャルA_μには依存しないのだ。

ローレンツ不変性については、もっと面白い。$T^{\mu\nu}$はどのようなものなのか。ある基準座標系から別の基準座標系へ移動するときに、その成分はどのように変化するのか。μとνという成分を持っているので、スカラーでないことは明らかである。また、2つの添字と16の成分を持つので、4元ベクトルでもない。答えは明らかである。$T^{\mu\nu}$はテンソル、しかも2階のテンソルである。ここで2階とは、2つの添字を持つことを意味する。

$T^{\mu\nu}$に名前を付ける。エネルギー運動量テンソルだ[18]。電気力学だけでな

18　応力エネルギーテンソルと呼ぶ本もある。

く、すべての場の理論において重要な量なので、もう一度言う。$T^{\mu\nu}$ はエネルギー運動量テンソルと呼ばれる。その成分はエネルギーと運動量の密度と電流である。

場のテンソル $F^{\mu\nu}$ の成分を組み合わせることによって $T^{\mu\nu}$ を構築できる。一般に、このようにして作ることができるテンソルはたくさんあるが、我々はすでに T^{00} が何であるかを正確に知っている。それはエネルギー密度である。

$$T^{00} = \frac{1}{2}(E^2 + B^2) \tag{11.39}$$

このことから、$T^{\mu\nu}$ は場のテンソルの成分に対して2次式であること、言い換えれば $F^{\mu\nu}$ の2つの成分の積から形成されることがわかる。

では、２つの $F^{\mu\nu}$ による積からテンソルを作る方法はいくつあるだろうか。幸いなことに、あまり多くはない。じつは２つだけである。$F^{\mu\nu}$ から二次関数的に作られるテンソルは、次のような形の２つの項の和でなければならない。

$$T^{\mu\nu} = a\, F^{\mu\sigma} F^{\nu}{}_{\sigma} + b\, \eta^{\mu\nu} F^{\sigma\tau} F_{\sigma\tau} \tag{11.40}$$

定数 a と b の値はこの後わかる。

一旦、式(11.40)を見てみよう。まず注目すべきは、アインシュタインの和の法則が使われていることであり、第1項では添字 σ の和、第2項では σ と τ の和をとっている。

次に注目すべきは、計量テンソル $\eta^{\mu\nu}$ の出現である。計量テンソルは対角テンソルであり、成分 $\eta^{00} = -1$, $\eta^{11} = \eta^{22} = \eta^{33} = +1$ を持つ。問題は、数値定数 a と b をどう決めるかである。

ここでコツは、成分の1つがすでにわかっていることに目を向けることである。T^{00} はエネルギー密度である。式(11.40)を使って T^{00} を決定し、式(11.39)に代入すればよい。そうすると

$$aE^2 - b(2B^2 - 2E^2) = \frac{1}{2}(E^2 + B^2) \tag{11.41}$$

となる。両辺を比較すると、$a = 1$、$b = -1/4$であることがわかる。このa、bの値から、式(11.40)は次のようになる。

$$T^{\mu\nu} = F^{\mu\sigma} F^{\nu}{}_{\sigma} - \frac{1}{4} \eta^{\mu\nu} F^{\sigma\tau} F_{\sigma\tau} \tag{11.42}$$

この式から、エネルギー運動量テンソルのさまざまな成分をすべて計算することができる。

式(11.39)で与えられるT^{00}は別として、もっとも興味深い成分はT^{0n}とT^{n0}(nは空間の添字)である。T^{0n}はエネルギーのフラックス(または流れ)の成分で、これを計算すると、(予想通り)ポインティングベクトルの成分であることがわかる。

次に、T^{n0}について見てみよう。ここで、式(11.40)の興味深い性質を利用することができる。少し調べれば、$T^{\mu\nu}$が対称であることがわかるはずである。つまり

$$T^{\mu\nu} = T^{\nu\mu}$$

である。したがって、T^{n0}はT^{0n}と同じで、どちらもポインティングベクトルにすぎない。しかし、もともとの定義(最初の添字が成分、2つ目の添字が密度または流れを表わす)により、T^{n0}とT^{0n}は違う意味であった。T^{01}はx方向のエネルギーのフラックスだが、T^{10}はまったく別のもの、つまり運動量のx成分の密度である。$T^{\mu\nu}$を次のように視覚化するとわかりやすい。

$$
T^{\mu\nu} = \begin{pmatrix} \frac{1}{2}(E^2+B^2) & S_x & S_y & S_z \\ S_x & -\sigma_{xx} & -\sigma_{xy} & -\sigma_{xz} \\ S_y & -\sigma_{yx} & -\sigma_{yy} & -\sigma_{yz} \\ S_z & -\sigma_{zx} & -\sigma_{zy} & -\sigma_{zz} \end{pmatrix}
$$

ここで、(S_x, S_y, S_z)はポインティングベクトルの成分である。この形式では、時空間が混ざった成分（一番上の行と一番左の列）と空間成分（右下の3×3の部分行列）がどのように異なるかが簡単にわかる。先に述べたように、σ_{mn}は電磁応力テンソルと呼ばれるテンソルの成分であるが、これについてはまだくわしく説明していない。

練習問題11.1　T^{0n}がポインティングベクトルであることを示せ。

練習問題11.2　T^{11}とT^{12}を場の成分（E_x, E_y, E_z）と（B_x, B_y, B_z）で計算せよ。

このとき、光速cを1とした因子を元に戻すとしたら、一番簡単な方法は次元解析である。次元解析により、エネルギーフラックスと運動量密度がc^2の因子だけ異なっていることがわかるだろう。次元的に等しいとみなされる量が、運動量密度と$\vec{E} \times \vec{B}$（cの因子は除外している）である。これは次元解析による1つの発見であるが、実験によりすでに確認されている。

電磁波の場合、運動量密度はエネルギーのフラックスを光速の2乗で割ったものに等しい。どちらもポインティングベクトルに比例する。

太陽光を吸収すると暖かくなるが、その一方で太陽光はほんのわずかな力を発揮している。それは、エネルギー密度が運動量密度のc^2倍であり、c^2が非常に大きな数字であることに起因している。試しに、太陽から地球までの距離が100万平方メートルの太陽帆にかかる力を計算してみてほしい。結果は、約8ニュートンと小さなものである。一方、同じ太陽帆に降り注ぐ太陽光を反射ではなく、吸収した場合、吸収される電力は約100万キロワットにも及ぶのだ。

電荷密度と電流は、電気力学の中心的な役割を果たしている。マクスウェル方程式では、電荷密度と電流が電磁場の発生源として登場する。エネルギー運動量テンソルも同じような役割を担っているのだろうかと思うかもしれない。電気力学では、$T^{\mu\nu}$ は$\vec{E}$と$\vec{B}$の方程式に直接は出てこない。エネルギーと運動量は重力理論においてのみ、場の発生源として正当な役割を果たすが、ただし電磁場の発生源ではない。エネルギー運動量テンソルは一般相対性理論において重力場の発生源として登場するが、それは別のテーマである。

11.6 しばしお別れ

古典場の理論は、19世紀から20世紀にかけての物理学の偉大な成果の1つである。作用原理と特殊相対性理論を接着剤にして、電磁気学と古典力学という広い分野を結びつけている。たとえば、重力など、あらゆる分野を古典的な観点から研究するための枠組みを提供している。これは、量子場の理論や一般相対性理論（次回作のテーマ）を学ぶための重要な前提条件となるものである。本書ではこのテーマを理解し、楽しんでもらうことができたと思う。最後まで読んでいただき、喜ばしい限りである。

ある賢い人が言った。

Outside of a dog, a book is a man's best friend. Inside of a dog it's too dark to read.

（犬の外では本が人間の最良の友だ。犬の中では暗すぎて本は読めない）[19]

あなたが犬の外側か内側、あるいは犬の境界線から本書の評価を書くことになったら、その中でグルーチョのこの言葉について少しでいいので触れてほしい。そうすれば、あなたが実際に本を読んだことの証明にもなるだろう。

我々の友人ヘルマンも言った（かもしれない）が、「時間切れだ！」。一般相対性理論でお会いしよう。

農夫のレニーがϕ農場に立ち、2匹のガチョウがアートのϕバイオリンに合わせて踊っている。

19　訳者注：アメリカのコメディ俳優グループ「マルクス兄弟」の一人、グルーチョ・マルクスの言葉。

付録A
磁気単極子
—レニーがアートをからかう

「ねえ、アート。これを見てほしいんだ。これだよ。」

「おっ、なんと、磁気単極子を見つけたか。でもちょっと待って。磁気単極子は不可能だって言ってたよね。まいったな、正直に言ってよ。袖の中に何か隠してるね。わかってるよ。ソレノイドだね。ははは、うまいトリックだ。」

「いいや、アート、トリックではない。紛れもなく磁気単極子だ。ひもなんかついてない。」

図A.1　電気モノポール。単なる正電荷にすぎない。

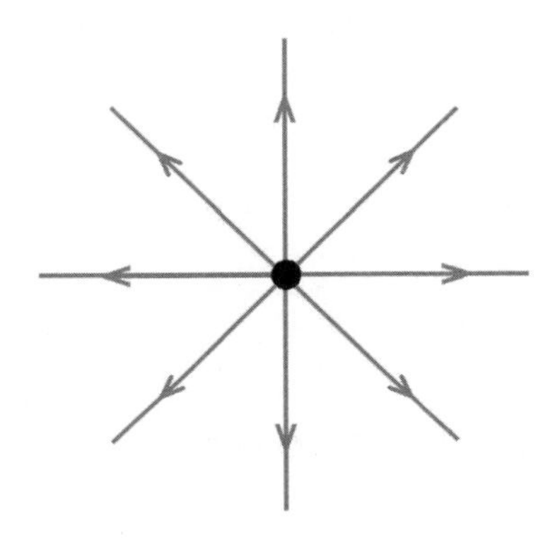

磁気単極子があるとしたら、どんなものだろう。まず、単極子とはどういう意味か。単極子とは、単純に孤立した電荷のことである。電気単極子という用語が一般的に使われるとすれば、単純に電荷を帯びた粒子とそのクーロン電場を意味することになる。慣例として（図*A*.1参照）、陽子のような正電荷の場合は電場が外側を向き、電子のような負電荷の場合は内側を向くようになっている。「電荷が電場の発生源（ソース）である」と表現する。

磁気単極子は、磁場に囲まれていることを除けば、電気単極子とまったく同じである。磁気単極子には、磁場が外側を向いているものと内側を向いているものの2種類がある。

昔の船乗りが磁気単極子を持っていたら、それが地球の北極に引き寄せられるか南極に引き寄せられるかによって、北極磁気単極子と南極磁気単極子に分類していただろう。数学的には、磁場が外側を向いているか内側を向いているかによって、正と負の2種類の磁気単極子と呼んだ方がよい。自然界にそのような物体があれば、それを磁場の発生源と呼ぶことになるだろう。

電場と磁場は数学的に似ているが、1つだけ決定的な違いがある。電場には電荷という発生源がある。しかし、標準的な電磁気学の理論によれば、磁場にはそれに相当するもの（磁荷）がない。その理由は、２つのマクスウェル方程式

$$\vec{\nabla} \cdot \vec{E} = \rho \tag{A.1}$$

と

$$\vec{\nabla} \cdot \vec{B} = 0 \tag{A.2}$$

で数学的にとらえられる。最初の式は、電荷が電場の源であることを示している。電荷を点源としてこの式を解くと、電気単極子の古き良きクーロン場が得られる。

2番目の式は、磁場には発生源がないことを示しており、そのため磁気単極子というものは存在しないのである。しかし、このような説得力のある議論にもかかわらず、磁気単極子は可能であるばかりか、現代の素粒子理論ではほぼ普遍的な特徴となっている。どうして可能なのだろうか。

１つの答えは、2番目の式の右辺に磁気の発生源を置いて、方程式を変えてしまう方法である。磁荷密度をσとすると、式（A.2）を次のように置き換えてしまうのだ。

$$\vec{\nabla} \cdot \vec{B} = \sigma \tag{A.3}$$

この方程式を点源について解くと、クーロン電場とそっくりなクーロン磁場が得られる。

$$B = \frac{\mu}{4\pi r^2} \tag{A.4}$$

定数μは、磁気単極子の磁荷である。静電気力との類似性から、2つの磁

気単極子の間には磁気クーロン力が働くと考えられる。唯一の違いは、電荷の積が磁荷の積に置き換わることである。

しかしそう簡単にはいかない。$\nabla \cdot B = 0$に手を加えるということはありえないのだ。電磁気学の基本的な枠組みは、マクスウェル方程式ではなく、作用原理、ゲージ不変の原理、そしてベクトルポテンシャルである。磁場は、

$$\vec{B} = \vec{\nabla} \times \vec{A} \tag{A.5}$$

で定義される派生概念なのだ。この時点で、第8章に戻って、式(A.5)に至った議論を復習しておくとよいかもしれない。この式は、磁気単極子とどのような関係があるのだろうか。その答えは、これまで何度か使ってきた、回転の発散はつねにゼロであるという数学的恒等式にある。

つまり、$\vec{B}$のようなベクトル場が、他の場(この場合はベクトルポテンシャル)の回転として定義されている場合は、自動的に発散がゼロになる。このように、$\vec{\nabla} \cdot \vec{B} = 0$は、$\vec{B}$の定義からして、避けられない結果のように見える。

それにもかかわらず、ほとんどの理論物理学者は、磁気単極子は存在しうるし、おそらく存在する、と固く信じている。この議論は、1931年にポール・ディラックが単極子を「偽造」する方法を説明したことに端を発している。実際、その偽物は、本物と見分けがつかないほど説得力のあるものであった。

まずは、普通の棒磁石(図A.2)、あるいは電磁石やソレノイドから話を始めよう。ソレノイド(図A.3)は、電線が巻かれた円筒であり、電線には電流が流れている。この電流は、棒磁石の磁場のような磁場を作り出す。ソレノイドは、電線に流す電流を変えることで、磁石の強さを変えられるという利点がある。

ソレノイドを含むすべての磁石には、正極と負極と呼べるN極とS極がある。磁場は正極から出て、負極に戻ってくる。間にある磁石を無視すれ

図A.2　N極とS極のある棒磁石

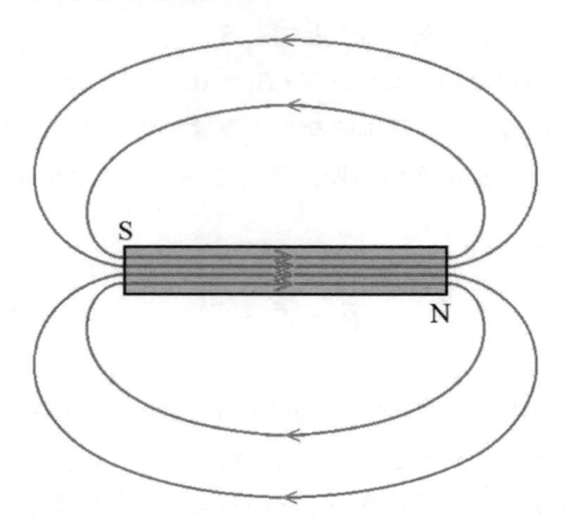

図A.3　ソレノイドまたは電磁石。円筒形のコアの周囲に巻いた電線を流れる電流により、磁場が発生する。

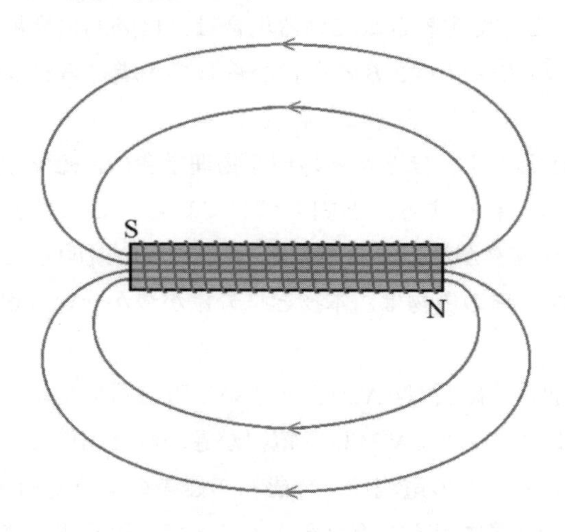

ば、正極と負極の一対の磁気単極子によく似ている。しかし、当然ながらソレノイドを無視することはできない。磁場は極で終わっているわけではないのだ。磁束線が途切れずに連続したループを形成するように、磁場が

ソレノイドの中を通っていく。一見、2つの磁場発生源があるように見えるが、磁場の発散はゼロなのである。

ここで、棒磁石やソレノイドを非常に細長く引き伸ばしてみよう。さらに、*S*極（負極）を無限遠まで持って行き、視界から取り除いてしまう。

残った*N*極は、孤立した正磁荷のように見える（図A.4）。このような疑似的な単極子がいくつかあれば、実際の単極子と同じように相互作用して、互いに磁気クーロン力を発揮するはずである。しかし、当然ながら、この擬似的単極子には長いソレノイドがつねにくっついており、その中を磁束が通り抜けている。

さらに、図A.5に示すように、ソレノイドを柔軟性のあるひも（ストリング）のようものにすることもできる（ディラック・ストリングと呼ぶ）。磁束がひものようなソレノイドの中を通ってもう一方の極から出てくるかぎり、マクスウェル方程式$\vec{\nabla}\cdot\vec{B}=0$は満たされている。

最後に、柔軟なひもを見えないくらいに細くする（図A.6）。それでもソレノイドは簡単に発見できるので、磁気単極子が偽物であることはすぐに見破れると思うかもしれない。しかし、仮にソレノイドが極端に細いとする。その細さは、近くを移動する荷電粒子がソレノイドに衝突してひもの中の磁場を感じる可能性がほとんどないほどの細さだとする。ひもが十分に細ければ、ひもはあらゆる物質の原子の隙間を通り抜け、何の影響も受けないだろう。

図A.4　長く引き伸ばしたソレノイド

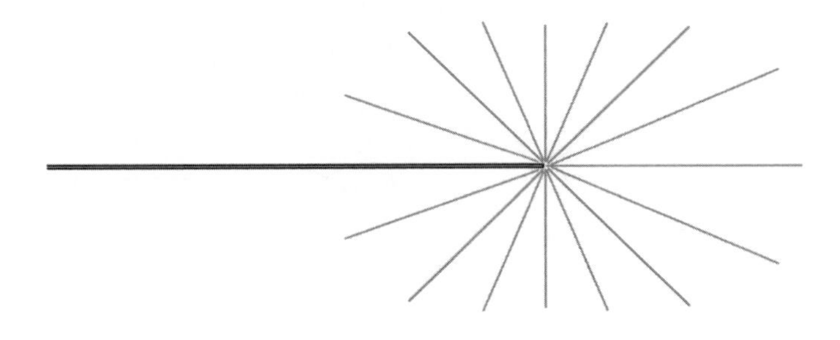

すべての物質を通過するほど細いソレノイドを作ることは現実的ではないが、重要なのは思考実験である。この思考実験では、磁気単極子や、少なくともそれを説得力を持って擬似的に表現したものが、数学的に可能であることを示している。さらに、ソレノイドに巻いた電線に流す電流を変えることで、ソレノイドの両端にある磁気単極子に任意の磁気を帯びさせることも可能だ。

もし物理学が量子力学的でなく古典的であれば、この議論は正しいだろう。しかしディラックは、量子力学には微妙に新しい要素が導入されていることに気づいた。量子力学的には、無限に細いソレノイドが一般に検出されないということはないのだ。というのも、たとえ荷電粒子がひもに近づかなくても、荷電粒子の運動はひもから微妙な影響を受けるからである。

図A.5　ディラック・ストリング：細くて柔軟性のあるソレノイド

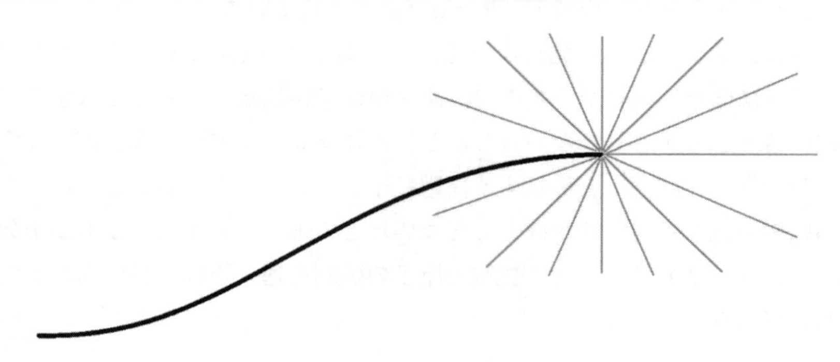

図A.6　ディラック・ストリングの極限。ストリングは見えないくらいに細い。

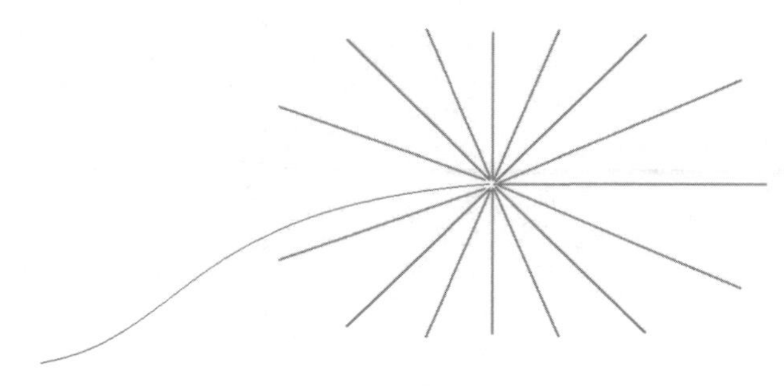

図A.7　細いひも状のソレノイドを囲むリング。リングに沿って電気を帯びた電子が動く。ソレノイドに通す電流を変えることで、ひもを貫く磁場を変えることができる。

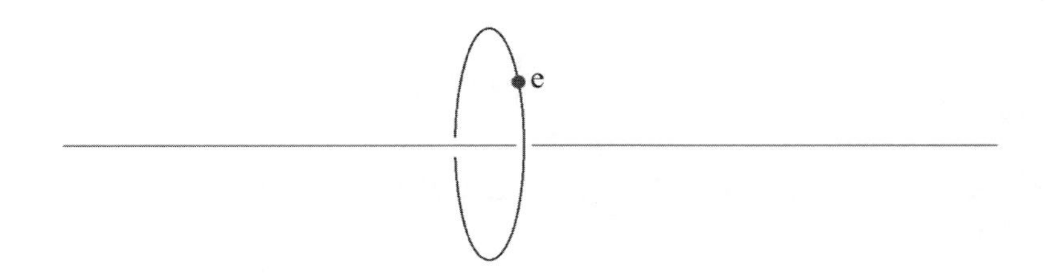

その理由を説明するには、量子力学を少し使う必要があるが、ここでは簡単に説明しよう。

この細いソレノイドが非常に長く、宇宙全体に延びていて、我々はそのひもの近くにいるが、一方の端からは十分に離れているとする。原子核がソレノイドの近くにあり、電子がソレノイドの周りを回っているような原子に対し、ソレノイドがどのような影響を与えるか調べたい。古典的には、電子は（ソレノイド内を通過している）磁場の中を通らないため、影響を受けないはずだ。

実際の原子は少し複雑なので、原子の代わりに半径rの円形のリング上を電子が滑るように動くという単純なモデルを使って考えよう（図A.7）。リングの中心をソレノイドが通過しており、電子はソレノイドを囲むように回っている（電子に角運動量がある場合）。まず、ソレノイドの電線に電流がなく、ひもを通過する磁場がゼロであるとしよう。[1]リング上の電子の速度をvとし、その運動量pと角運動量Lを

$$p = mv$$

および

1　ソレノイドの作る磁場は変えられるということが、こういうときに役に立つ。

$$L = mvr \tag{A.7}$$

とする。最後に、電子のエネルギー ϵ は、

$$\epsilon = \frac{1}{2}mv^2 \tag{A.8}$$

となる。これは、角運動量 L の関数として表すこともできる。

$$\epsilon = \frac{L^2}{2mr^2} \tag{A.9}$$

さて、量子力学を導入する。必要なのは、ニールス・ボーアが1913年に発見した、ある基本的な事実だけである。角運動量が不連続な量子になることを最初に発見したのはボーアである。これは原子にも言えることであり、リング上を動く電子にも言えることだ。ボーアの量子化条件は、電子の軌道角運動量がプランクの定数 $\hbar$ の整数倍でなければならない、というものであった。すなわちボーアによれば、

$$L = n\hbar \tag{A.10}$$

である。ここで、n は正、負、ゼロのいずれの整数でもかまわないが、その中間の値はとらない。このことから、リング上を移動する電子のエネルギー準位は離散的であり、次のような値を持つことがわかる。

$$\epsilon_n = n^2 \frac{\hbar^2}{2mr^2} \tag{A.11}$$

ここまでは、ひもに磁場が通っていないと仮定していたが、本当に興味があるのは、内部に磁束 ϕ が通っているひもが電子にどのような影響を与えているか、という点である。そこで電流を流し、ひもに磁束を通してみよう。磁束はゼロから始まり、時間間隔 Δt を経て最終的な値 ϕ まで成長

する。

電子は磁場のある場所にはいないため、磁場をかけても電子には影響がないと思うかもしれない。しかし、それは正しくない。理由はファラデーの法則にある。磁場が変化すると電場が発生する。これは、マクスウェル方程式

$$\vec{\nabla} \times \vec{E} = -\frac{\partial \vec{B}}{\partial t} \tag{A.12}$$

である。この方程式によると、磁束が時間とともに増加すると電場が発生し、それがひもを取り囲んで電子に力を及ぼす。この力がトルクとなって、電子の角運動を加速し、角運動量を変化させる(図A.8)。

ひもを通る磁束をϕとすると、式(9.18)から、起電力(EMF)は

$$EMF = -\frac{d\phi}{dt}$$

で与えられる。EMFは、単位電荷をリング全体に沿って一回押すのに必

図A.8　ソレノイド、リング、電荷を別方向から見た図。

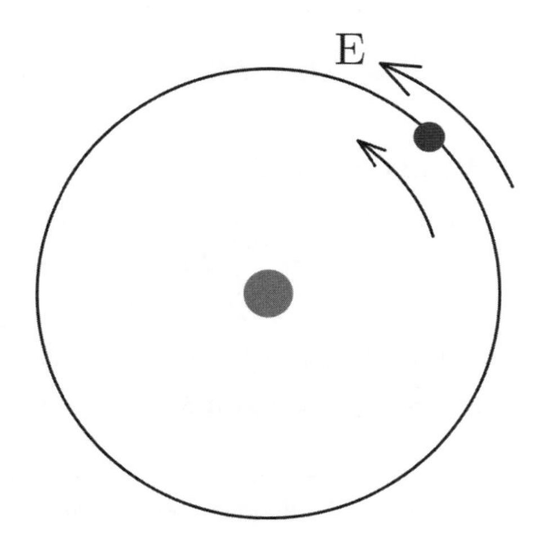

要なエネルギーを表している。リングの位置における電場は逆符号を持っており、リングの長さ方向に沿って「広がって」いる。つまり電場の大きさは

$$E = \frac{\dot{\phi}}{2\pi r} \tag{A.13}$$

であり、トルク（力$\times r$）は

$$T = \frac{q\dot{\phi}}{2\pi} \tag{A.14}$$

となる。

> **練習問題A.1**　式(9.18)に基づいて式(A.13)を導出せよ。ヒント：導出には9.2.5節の式(9.22)の導出と同じロジックを使う。

力が運動量を変化させるのと同じように、トルクは角運動量を変化させる。実際、トルクTを時間Δtだけ加えたときの角運動量の変化は

$$\Delta L = T\Delta t \tag{A.15}$$

となる。あるいは、式(A.14)を用いて

$$\Delta L = \frac{q\dot{\phi}}{2\pi}\Delta t \tag{A.16}$$

と書ける。$\dot{\phi}\Delta t$という積は最終的な磁束ϕにほかならない。これを理解すれば、角運動量の変化を計算する準備が整う[2]。したがって、磁束を大き

2　厳密には、この量は時間Δtにわたる磁束の変化であるが、仮定上、磁束はゼロから増

くしていく過程を経て、最終的に電子の角運動量は

$$\Delta L = \frac{q\phi}{2\pi} \tag{A.17}$$

という量だけ変化することになる。このとき、ソレノイドを通る磁束はもはや変化していないため、電場は存在しない。しかし、2つの点で以前とは違う。1つ目は、ソレノイドに磁束ϕが存在していることである。もう1つは、電子の角運動量が$\frac{q\phi}{2\pi}$だけ変化したことだ。つまり、新しいLの値は

$$L = n\hbar + \frac{q\phi}{2\pi} \tag{A.18}$$

である。これは必ずしも$\hbar$の整数倍とはなっていない。その結果、電子がリングにいようと原子にいようと、電子が取りうるエネルギー準位が変化する。その結果、原子のエネルギー準位が変わり、その変化は原子から放出されるスペクトル線で容易に観測される。ただしその変化は、ひもの周りを回る電子だけに起こることである。つまり、原子を動かしながらそのエネルギー準位を測定すれば、たまたま原子がひものそばに来たときにエネルギー準位に変化が生じ、ひもを検出することができるのだ。このことは、レニーが偽の磁気単極子でアートを騙したトリックに一石を投じることになる。

しかし、例外がある。式(A.18)に戻って、角運動量の変化が偶然プランク定数(を2πで割った値)の整数(n')倍に等しかったとする。つまり

$$\frac{q\phi}{2\pi} = n'\hbar \tag{A.19}$$

だとする。その場合、角運動量(そしてエネルギー準位)の取り得る値は、

えている。したがって、この2つの量は同じである。

磁束がゼロのときと同じく、プランク定数に何らかの整数をかけた値になる。 そうなると、アートは、原子やその他のものに与える影響を利用してひもが存在することを見分けられなくなるだろう。これは、磁束がある量子化された値になった場合にのみ起こることである。

$$\phi = \frac{2\pi n\hbar}{q} \tag{A.20}$$

ここで、ひもの一端、たとえば正極側の端に戻ろう。ひもを通る磁束は、図A.6のように広がって磁気単極子の磁場に似た磁場を形成する。磁気単極子の磁荷μは、ちょうどひもの端から出てくる磁束の量、言い換えればϕである。もしϕが式(A.20)のように量子化されていれば、ひもは量子力学的にも見えないことになる。

以上をまとめると、レニーは確かに「偽」の磁気単極子でアートを騙すことができるが、それは単極子の磁荷が電子の電荷qと次のような関係にある場合のみである。

$$\mu q = 2\pi\hbar n \tag{A.21}$$

もちろん、重要なのは、誰かが偽の磁気単極子に騙されるということだけではない。どこから見ても本物の磁気単極子は存在できるが、ただしその磁荷が式(A.21)を満たす場合だけである。この論法は一見作為的だが、現代の場の量子論により、物理学者はこの論法が正しいと信じている。

しかし、これでは、なぜ今まで磁気単極子が見つけられなかったのかという疑問が残る。なぜ、電子のように大量に存在しないのだろうか。場の量子論が提供する答えは、磁気単極子は非常に重く、そのあまりの重さにより、最高に強力な粒子加速器で行われる粒子衝突でも生成できないからである。現在の見積もりが正しければ、今後建設される加速器では、磁気単極子を発生させるのに十分なエネルギーの衝突を起こすことはできないだろう。では、観測可能な物理学に対し、磁気単極子は影響があるのだろうか。

ディラックは別のことに気づいていた。宇宙におけるたった1つの単極子の影響、あるいは単極子が存在する可能性には、深い意味があるのだ。自然界に、電子の電荷の整数倍でない電荷を持つ粒子が存在したとしよう。この場合、アートは、新しい粒子を使った実験によって、レニーの磁気単極子の不正を暴くことができるのだ。このためディラックは、宇宙にわずか1つでもいいので磁気単極子が存在すれば、あるいはその可能性があれば、すべての粒子の電荷は、1つの基本単位である電子の電荷の整数倍でなければならない、と主張したのである。もし、電子電荷の$\sqrt{2}$倍などという無理数倍の電荷を持つ粒子が発見されれば、磁気単極子は存在できないことになってしまうのだ。

自然界に存在するすべての電荷は、電子の電荷の整数倍であるというのは本当だろうか。我々が知るかぎりでは、そうだ。中性子やニュートリノのように電気的に中性（整数が0）の粒子が存在するし、陽子や陽電子のように電子の電荷の−1倍の粒子も存在する。その他にも多くの粒子が存在する。原子核や原子イオンなどの複合粒子、ヒッグス粒子のような特異な粒子など、これまでに発見されたすべての粒子は、電子の電荷の整数倍の電荷を持っているのである[3]。

3　この議論に対して、クォークが反証になると思うかもしれないが、そうはいかない。確かにクォークは電子の電荷の$\pm\frac{1}{3}$倍や$\pm\frac{2}{3}$倍の電荷を持っている。しかし、クォークはつねに電子の電荷の整数倍になるような組み合わせでしか表に出てこないのだ。

付録B
3元ベクトル演算子のまとめ

この付録では、一般的なベクトル演算子である勾配、発散、回転、ラプラシアンについてまとめる。おそらく見たことのあるものばかりだろう。ここでは、3次元のデカルト座標に限定して説明する。これらの演算子はすべて$\vec{\nabla}$記号を使用するので、最初にそれについて説明しておく。

B.1 $\vec{\nabla}$演算子

デカルト座標系では、記号$\vec{\nabla}$(「デル」と発音する[4]) は次のように定義される。

$$\vec{\nabla} \equiv \frac{\partial}{\partial x}\hat{\mathbf{i}} + \frac{\partial}{\partial y}\hat{\mathbf{j}} + \frac{\partial}{\partial z}\hat{\mathbf{k}} \tag{B.1}$$

ここで$\hat{\mathbf{i}}$、$\hat{\mathbf{j}}$、$\hat{\mathbf{k}}$は、それぞれx, y, z方向の単位ベクトルである。数式では、この演算子の成分 ($\frac{\partial}{\partial x}$など) を数値のように代数的に操作する。

B.2 勾配

スカラー量Sの勾配 ($\vec{\nabla}S$と書く) は、次のように定義される。

$$\vec{\nabla}S = \frac{\partial S}{\partial x}\hat{\mathbf{i}} + \frac{\partial S}{\partial y}\hat{\mathbf{j}} + \frac{\partial S}{\partial z}\hat{\mathbf{k}}$$

我々が用いてきた簡略表記法では、その成分は

4　訳者注：日本では通常「ナブラ」と発音している。

$$(\vec{\nabla}S)_x = \partial_x S$$

$$(\vec{\nabla}S)_y = \partial_y S$$

$$(\vec{\nabla}S)_z = \partial_z S$$

と書ける。ここで、微分記号は以下の省略記号として用いている。

$$\partial_x S = \frac{\partial S}{\partial x}$$

$$\partial_y S = \frac{\partial S}{\partial y}$$

$$\partial_z S = \frac{\partial S}{\partial z}$$

勾配はスカラー量の変化が最大となる方向を指すベクトルである。その大きさは、その方向への変化率である。

B.3 発散

$\vec{A}$の発散は$\vec{\nabla}\cdot\vec{A}$と書かれ、

$$\vec{\nabla}\cdot\vec{A} = \partial_x\vec{A}_x + \partial_y\vec{A}_y + \partial_z\vec{A}_z$$

または

$$\vec{\nabla}\cdot\vec{A} = \frac{\partial\vec{A}_x}{\partial x} + \frac{\partial\vec{A}_y}{\partial y} + \frac{\partial\vec{A}_z}{\partial z}$$

で与えられるスカラー量である。ある点での場の発散は、その点から場が広がっていく傾向を表している。正の発散はその点から場が広がっていくことを意味する。負の発散はその逆で、場がその場所に向かって収束する傾向があることを意味する。

B.4 回転

回転は、ベクトル場が回転または循環する傾向を示している。ある場所で回転がゼロであれば、その場所の場は回転していないことになる。$\vec{A}$の回転は$\vec{\nabla}\times\vec{A}$と表記され、それ自体がベクトル場である。これは次のように定義される。

$$\vec{\nabla}\times\vec{A} = (\partial_y A_z - \partial_z A_y)\,\hat{\mathbf{i}} + (\partial_z A_x - \partial_x A_z)\,\hat{\mathbf{j}} + (\partial_x A_y - \partial_y A_x)\,\hat{\mathbf{k}}$$

そのx、y、z成分は

$$(\vec{\nabla}\times\vec{A})_x = \partial_y A_z - \partial_z A_y$$

$$(\vec{\nabla}\times\vec{A})_y = \partial_z A_x - \partial_x A_z$$

$$(\vec{\nabla}\times\vec{A})_z = \partial_x A_y - \partial_y A_x$$

または

$$(\vec{\nabla}\times\vec{A})_x = \frac{\partial A_z}{\partial y} - \frac{\partial A_y}{\partial z}$$

$$(\vec{\nabla}\times\vec{A})_y = \frac{\partial A_x}{\partial z} - \frac{\partial A_z}{\partial x}$$

$$(\vec{\nabla}\times\vec{A})_z = \frac{\partial A_y}{\partial x} - \frac{\partial A_x}{\partial y}$$

と書ける。簡単のため、この式を数字の添字で書き直す。

$$(\vec{\nabla}\times\vec{A})_1 = \frac{\partial A_3}{\partial X^2} - \frac{\partial A_2}{\partial X^3}$$

$$(\vec{\nabla}\times\vec{A})_2 = \frac{\partial A_1}{\partial X^3} - \frac{\partial A_3}{\partial X^1}$$

$$(\vec{\nabla}\times\vec{A})_3 = \frac{\partial A_2}{\partial X^1} - \frac{\partial A_1}{\partial X^2}$$

回転の演算子はベクトルの外積と同じ代数形式を持つので、ベクトルの外積についても簡単にまとめておく。$\vec{U}\times\vec{V}$の成分は

$$(\vec{U}\times\vec{V})_x = U_yV_z - U_zV_y$$

$$(\vec{U}\times\vec{V})_y = U_zV_x - U_xV_z$$

$$(\vec{U}\times\vec{V})_z = U_xV_y - U_yV_x$$

であり、添字表記を用いると、次のようになる。

$$(\vec{U}\times\vec{V})_1 = U_2V_3 - U_3V_2$$

$$(\vec{U}\times\vec{V})_2 = U_3V_1 - U_1V_3$$

$$(\vec{U}\times\vec{V})_3 = U_1V_2 - U_2V_1$$

B.5 ラプラシアン

ラプラシアンは勾配の発散である。2回微分可能なスカラー関数 S に対して作用し、結果はスカラーになる。記号では次のように定義される。

$$\nabla^2 = \vec{\nabla} \cdot \vec{\nabla}$$

式 $(B.1)$ を参照すると、これは

$$\nabla^2 = \left(\frac{\partial}{\partial x}\hat{\mathbf{i}} + \frac{\partial}{\partial y}\hat{\mathbf{j}} + \frac{\partial}{\partial z}\hat{\mathbf{k}}\right) \cdot \left(\frac{\partial}{\partial x}\hat{\mathbf{i}} + \frac{\partial}{\partial y}\hat{\mathbf{j}} + \frac{\partial}{\partial z}\hat{\mathbf{k}}\right)$$

$$\nabla^2 = \frac{\partial^2}{\partial x^2} + \frac{\partial^2}{\partial y^2} + \frac{\partial^2}{\partial z^2}$$

と書ける。スカラー関数Sに∇^2を作用させると、

$$\nabla^2 S = \frac{\partial^2 S}{\partial x^2} + \frac{\partial^2 S}{\partial y^2} + \frac{\partial^2 S}{\partial z^2}$$

となる。ある点での$\nabla^2 S$の値は、その点のSの値と周辺の点のSの平均値との大小関係を示している。たとえば点pで$\nabla^2 S > 0$ならば、点pのSの値は、周囲の点のSの平均値より小さい。

通常、演算子∇^2はスカラーに作用して別のスカラーを生成するので、記号の上に矢印を付けずに書く。ラプラシアン演算子にはベクトル版もあり、その成分は次のようになる(矢印付きで書く)。

$$\vec{\nabla}^2 \vec{A} = (\nabla^2 A_x, \nabla^2 A_y, \nabla^2 A_x)$$

訳者あとがき

Theoretical Minimum（最低限必要な理論）シリーズの第三巻に当たる本書は、第一巻の「力学」、第二巻の「量子力学」に続いて、特殊相対性理論と古典場の理論を取り上げています。このシリーズは、レオナルド・サスキンド教授がスタンフォード大学で社会人向けに行っている講座をもとにしており、書籍化に当たって相棒を毎回一人加え、共著の形をとっています。今回の共著者は、量子力学でもタッグを組んだアート・フリードマンです。

特殊相対性理論の本であるからには、当然のことながらアインシュタインが主役として登場します。おそらく物理学者の中でもっとも有名であり、物理学に興味のない人でも誰もが知っている名前でしょう。相対性理論自体も、（内容はさておき）物理学の中でもっとも名の知られた理論かもしれません。とくに物理学に興味がある人は、中高生から大人まで、誰もが相対性理論に興味を持っているはずです。まさに、「みんな大好き相対性理論！」

相対性理論の知識を身に着けるためにほとんどの人がたどるプロセスは、次のようなものでしょう。

1. 最初に、数式などを用いないわかりやすい解説を読む。日常生活では全く考えられないようなことが相対性理論から導き出されていることに驚愕し、ワクワクする。
2. 相対性理論をもう少し詳しく知りたいと思い、数式が書かれた本を手に取る。数式をひたすら追っていくあまりの地味な作業に退屈してしまい、本を放り出す。

このプロセスは、じつは大学の物理学科の学生たちが経験するものでもあります。高校生までに相対性理論（そしてそれをもとにした宇宙論）の一般向け書籍に魅了され、大学でもぜひ勉強したいと目を輝かせて入学してくるのですが、専門的内容に入った途端、数式の洪水に圧倒されて初心を貫徹できなくなってしまうのです。

サスキンドのこの物理学再入門シリーズは、上のプロセスの1と2の間に入ることを目指している本だといえるでしょう。実際その試みは成功しており、本書でも数式はたくさん出てくるものの、どうだと言わんばかりに数式を使って読者を納得させるのではなく、わかりやすいたとえを使うなどして、あくまでも言葉で納得させようとしていることが伝わってきます。そのため読み手は、仮に一部の数式が理解できなくても、容易に読み進められるでしょう。とはいえ、数式を用いて論理展開をしているので、必要な情報はすべて提供しており、決して「詳しくは専門書をご覧ください」などと逃げることがありません。まさに*Theoretical Minimum*な本です。

本書でもたびたび触れられているように、第一巻「力学」で取り上げられた内容が知識として必要になります。とくにハミルトニアンやラグランジアンなど、解析力学の知識が頻出します。そのため必要に応じて第一巻も手に取ることをお勧めします。(この知識は第二巻「量子力学」を読む上でも必須のものです。)逆に、特殊相対性理論には量子力学の知識は不要です。もちろん、歴史的には相対性理論が量子力学と融合して、相対論的量子論という分野も生まれていますが、それは本書の範囲を外れるものです。そのため本シリーズは、第一巻から順に読まなければならないというわけではなく、最低限の解析力学の知識をすでにお持ちの方は第三巻「特殊相対性理論と古典場の理論」からいきなり読むことが可能ですし、必要なときに第一巻を参照することで知識を補完できるでしょう。

まえがきにもあるように、著者たちはジョークが好きと見えて、ところどころ細かいウィットに富んだ表現が使われています。日本人にはわかりにくい冗談もあり、その面白さに気づかないこともあるかもしれません。少なくとも訳者が冗談の解説をするような野暮なことはしていません。(正直に言えば、訳者にも面白さがいまひとつ伝わらない冗談があるのは事実です。)しかしそれらの冗談も本筋には影響がないので、気にせず読み進めてください。何より、「みんな大好き相対性理論!」ですから、本書を通じて相対性理論をぜひお楽しみください。

森 弘之

索引

人名

数字

あ行

か行

さ行

た行

な行

は行

ま行

や行

ら行

著者プロフィール

レオナルド・サスキンド Leonard Susskind

1978年よりスタンフォード大学の理論物理学の教授を務める。ひも理論の先駆者として知られる。ニューヨークで育ち、成人してすぐの頃は父親と同じ配管工の仕事をした。シティカレッジ・オブ・ニューヨーク(CCNY)の工学部に進み、コーネル大学で理論物理の博士号を取得。1969年、南部陽一郎と同じ時期にハドロンのひも理論に到達した。ブラックホールに吸い込まれた粒子の情報は失われると主張するスティーブン・ホーキングに対抗して、ゲラルド・トフーフトとともに情報は失われないとする論陣を張る。トフーフトとの共同研究の成果として、ブラックホールの奇妙な相補性の原理やホログラフィック原理を見出し、理論物理学に深い影響を与えた。著書に『宇宙のランドスケープ』『ブラックホール戦争』『スタンフォード物理学再入門 力学』『スタンフォード物理学再入門 量子力学』(いずれも日経BP)などがある。

アート・フリードマン Art Friedman

ヒューレット・パッカードで15年間、ソフトウエア・エンジニアとして勤め、教育や執筆活動にも関わる。生涯を通じて物理学を学ぶ。バイオリン奏者でもある。著書にサスキンドと共著の『スタンフォード物理学再入門 量子力学』がある。

訳者プロフィール

森 弘之(もり ひろゆき)

東京都立大学理学研究科物理学専攻教授、理学博士。慶應義塾大学理工学部物理学科卒業。専門は理論物性物理学。著書に『2つの粒子で世界がわかる』(講談社ブルーバックス)、『元素紀行』(オーム社)、『統計物理学』(朝倉書店、共著)、訳書に『スタンフォード物理学再入門 力学』(日経BP)、『スタンフォード物理学再入門 量子力学』(日経BP)、『デモクリトスと量子計算』(森北出版)、『量子論が試されるとき』(みすず書房)、『「標準模型」の宇宙』(日経BP)などがある。

スタンフォード物理学再入門
特殊相対性理論・古典場の理論

2023年4月24日　第1版第1刷　発行

著　者　レオナルド・サスキンド、アート・フリードマン
訳　者　森弘之
発行者　中川ヒロミ
発　行　株式会社日経BP
発　売　株式会社日経BPマーケティング
〒105-8308　東京都港区虎ノ門4-3-12
装　丁　岩瀬聡
制　作　アーティザンカンパニー株式会社
印刷・製本　図書印刷株式会社
ISBN 978-4-296-07044-2